消えゆくさかな

世界の漁業への科学者からの警鐘

ダニエル・ポーリー 著
Daniel Pauly

武藤文人 訳

VANISHING FISH

Shifting Baselines and the Future of Global Fisheries

東海大学出版部

VANISHING FISH: Shifting Baselines and the Future of Global Fisheries
by Daniel PAULY

Japanese translation rights arranged with GREYSTONE BOOKS LTD
through Japan UNI Ageney, Inc., Tokyo

Translation supervised by Fumihito MUTO
Tokai University Press, 2021

ISBN978-4-486-02197-1

刊行に寄せて

多くの人々がダニエル・ポーリーの頻繁なスピーチやテレビ出演を通じて彼を最初に知るが，この活動を彼は「野外調査」と呼んでいる．私が最初にダニエルに出会ったのは，論文からであった．私が海洋生態学のコースを担当していた2003年に，1998年に「サイエンス」に掲載された彼の論文 "Fishing down the water food web" を読み，最初の文でダニエルの考えに魅了された．その論文は次のように始まる．「健康的で価値のある製品である魚や海洋無脊椎動物のための海の開発は，農業や水産養殖とは対照的に，捕獲漁業が表示される必要のない収穫を刈り取るので，繁栄するセクターであるはずだ．」魚と無脊椎動物は，経済部門を繁栄させるための製品である，という前提は，私には少々疑わしい．そして，生態系に基づいた漁業への取り組みの先駆者として，ダニエルは今日ではその部分をそうは書かないだろう．しかし，この本のすべてのエッセイにあるように，ダニエルには何かいいたいことがあったことを示している．

ダニエルのスタイルは，大部分の漁業生物学者とは異なり，人文科学と社会科学の両方を取り入れてきたという事実に大いに起因する可能性がある．彼はとくに歴史の中から発見をする．おそらく，彼の大きな展望を持つ傾向のある思考法のためだろう．ダニエルはまた多くの国で生きてきた．そして彼が密接な編集を受けた我々のネイティブの英語話者全員は賛成するだろうが，彼は英語を話す前にフランス語とドイツ語を話してきたせいか，英語では私たちよりも正確に振る舞う．彼と私と一緒に取り組んだ最初の論文で，最初の原稿が返ってきたとき，「good（良い）」と書いたのを消してその下に「it will be good（これは良いだろう）」と書いてあったものである．彼の観察と執筆の正確さには感服する点が多い．

ダニエルは，最近「stock（≒資源）」という用語を放棄したのと同様に，「harvest（≒漁獲量）」という用語を漁業による漁獲を指すのに使用しなくなった（序文を参照）．私たちのせいでこの決断を下したのならば，私がある問題についての考えを翻したときの非難と同じように，気の利いた言い返しをするだろう．「今ある最高の証拠でそうしたのさ」と．我々は皆，条件をはっきりさせて，異なる方法で新しい方法で世界を見ることを望んでいるが，ダニエルは中でも速い．これは，このようなエッセイ集がもたらす利点でもあり，1人の著者がどのように進化してきたかを知る機会である．本書のエッセイは，ダニエルと彼の研究チームが識別し，定量化した漁業の3倍の拡大について言及している：より遠い沖合への漁業，深海域での漁業，そして新対象種のための漁業である．同

様に，ダニエル自身の思考が３倍に拡大したことで，漁業科学と海洋保護の分野が，さらにはより広く公的対話が根本的に変化した．

　第一に，ダニエルを漁業への考察を時間的・空間的に拡大した．彼は漁業ではあらゆる要素が状況や種に固有のものである，という固定観念から脱却し，漁業を地球規模のシステムとして考える利点を示すために点と点を繋いだ．ダニエルは世界をたくさん見てきたので，世界規模で考えるのに適した立場にあったが，そのように仕事をしようとする勇気と粘り強さも持っていた．私はダニエルのシー・アラウンド・アス・プロジェクトで７年間すごしたが，グローバルレベルで質の高い仕事をするためには，知性だけでなく，気力だけでもなく，苦痛に対する強固な忍耐力も必要であることがわかった．ダニエルはまた，漁業研究の判断基準を非常に便利な1980年や1970年から移動し，研究者により長い時間枠での漁業について考えるように要求した．ブリティッシュ・コロンビア大学の同僚たちがダニエルの60歳の誕生日を祝う祝賀会を主催したとき，生態学者のジェレミー・ジャクソンは，ダニエルの判断基準の変化に関する１ページのエッセイ（「漁業のシフティング・ベースライン症候群」を参照）を引用して，歴史的生態学を追求するよう説得したこと（そして「サイエンス」に掲載されたジャクソンらの影響力のある2001年の論文，「歴史的な乱獲と最近の沿岸生態系の崩壊」[1]の推進力となったこと）で評価した．

　第二に，ダニエルは漁業学を業界の懸念が支配的な分野から複数の利害関係者を考慮する分野に拡大した．彼は，漁業だけの利益を代表するのではなく，市民社会グループともっとも緊密に協力している．彼は，全世界の統計データと漁業交渉の両方に小規模漁業者を含めることを推進した．（ダニエルは，政府の補助金が小規模漁業よりも産業漁業を好む理由を尋ねられた講演で，「小規模漁師はゴルフをしないため」と答えていた．）生態系モデリングやその他の科学的研究を通じて，彼はまた，海洋動物を話題に含めるように奮闘した．彼は，たとえば，捕鯨国の代表者が「クジラは魚の人間の取り分まですべて食べる」（したがって，世界の漁獲量を増やすために彼らを殺すべきである）という非難に対してクジラを繰り返し擁護しており，クジラは，漁業の操業地域や漁業で利用されている種と大きく重複することはないことを，科学的証拠を示して主張した．

　第三に，ダニエルは，魚類や無脊椎動物が単に水産食品や商品としてのみ見るべきではないことを，程度は低いかったものの，見逃せないこととして示した．彼は，クジラと同様に，魚類を種としてだけでなく，動物の個体としても考えるように求めた．ダニエルは，彼のキャリアを通じて，現状維持を求める科学者の同僚の多くとはますます見解の方向を違えていき，あるものは，ダニエルは科学者としても，そして市民としても，彼の分野と社会全体の両方にとって有害であ

るとさえ考えている．我々全員はこの種の批判的思考と勇気をむしろ熱望している．

　最後に，西洋社会，とくに米国では，科学と科学者が，新しい開発の悪影響の可能性に関する立証責任の大部分を負っている．理論的には予防原則の下で活動する必要があるが，実際には，科学者は生態系に害をおよぼすことを実証する必要があるものの，採取産業は悪影響がないことを実証する必要はない．ダニエルは，市民社会，小規模漁業者，そして海の動物の利益も考慮されるべきであると信じるすべての人のために，この負担を繰り返し担ってきた．本書は，この異種のグループを代表する彼の，意欲的で熟達した仕事への賛辞である．

ジェニファー・ジャケット
ニューヨーク大学，2019年

序文と謝辞

　漁業科学者も一般人も，どちらも漁業科学のとらえ方は，特定の場所（河川，湾，または海）で特定の淡水魚または海水魚を特定の種類の漁具を使って捕獲する，局所的活動の研究，としていることがしばしばである．しかし，漁業，とくに海洋漁業は，拡大し続ける地球規模のシステムの一部である．このシステムは強い市場の力と現代的な遠洋漁業船に結びつき，漁船の操業箇所は魚の存在するすべての箇所におよび，遠隔地，深海，海表面の結氷をものともしない．

　多くの漁業は，政府補助金に頼っているため，魚が豊富でなくなった場所でも操業できる．さらに半奴隷化された乗組員も増やして，枯渇した魚から利益を生み出すことができる．

　2017年1月に執筆されたエピローグと，2017年に執筆された2つの新しいエッセイを除いて，この本は，以前に発表された単著のエッセイからなり，もっとも早いのはシフティング・ベースライン（判断基準）の移動に関する1995年のエッセイで，他のすべては1996年から2016年に出版されたものである[注]．いくつかのトピックが重なっているが，読者は繰り返しのあるパラグラフを自由に飛ばすことができる．オリジナルのエッセイのテキストは，「最近」などの単語を時々削除したり，現在の関心のない問題を扱っているいくつかの段落を削除したりする以外は更新されていない．しかし，本書は，以前のエッセイで提案されたアイデアを現在の情報と議論への参照とリンクする詳細な注（新しいノート，N.N.）を追加して，より最新のものとなった．1つの例外は「資源（stock）」という単語だが，私はこれまで「利用された魚の個体数」とほぼ同義であると考えていた．しかし，今は自然から我々を切り離す技術屋の空論の一部と悟った．そこで誤解の生じない場合はその単語を削除するか，書き換えた．

　また，私の人生と経歴は読者の興味をそそるほど奇妙なものなので，主題の重複はあるが，3つのエッセイも含めた．また，20世紀後半に起きた海洋生物の枯渇は，恐ろしくもあったが，注意深い観察も行ったので，いいたいこともある．

　ここに示した大部分の文書は，ニューヨーク大学環境学部に在籍していたときの短期サバティカル中の秋に寄稿した．当時の同僚の，とくにデール・ジェーミソンとジェニファー・ジャケット両博士がそれを許してくれたことに感謝する．また，ジェニファーは気前よく序文まで書いてくれた．また，サンドラ・ウェイド・ポーリーにも感謝したい．彼女はPDFその他の形式の文書を統合し，脚注は標準化して文末に示すようにした．彼女なくして本書が日の眼を見ることはあり得なかった．

　最後に．カナダの自然科学技術研究評議会は1990年代後半に援助してくれた．ピュー慈善信託の，とくにレベッカ・ライメル女史とジョシュア・レイチャート博士にろ，そしてポール・G・アレン一族財団には，Sea Around Us プロジェクトに対する助成をそれぞれ1999年半ばから2014年半ばまでと，2014年半ばから2017年半ばまでの間に受けた．感謝したい．

　注：日本語版出版にあたって，新たな 1 章が加えられている．

目次

漁業者の欺瞞と無知[2]

舞台設定

漁獲とは何か？

このエッセイ集では，主に海洋漁業を取り上げる．海洋漁業は，人類の3大海洋利用法の主要な1つである．（他の2つの用途は，物品を輸送と，ゴミや排泄物の除去である．）海洋生態系に対する漁業の影響は様々な方法で測定できる．もっとも簡単な方法は，世界各地の漁獲量の傾向を監視し，それらから取り出される生命の量を推定することである．これは明らかに思えるが，奇妙なことに，一部の漁業学者は反対している．この問題についてはこのエッセイその他で議論されている．

世界の漁業の「目に見える」部分，すなわち公式漁業の漁獲量データを網羅する統計は，1930年代[3]，あの不幸な国際連盟が世界経済について最初に報告を試みたときから存在していた．国際連合（UN）は1945年に設立されたが，1950年に国連食糧農業機関（FAO）が年次漁業統計年鑑を発行し始めたときにも，この努力を続けた[4]．これらの年鑑の年次改訂および更新されたデータは，現在オンラインで入手可能なデータベースであり（http://www.fao.org/），FAOや他の国連機関だけでなく，学者や他の研究者によって広く使用され，国別，地域別，世界規模での漁業の予測に，そして将来の展望についての発表に役立てられている[5]．

しかし，これらの研究者の多くは，このデータセットの作成方法やその欠陥（とくに「目に見えない」巨大な漁獲）に気付いていない[6]．海洋生態系の過剰開発に真剣に取り組みたいのであれば，これらの欠陥に対処せねばならないだろう．とくに，「我々が持っているのはこのデータセットだけである」ならば[7]，戦後数十年の漁業は，漁場への入力（投資資本，累積漁船トン数，エンジン排気量[8]，その他）で見ても出力（漁獲トン数，漁船の水揚げ金額[9]）でみても非常に急速だった．この時期に，世界の漁業の工業化の基盤ができたが，またこの時期は漁業が経済の他の部門と同じように振る舞い始めたように見え，投資量が生産の増加にも繋がっていた．これが漁業補助金の裏にある理論的根拠である．

漁業の毒の三角関係

　この期間はまた大規模な漁業の崩壊が起きており，当時あった漁船，加工工場，そして数千人の労働者とその家族をすべて支えていた豊漁が，ほぼ一晩で姿を消した[10]．カリフォルニアのマイワシ漁はそういったものの１つで，ジョン・スタインベックの小説，『キャナリー・ロウ（缶詰通り）』の中にしか残っていない．他に，より具体的には数年で回復した例もある．たとえば1972年に最初の大規模な崩壊が発生した大西洋−スカンジナビアのニシン漁業や[11]，ペルーのアンチョベータ漁業である．ペルーでの事例は，カリフォルニアのマイワシ漁業の全盛期にすでに普及していた考え方を非常によく現している．「環境のせいだ」である．しかし，ペルーではエルニーニョのせいだった，としたのは崩壊前の漁獲量が1600万トンを超えていたことをまったく考慮していない[13, 14]．これは公式に報告された1200万トンを超えており，さらにはその公式報告量は当時の専門家（ジョン・ガランド，ビル・リッカおよびガース・マーフィ）が持続可能な漁獲量として勧めていたのである．

　これらの出来事の理解のために様々な考え方が出されてきた．そのうちの１つが「共有者の悲劇」[15]であり，先に示した病的な状態が，なぜ当時多く行われていた大規模な未規制の漁業に起きえたのかを説明できるように作られた．

　その概念とはある種の「毒の三角関係」で，それは(1)漁獲量の過小報告，(2)乱獲（その時点で得られる科学的助言の無視），そして(3)確実な混乱となる「環境」への非難，である．この概念はさらにより病的な漁業の側面を説明できるように拡張できるが（毒の四角関係など），ここに示した３つの要素で説明には十分である．

　毒の三角関係は，その効果が知られるずっと前から存在していた．しかしその効果が知られるようになり，その考えを説明するために，少なくとも概念としては，一連の用語を作る必要ができた．したがって，W・H・L・アルソップによる「by-catch」（混獲）という造語と[16]，IUU（違法・未報告・無規制漁業）という概念の出現がなかったならば，漁業の厳しい現実を理解することはできない．

　1975年には北大西洋の漁獲量は頂点に達し，その後は今日まで続く緩やかな衰退を迎えたが，それ以前より毒の三角関係は確かにそこに存在していた[17]．だが，ニューファンドランドとラブラドルの巨大なタイセイヨウマダラ個体群が崩壊し，カナダ全土が破綻して，制御の効かない漁業以外に何か理由を探し始めたとき（飢えたアザラシ，冷水，その他），北大西洋の漁獲量減少は紛れもないものとなった[18]．この話題には何度か戻ることになる．

３倍の拡大

毒の三角関係はさらに拡張していこうと，理論的な根拠を出してきたが，三次元で展開した．

地理的拡大

古代の淡水や沿岸の漁業については比較的よく文書が残っているが，様々な情報源によると，深刻な衰退にあっており，海棲哺乳類や魚類，無脊椎動物の脆弱な種にもそれは広がっていた[19]．しかし，化石燃料を用いた漁業産業の開始（1880年代に最初の蒸気機関式トロール漁船が配備されたとき）からこのかた，沿岸の魚の数は減り，さらには沖合の魚の数が減るのが慣例となった[20]．そして，北海では，わずか数年で，沿岸のカレイその他の魚群の生物量の貯蓄は枯渇し，トロール船は北海の中央に移動し，さらにアイスランドまで移動した[21]．

やがて南方への拡大が熱帯地方に向かって始まり[22]，新生の「第三世界」での漁業産業の発展が，ヨーロッパ（とくにスペイン）や日本の企業との合弁事業を通じて起きた．この南方への拡大は資源へのアクセスを巡る新たな対立を引き起こしたり，あるいは以前からある対立を激化させたりした．そして，1958年から1978年までアイスランドと英国の間に長期の「タラ戦争」が起き，カナダとスペインの間に短期の「タルボット戦争」が1995年３月に繰り広げられた[23]．20世紀の終わり頃，世界のすべての大陸棚から，パタゴニアの南方から南極にかけての底魚資源は[24]，主にトロールによって海山と卓状海山の資源とともに枯渇していった[25]．

1950年〜80年にかけて，漁業産業は年間およそ40万平方海里の範囲で漁獲量を拡大し[26]，1980年代にはその拡大は年間110万〜150万海里に増加し，その後減少したが，その一方で南方への拡大は緯度にして年間0.8度ずつ進んだ[27]．2000年までに，地理的な拡大は本質的には終わり，残ったのは以下に示した２つの形式の拡大であった．

深海への拡大

漁業の拡大の第二の次元は深さ（つまり沖合へ）だったが，それは浮遊相と海底の両世界に影響を与えた．遠洋などの分野では，はえ縄やそれに類するものによるマグロ類，カジキ類，そして増大し続けるサメの開発（ふかひれ[28]のために）により，海洋生態系が大きく変化し，今では大きな捕食者のバイオマスが大幅に減少している[29]．この効果は集魚装置（FADs）の使用によって強められていて，この装置はフィリピン周辺で始まり[30]，熱帯収束帯まで広がり，かつては

漁獲できなかった小型のカツオ・マグロ類などの魚種に対してさらなる漁業の拡大がされた.

深海については，水深１マイル（約2000 m）以上に到達できるトロール船が配備され[31]，生産性の低い，深海種による漁獲量が増えているが，それらは持続的な利用ができない魚種である[32, 33, 34]．したがって，公海（排他的経済水域または EEZs 外の水域，下記参照）は法的に保護されていないため，それらの海山および卓状海山は極度の局地的漁獲圧力を受け，資源の崩壊に繋がる．このプロセスは，隣接する卓状海山と海山で繰り返される[35]．漁業は熱帯の森林喪失と同じくらい持続的ではない.

その結果の生物量の変化は，とくに変化した食物網を通じて，底棲性，表中層性の生物集団に大変化をもたらす．この変化は様々な方法で表現され，定量化できる[36]．海洋栄養指数（MTI）は，漁獲水揚げ物の平均栄養段階だが[37]，この目的で広く使用されている指標の１つである．この MTI は世界中で減少しており[38]，その意味は，加速的に，漁獲が食物網の底辺にある小型魚と無脊椎動物に頼っていることである[39].

分類的拡大

ここで「分類的拡大」という用語は，アンコウやクラゲなどの以前は見下していた分類群を漁獲して加工することを指す[40]．この形式の拡大は，地理的および海底地形的拡大の影響を強めるが，アメリカ，カナダ，およびヨーロッパの市場で見慣れない魚介類がどんどん現れる理由であり，製品の誤表示や消費者を誤解させる大きな原因ともなっており[41, 42, 43]，このエッセイのタイトルにある「重複」という単語の理由ともなっている.

退行Ⅰ：排他的な経済圏

1980年代初頭，様々な海事国が一方的に沿岸海域の広大な所有権を宣言し，そこで引き起こされた10年にわたる審議が，国連海洋法条約（UNCLOS）に繋がった．海洋法条約により，すべての海事国は，最大200海里の排他的経済水域を主張でき，したがって（政治的影響力があれば）遠洋漁船団を追い払うことができた[44]．いくつかのさらに強力な国々は彼らの沿岸に入り込んでいた遠洋漁船を排除したが，自国で補助金をつぎ込んで漁船団を発展させ，すぐにかつての外国同と同じくらい破壊的な存在とした[45]．アメリカとカナダはそういった発展により，ニューイングランドとカナダ東海岸のタイセイヨウマダラ資源を仕舞いには崩壊させた．他の国々，とくに北西アフリカ諸国は，その経済水域で活動していた遠洋漁船団を追放しようとした．しかし政治的な影響力がないと，それら諸国

は脅迫に屈したり（交渉者が正直な場合），収賄に応じたりしやすい（交渉者が正直でない場合）．その結果，ヨーロッパと東アジアの遠洋漁船団はいまだにその地域で活動している[46, 47]．

　欧州各国からの遠洋漁業船団がまだ現れるのは入漁「協定」に基づいており，そういった協定のほとんどは協力と開発援助のレトリックのむき出しの政治力の勝利であり，そこは重複が支配的なもう1つの領域である．東アジアからの遠洋漁船団についてはレトリックが異なる．中国にはレトリックなどはなく，漁業の操業は地元の政治家の個人的な合意で行われているようで[48]，トロール漁船が地元の漁民と衝突するところのみで現れる[49]．これは，そのほんの数年前には漁獲量を過剰報告していた中国とは思えない出来事だ（下記参照）．

　対照的に，日本は傷口に塩を塗るかのごときで，日本の漁業専門家と北西アフリカ諸国にある大使館の主張は，魚の個体数減少はクジラのせいで，そういった問題のある国々は他の方面で「生態系のバランス」の再構築を行うべきだ，と述べていたが，それは国際捕鯨委員会で日本がクジラをもっと殺すことを支持しろ，ということである[50]．この一連の議論は，どこであっても疑わしいものだが，北西アフリカではとくに問題が多く，そこでは遠洋漁船と成長しすぎた「小規模」漁業が明らかに広範囲にわたる魚の個体数減少の原因であることが示されている[51]．

　そしてその場所ではヒゲクジラは主に繁殖期に現れるため餌をとらない（「クジラに関する懸念」という題名のエッセイを参照）．

　十分に奇妙なことだが，そしてこのエッセイのタイトルに［無知］が含まれている理由でもあるのだが，この一連の議論は，おそらく他の，より実質的な誘惑の助けもあって成功を収め，北西アフリカのいくつかの国では乏しい研究資材を裂いて経費のかかる「鯨類調査」を実施しているが，この海域のこの調査では遠洋漁船団に乗船するオブザーバーもおらず，実際のところ，彼らの漁獲量を推定する実質的な方法すらない．

　似たような見当違いの力説が小アンティル諸島と南太平洋諸国に同じ理由からされており，同様に有害である[52, 53]．

漁業の危機

直接的・間接的な原動力

　1980年代から1990年代にかけて確立された拡大傾向は，21世紀の危機に繋がったが，その主な要素は次のようになる．

第一に，世界の漁業部門には，現在の漁獲量を生み出すのに必要な量の2倍から3倍と推定される過剰な数の漁船がある[54, 55, 56]．この推定はおそらく控えめで，様々な形式の漁船で魚の探索と漁獲の能力が年間2〜3％の範囲で増加し，その結果として効果的な漁獲努力（魚を漁獲する能力）15年ごとに2倍になることを示している[57]．

　第二に，伝統的に漁獲対象とされてきた大型魚（タラその他の底魚，マグロその他の大型浮魚）の生物量は，産業規模の漁業開発が始まってから少なくとも1桁減少した[58, 59, 60]．これらの調査結果は，一般性は論議されているが（下記参照），ニューイングランドのタイセイヨウマダラ[61]やイギリス周辺の底棲生物[62]で以前に行われたように，望むならば誰でも産業的な開発以前の個体数に回復ができる．そういった個体数回復なくしては，資源の枯渇についての議論は本質的には役立たないだろう．なぜなら，どの程度なら魚がたくさんいる，といえるかは基準が変更されがちだからである（「シフティング・ベイスライン症候群」と題されたエッセイも参照）．この手の先入観は非常に強いことが経験的に示されてきた[63]．

　最後に，世界的な漁業について，通常はスキャンダルとして認識されてはいないものの，世界の漁業産業の漁獲量のおよそ1/4が（主にイワシ類やサバなどの浮魚類）が，動物飼料として（主に魚粉として，さらにその半分は海面養殖などの水産養殖で）浪費されていることである．簡単に人間の消費用にすることができるのに，である[64, 65]．そのようにすれば，オメガ3脂肪酸を含む人類の栄養供給には，水産養殖（魚の消費の前の栄養段階がもう1つ追加されてしまう）よりも，恒常的な有機汚染物質の生体内蓄積（サーモンなどの肉食性養殖魚で大きな問題となっている[66]）を避ける意味でも非常によいだろう．

　たとえ小型浮魚類の供給が（捕食者の枯渇により[67]）増加したとしても，西側諸国および地域で考えられているような，養殖とは肉食魚の養殖を意味しているのであれば，水産養殖の拡大は依然として限られている．たとえば地中海では，栄養段階の高い魚の飼育，つまり「畜養」[68]が拡大している．そこでは，比較的少ない畜養魚（主にマグロ）の餌として大量の小型浮魚が漁獲され，海棲哺乳類には餌がなくなり[69]，クロマグロを生食できる余裕のない人々が食べる魚は少なくなる．これとは対照的に，世界の水産養殖の約2/3を生産するとされる中国では，主要な養殖対象種は草食性淡水魚と二枚貝で，どちらも魚粉を必要としない[70]．

　世界の漁獲物の50％以上が国際的に取引されており，多くの先進国はスペインのごとく巨大な遠洋漁船団を持っているか，ドイツや日本のごとく消費する魚類の多くを輸入するかである．いずれにせよ，発展途上国から先進国への魚類の総

輸出量は大きく，タンパク質に不足した後発の発展途上国の食料安全保障に深刻な影響をおよぼしている[71, 72, 73]．

先進国における市場を通じた発展案は，消費者の行動を変えることで魚の利用開発を変えることができる，という信念に基づいている[74, 75]．

それらの中でイギリスに本拠を置く海洋管理協議会（マリン・スチュワードシップ・カウンシル，MSC）は，水産市場や飲食店で提供される種の「持続可能性」について消費者に助言するその名もシーフードガイドの中でももっともよく知られている[76, 77]．しかし，たとえその目標が達成されたとしても，発展途上国から先進国への魚の移動が原因の食料安全保障の問題は解決しない．

まず，政府の漁業への補助金（システム全体をきしみなく維持するための潤滑油）は，かつて年間140〜200億ドルだったのが，現在は年間250〜350億ドルと推定されている[78, 79, 80]．これらのうち半分以上が漁獲能力の強化，すなわち「悪い」補助金である．この用語はとくに燃料補助金に適用され，この手の補助金で枯渇した魚種集団に利益の出る開発が可能となり，今まで述べてきた問題に直接響いてくる．しかし，これらの問題は世界貿易機関を通じて解決可能で[81]，たとえばほとんどの漁業産業，とくに燃料集約型の底びき漁業は，補助金，とくに燃料補助金に依存しており，燃料費の変化に極めて敏感である[82]．

主観的要因と覆面効果

上記の客観的な要因や原動力に加えて，いくつかの主観的な要素もある．そのいくつかは両義的な（および境界を越える）もので危機を覆い隠し，あるいは少なくとも誤解させ，海洋の生物多様性を減少させて生態系の過剰開発を引き起こさせている．

これらの要因の最初のものは，1990年代までの中国による漁獲量の大規模な過剰報告であり，FAOと世界は世界の水揚げは増加していると信じ込まされていたが，実際には緩やかに減少していた[83]．この過剰報告が起きた理由は，中国には独立した統計システムが存在しないことで，そのため，水産分野を含む政府の中堅職員が有利な生産統計を製造できることを意味している[84, 85]．FAOは現在，中国を含めた場合と含めない場合の2つの漁業統計を示しているが，中国の養殖統計についても疑問を持っている[86]．

もう1つの隠蔽要因は，先進工業国の魚の1人当たりの消費が，とくにEUとアメリカで，まだ増加中であるということである．世界的な漁獲量の減少を考えると，発展途上国（中国を除く）の1人当たり消費量が減少していると考えることができる．この仮説（ある意味便利であるが）を検証する発展途上国での魚の消費に関する信頼できるデータ存在しない．それまでの間，欧米の消費者はシー

フードガイドで認可されていない水産物を注文する際に，罪悪感を味わうことができる．

　しかし，事実を覆い隠す最大の要因は，政府がマイナス傾向に介入する必要がないという言い訳を与えるような，地球温暖化の場合にもあったような，自称「懐疑論者」による否定と，彼らによる「不確実性」の誤用である[88]．懐疑論者が有効なのは，化学は懐疑論を必要とし不確実性を認識せねばならぬからであり，それは漁業科学でも同じである．

　ドン・ルードヴィッヒ，レイ・ヒルボーン，およびカール・ウォルターズの論文[89]は，ヒルボーンは後に意見を翻しているもののすばらしく，開発された魚の個体群の崩壊を防ぐための介入が遅すぎるまでに，どのように科学的不確実性が利用されてきたのかを示した．つまり，科学的な不確実性は予防的な方法では使われていない．

　この問題は，環境保護志向の科学者，彼らが研究を発表している科学雑誌，そして彼らへの資金を提供者について，懐疑論者が客観性と倫理に対する否定と暗示を組み合わせたときに悪化する可能性がある．ビョルン・ロンボルグは地球温暖化を否定し，それに対して徹底的な反論が起きたが[90]，漁業ではそういった反論は保留中である．生臭い「世界をだまし続ける科学者たち」が指示する超楽観的な見解は[91]，我々の注意をそらしているが，漁場によくないこととは何か，それをどう修復するかを，まだまだ書かねばならない．

退行Ⅱ：未報告の漁獲

　政治体制上，国内の漁獲量の過大報告を奨励している中国や，自分の国を支配して漁獲量も増えていると主張している少数の有力者（たとえば1980年代初頭のフィリピンのフェルディナンド・マルコス）以外は，公式な漁獲統計やほとんどの科学者は小規模漁業について過小評価している．これは2段階で起きている：(1)政府の科学者が一般に調査し，また彼らの設定した統計システムが通常，監視するのは商業漁業のみであり（遊漁や小規模の零細漁業または自給漁業は，国内漁獲量が多くとも対象としていない[92, 93]），そして(2)世界の漁獲統計を集計している唯一の機関であるFAOに，国内の漁獲量を報告している各国の統計機関が水産・漁業の省庁ではなくて農業や財務の省庁やその下部組織の統計機関であることである．そういった機関はすべて，「換金性産物」すなわち，エビやマグロなどの輸出可能な製品を強調し，その他の漁獲物についてはたとえ地元集落を養うものであってもぞんざいに取り扱うか，最悪の場合は完全に無視してしまう[94, 95]．

　これら2つの問題のおよぶ範囲は極めて広いため，200年代半ばにSea Around

8

Us財団は世界のすべての海洋国の実際の漁獲（つまり違法・未報告漁業を含めて）の体系的な再構築を開始した[96]．この再構築は2016年の初めに完了したが，その主な発見は「世界の海面漁業の漁獲量は報告されていたよりも多く，減少している」ということである[97, 98]．

更新の機会

漁業科学を改めるには

　現在，多数の漁業産業が自らの未来を犠牲にしている．そのあるべき未来では，漁業資源が回復と再構築が可能な持続的漁業を行っている．したがって漁業と漁業研究を改めるためにもっともやらねばならぬことは，漁獲努力全般の削減である．これなしには何もできない．生態系ベースの考慮事項はその部分を担い，また捕食者と被食者の漁獲を最大化しないことを確実とするだろう[99, 100]．漁獲禁止の海洋保護区は，自然保護主義からの圧力に対する散発的な譲歩の印ではなく，前記の漁業の地理的・水深的な拡大で失われた天然の避難所の再現を目指した明確な管理ツールとして認識されるべきだろう[101]．

　未来の管理体制の大きな目標は，漁具が入りにくいために以前は漁獲から免れていた魚種の絶滅を回避し，地球温暖化の影響を明らかにすることである[102, 103, 104]．この目標は，現在，海洋生物の多様性と保護の問題に活発に取り組んでいる研究者コミュニティーと漁業科学者を結びつけるであろう．しかしそのような結びつきは次のセクションで示すように，実現は容易ではない．

時が来たときのための変革

　年齢を重ねてよいことは少ないが，その1つに，変化の様々な形を細かに理解できるようになることがある．そういったことの1つに，我々を取り巻く生物多様性を評価するベースラインがいつの間にか徐々に変化していることがあげられる[105]．別のタイプの変革は，社会で観察が積み重なると起こり，積み重なった緊張がある突発的な出来事や「転換点」で解放されて生じる[106]．私が目撃したそのような出来事の例には，独裁化を進めるシャルル・ド・ゴールに対する1968年5月のパリ市民の反乱，独裁者フェルディナンド・マルコスに対する1986年のピープルパワー革命（エドゥサ革命）がある．同じような変革にはアメリカの公民権運動があるが，私が見分したのはその最後の一端であり，今まで受け入れられていた古い考え方がもはや理解されることのない急速な新しい考え方の出現が予想された．

私が選んだ職業，水産科学にも変革が起きた．私の学生時代に学んでいた水産科学とは，水産資源は可能な限り効率的かつ効果的に利用し，そしてその開発は合理的な基盤となるので，社会全体が恩恵を受ける，と教わった．私が最初に働いたのは発展途上の諸国であったが，その多くには強力な漁業があり，私の協力した漁業科学者たちや，私が古典的な「資源評価」モデルのいくつかを熱帯地域に使えるように伝授した漁業科学者たちは，漁業について決定を下す人々と繋がりがなかった[107]．具体的には，彼らはプロジェクトを促進し助成する政治家にも，漁業経営者（まぎらわしいがしばしば漁業者とも呼ばれる）にも漁業ベンチャーへの資金提供者にも関係がなかった．言い換えれば，これらの漁業科学者たちは科学的証拠に基づいた変革をする方法がなかった．

　その後，ヨーロッパや北米，そして全世界の漁業を調査したところ，漁業科学者が繋がりを持たないのが当たり前であり，よく管理された漁業はむしろ例外であることを発見した．また，漁業が海洋生態系と生物多様性に与える影響や，漁業生物学者には生物多様性に関連する事項を取り扱う概念が不足していることがわかった．実際，彼らはそういったことを正当な研究課題とも見なしていなかった．．そこで，いくつかのフォーラム，とくに2000年にベルギーのブルージュで開催されたICES年次総会，および2004年にカナダのバンクーバーで開催された第4回世界水産会議で，私は漁業専門家の立場から，基調講演で次のように主張した．漁業船団の維持に何もいわず関心を持つ人々からより広い対象に，漁業が究極的には頼らざるを得ない海洋生態系とそこに組み込まれている野生生物の維持へと，我々の規律を拡張すべきであると．

　そのように主張した理由は，漁業部外者の声にまどわされることなく，欲しいものを取り出す食糧倉庫以上の存在としてとして生態系を見る生態学者たちの議論[108]は正当であると考えたからである．

　しばらくの間，私は他の多くの研究者，とくにジェレミー・ジャクソンとその一派[109]，故ランサム・A・マイヤーズ一党とともに，これらの努力で新しい合意を形成できると信じていた．漁業が続くために必要な魚の保全に，誰が反対しようか？　しかし現在は，多くの逆の立場の出版物が出て，しかもそれに対して同業者たちの明かな賛成意見も多く，これは明白なことではなかったとわかった．

　代わりに漁業科学の分野で浮上してきたのは証拠の基準や，構成要素についての論議である．このようなメタディスカッション，つまり我々が行うべき方法に関する論争は，深い倦怠感を生むが，2つの学派が全体としての統制を代表すべく現在争い合う根本的な変化を示している．

　1つの学派は漁業会社の漁業の権利（下記参照）に重点を置いており，もう一方の学派は漁業による漁獲を含むサービスを生み出す能力と海洋生態系に重点を

置いている．さらには，その間には，レイ・ベバートンその他の量的漁業科学を創設した紳士たち（そう，すべて男性だった）の時代には，おそらく，不可能であった方法で名前が呼ぶのが流行となった．

この件について，私は中立な観察者ではないが，このようにして，次世代の漁業は運営と財政の面からだけではなく，生態学的な側面からも明らかに良好に機能することが期待できる．これには，多くの漁業エコノミストによる概念的な手法による結果の克服が含まれている．そこでは漁業者が持つ資源に予測可能なアクセスを変更し，漁船団の所有者にとくに独占的な「権利」とともに永久に引き渡すべきだと主張している[110]．こういった公共財の民営化を権利に基づく漁法と呼ぶべきとは，皮肉なことである[111]．

ほとんどの国では経済水域内の漁業資源は公的なもので（つまり，全員のものであり），公有の森林や放牧地と同様に，資源は貸しつけや譲渡可能な免許を通じて管理できる[112, 113]．これは「権利に基づく漁業」と同じように過剰生産能力への対応に役立つが，過去数十年の経験を踏まえると，すべての倫理的製薬から市場を開放する公共財の民営化は警戒されるべきだ．

しかし選択枝はある

漁業科学と管理の未来には2つの選択枝がある．1つは今までと同様に操業を続けることで，外部性，つまり生態系の損傷を気にすることなく，補助金主導の過剰生産能力に対応することである．これは生物多様性のさらなる枯渇に繋がるだけでなく，「海洋食物網の低次元化」が促進し，最後には海洋生態系が死滅地帯となることを意味する[114]．もう1つの選択枝は，漁業科学を管理と肯定的な効果のある分野に転換することであり，漁業への見返りを最大化するのではなく，ある種の生態系に基づく漁業管理を充実させるもので，漁業関連産業だけでなく多くの利害関係者を考慮に入れねばならない．この変換はまた，永続的な漁獲禁止の海洋保護区すなわち海洋禁漁区を含めた，海洋区分制度や海域封鎖を広範な私用を必要とする[115]．

海洋保護区は，漁業を生態学的に持続可能な形と留守ための計画では中心とならねばならない．そういった保護区は，現在世界の海のごく一部にしかないが，1980年代から1990年代に年平均5％で広がって，太平洋とインド洋にいくつかの大きな保護区ができあがった[116, 117]．したがって，2010年に生物多様性条約[118]の加盟国に合意された海域の10％という目標には到達していないものの，その意義はすでに合意されていて，将来は達成される可能性がある．これは心強い．なぜなら海洋の生物多様性と生物多様性が無秩序な開発で壊滅させた海域でも，生物多様性を保てば機能的な生態系が再構築されるのであれば，我々はより速いペー

スでもっと大きな保護区を設定する必要があるということになり，これはほとんどの海洋生態学者や，海洋委環境に取り組んでいるすべての非政府組織によって提唱されていることでもある[119].

　ラモン・マーガレフの心強い予想はこの考えが流行となるずっと以前に示されていた．「おそらく最善の解決策は，開発された地域と保護された地域のバランスのとれたモザイク構造や，さらにはハニカム構造である．保全はまた，実用的な観点からも重要である．失われた遺伝子型は回復できない宝物であり，自然生態系は，開発を受けた生態系の研究との比較に必要である.」[120].

黙示録：漁業の終わり[121]

巨大出資サギ[122]

アメリカの NASDAQ 証券取引所を舞台に，バーナド・マドフ元会長は史上最大の出資詐欺を展開したが，我らが海も長年，似たような詐欺の犠牲となってきた．

1950年代に入り，漁船操業は次第に機械化され，同時に船上の冷凍設備，音響式魚群探知機，さらにその後に地理的位置システム（GPS）も使われ，漁船団はタラ，ヒラメ・カレイ，オヒョウの群れを減少に追い込んだ．それらの魚の減少するにつれて，漁船団は発展途上国の海岸，そして最終的には南極大陸の海岸まで南に移動し，コオリウオやノトセニアを探し，そして最後に小さなエビに似たオキアミを探し出した．沿岸水域での漁獲が減るにつれ，漁業の現場はより沖へ，より深海へと移動していった．

そして最後に，大型の魚が消え始めると，これまで人間の消費に適すると考えられていなかった小型の，見栄えの悪い魚を漁船が漁獲するようになった．多くが販売しやすいように，名前を変えられた[123]．怪しいスライムヘッド（ねばねば頭）はおいしいオレンジ・ラフィに改名し[124]，気になるパタゴニアン・トゥースフィッシュ（パタゴニアの歯魚）は健全なチリアン・シーバス（ちりすずき）と改名された[125]．（*注釈—日本ではオレンジ・ラフィとメロで流通している．）地味なホキのようなその他の魚たちは[126]，正体がわからないように切り刻まれて，ファーストフード店や冷凍食品コーナーで売られた．

この一連の計画を行ったのは，漁業−加工業複合体，つまり企業の漁船団，ロビイスト，議会の代表者，そして漁業経済学者の同盟関係に他ならない．小さいながらも自立している，という漁師のロマンチックなイメージの陰に隠れて，実際はアメリカ合衆国の先進経済の中で漁業の GDP に果たす貢献度は，ヘアサロン業界と比べても相当低いのに，漁業界は政治的影響力と政府補助金を，予想をはるかに超えて確保した．

今日の日本では，大洋漁業やかの三菱のような巨大で垂直に統合された複合企業が，日本の水産庁や外務省のお友だちに働きかけて助けてもらい，南太平洋諸国を取り巻く海域のような，わずかに残った豊富なマグロの獲られる海域に入り込んでいる．アメリカは伝統的には漁業国ではなかったが，1980年代が始まると

自国の漁船団に多額の補助金を与えるようになり[127], 巨大加工業と小売りチェーンに支配された漁業産業複合体を作り始めた.

今日, 世界の政府は年間300億ドルを超える補助金を支給しており, これは世界の年間漁獲高の1/3に相当し, このことが漁業基盤の根幹を揺るがす過剰漁獲が継続されてしまっている[128].

結果として, 年間の漁獲に必要な隻数の3倍から4倍の漁船が存在しており, さらに容量を増やすため補助金は増え続けている. しかし釣り針は水面近くまで上げられてきている.

国連食糧農業機関（FAO）の推定によれば, 1950年の世界の年間漁獲量は, 魚類（タラ, サバ, マグロなど）や無脊椎動物（エビ, カニ, イカ, 二枚貝, など）を併せて約1700万トンだった. 報告されている海洋漁獲量は, 1990年代半ばに年間約9000万トンに達し, その後減少している[129].

悪名高いかのマドフの出資詐欺では, 過去の投資者に「収益」をもたらすために一定の新規投資の流入を必要とした. それと同様に, 世界の漁産業複合体は継続的な事業のために一定の新たな「資源」の流入を要求した. 漁獲量を制限して魚の繁殖で個体数を維持するのではなく, 漁業で魚を取り尽くし, それから新魚種や深海域, さらには小さくて見慣れぬ魚種に対象を変えてきた. そして, 出資サギが潜在的な投資家のプールが干上がれば崩壊するのと同様, 海洋から生命が奪われれば漁業産業も崩壊するだろう.

我々の海洋への影響

不幸にも, 漁業の未来とともに, 世界最大の生態系の健全さが危機に瀕している. 気候変動による危機がいつも注目されている今日でも, 環境系の意識の高い発言者たちでさえも, 漁業がまるで持続可能な習慣であるかのように, 魚を食べ続けている. しかし, 寿司屋でマグロの巻き寿司を食べることは, 大型四駆のハマーを運転したりマナティーを銃で打ったりするよりも環境に優しいとはいえない.

この50年間で, 我々はクロマグロ, タイセイヨウマダラ, その他のお気に入りの大型水産魚種の個体数を90%も減らした. 著名な「サイエンス」に掲載されたある研究では, 2048年までにすべての水産対象種が「崩壊」し, ピーク漁獲量の10%以下になると予測している[130].

ある特定の年, あるいは特定の10年が漁獲量のピークだというのが正しくても間違っていても, 明らかなことが1つある. 魚は危機に瀕していて, そのために人間も危機に瀕している.

漁業の出資サギの範疇は，長年，政府の科学者とは無縁だった．彼らはもちろん，長期間にわたって個体群の健全性について研究してきた．しかし通常，実験室では自国の水域内の種に焦点を当てるだろう．さらに，ある国の特定の魚種の研究者は，他の国の研究者とは同じ種を研究しているものとしか，連絡を取り合わないだろう．それゆえに，彼ら研究者たちは重要なパターンに気が付かず，漁獲報告の中の主立った魚種が入れ替わっているのに気付かず，どれか魚種が消えて魚種交代の科学的な兆候があるのを見過ごしてしまう．

　いかなるときも，科学者は漁獲量の半分または2/3が乱獲されていたことを認めたかもしれないが，特定魚種の量が激減した場合は単に分数の分母から削除された．たとえば，ハドソン川のチョウザメはニューヨークの水域からかつて消え去ったが，乱獲とはされず，歴史的記録の中の単なる逸話となった[131]．

　ベースラインはただ変化を続け，我々は軽々しく海洋生態系に打撃を与え続けることとなった[132]．

　1990年代になって初めて一連の注目を浴びる論文が出て，初めて我々は世界規模で魚類の枯渇を研究し，それを減らす必要があることが示された．これらの研究によると，以前は特定の海域で観察されていた現象，たとえば漁獲の中から大型種が消えてより小型の魚種に置き換わっていることも，世界的に起こっている．それは金融崩壊が単一の銀行破綻によるものではなく，銀行システム全体の破綻であることと同様と考えられよう．このことは多くの論争を引き起こした．

二種類の科学側の反応

　魚が世界的な危機に陥っている，という見解には様々な異論が出されてきた．おそらくもっともよく知られた反論は漁業生物学者たちによるもので，その対象は示された事実，語調，さらにはそういった主張をする人間の誠実さにまでおよんだ．

　海洋生態学者は主に研究対象の生態系の多様性に対する脅威を憂慮しているので，しばしば環境NGOと共に活動ししばしば慈善基金から資金を得ている[133]．これとは対照的に，漁業生物学者は伝統的に米国商務省海洋漁業局のような政府機関に従事したり，あるいは水産会社のコンサルタントとして働いており，主たる目的は雇用主である水産業界と漁業者を守ることにある．

　私はといえばドイツで漁業生物学者として訓練を受けた．そして漁業者と水産業界が私に文句をつけている間，私のかつての同級生たちが働く機関はその規制すべき産業の虜となっていた．だから，漁業科学者の中には，たとえば，タラ（タイセイヨウマダラ）が1950年代あるいはもっと前の個体数よりたった1％か2％増えた

だけなのに個体数が「回復した」とか「倍増した」と書いているものもいる.

　海洋生態学者と漁業生物学者は関心も優先順位も異なってはいても，さらには「魚の終わり」についての意見も別々ではあるが，両者ともに海に魚がもっといることを望んでいる. この理由は部分的には両者ともに科学者であり，科学者とは強固な証拠があるときには同意するとされているからである.

　そして，地球温暖化と同様にその証拠は圧倒的である. 世界のほとんどの地域で魚類の個体数は減少し続けている.

　究極的には，重要な問題は両科学者グループ間で起こるのではなく，海洋資源の所有者である公衆と，出資サギのために新たな資本を必要とする水産複合体との間にある.

　魚体数が回復できるように，水産業複合体が漁獲量を抑えるようにするのは難しい. 1つの漁業の終焉による結末は恐ろしいことなので，できるだけ早く手を打たねばならない.

　一部の西欧諸国にとっては，1つの漁業の終わりは単なる料理におきる大惨事のように見えようが，発展途上国の5億人もの，とくにアフリカや東南アジアに住む人々には，魚類は主な動物性蛋白源である. さらに，漁業は数億の人々にとって主な収入源である. 世界銀行の報告によると，世界に3000万人いる小規模漁業者の収入は減少し続けている[134]. 米などの主食の輸入を援助に頼っている，西アフリカのセネガルから南太平洋のソロモン諸島に至るまでの国々では，漁獲量の減少は主な外貨獲得源に打撃を与えている.

海洋の反応

　魚が終われば，私たちが今感謝し始めたばかりの海洋生態系を乱すことになろう. すなわち，地中海の小さな魚から檻の中の太ったクロマグロまでを取り除けば，ある地域では「普通」にいるマイルカが非常に稀になり，局所的な絶滅さえ起こる可能性がある. 他の海洋哺乳類や海鳥も世界各地で同様の影響を受けている.

　さらに，海洋生態系から上位捕食者を取り除けば，連鎖的な影響がおよび，クラゲなどのゼラチン状の動物プランクトン[135]が増加したり，魚の群れを含む食物網が段階的に侵食されるだろう.

　これが，今世紀の変わり目に南西アフリカの沿岸沖で起きたことだ. そこはカリフォルニアの沖合に似た湧昇流の生態系で，かつてはヘイクやイワシなどの魚がたくさんいたが，いまでは何百万トンものクラゲに取って代わられた[136]. クラゲの個体数の急増はメキシコ湾北部でも頻繁で，そこにはミシシッピ川から肥料分が流れ込み，藻類の制御不能な増加が起きている. 死んだ藻類はその後，海底

へと沈むが，それを食べるような動物はエビトロール漁で取り尽くされているため，巨大な「死の海域」ができている．クラゲだけが生命を謳歌するような，よく似た現象が，バルト海からチェサピーク湾，そしてヨーロッパ南東部の黒海から中国北東部の渤海までの世界各地で見られている[137]．

　我らが海は，人類が誕生したおよそ15万年前から我々に栄養を与え続けてきたが，今や背中を向け始めた．この動態は，気候変動による海洋の温暖化が進み，また酸性化が進むとさらに促進されるだろう．魚類は地球温暖化の影響を強く受けると予想されている．我々は魚類の個体数と種数をなるだけ多く保護して残し，それらが適応して次の世代に進化と繁殖ができるようにする必要がある[138]．

　実際，新たな証拠によると，暫定的ではあるが，大量の魚が海にいると海洋の酸性化を弱めることが示された[139]．別の言い方をすれば，人間の愚かさゆえの過ちを救うのは魚である．……にもかかわらず，人間は魚を殺し尽くそうとしている．我々が今見ているクラゲばかりに覆われた海は，ずぶ濡れの惨劇の第一幕に過ぎないのかもしれない．

政府の役割

　海洋がこの暗黒郷（ディストピア）へと滑り落ちるのを防ぐには，政府の介入が必要である．規制当局は，任意の年に漁獲量に割り当てを課す必要があり，そしてそういった割り当てをどう構成するかは非常に重要である．

　たとえば，毎年すべての漁業に与えられた合計漁獲量を許可するだけでは，漁業者同士が相手よりもできるだけ多くの漁獲をあげようと競争がおきて，漁船団と漁船の数が無駄に増えてしまう．そのようなシステムは魚の保護にはなるかもしれないが，経済的に破綻するだろう．年間割当量全体は通常短期間で水揚げされ，一時的な過剰供給に繋がり，それが今度は低価格を招く．代わりの方法は，漁師の数を制限し，必要なときはいつでも「アクセス権」を保持している人が全体のクォータの中から与えられた割合で採捕ができるようにして，他の漁師との競争をなくすことである．そのような個別割り当ては，漁業全体の漁獲努力量の削減に繋がり，一方で漁業における大きな利益を生む．

　不幸なことに，ほとんどの漁業経済学者は企業の短期的な利益だけに執着し，そのようなシステムが機能するためには，漁業にアクセスする特権は無料で手渡され，永続的に保持され，譲渡可能（つまりは他の商品と同様に「売買が可能」）でなければならないと主張する．彼らはこの概念を「漁業権」または「個別譲渡可能割当量」と呼んでいる．

　しかし，政府がアクセス権のある割当量を競売にかけない理由はない[140]．最高

額の入札者が一定の割当量に対する権利を確保し，社会全体は公的資源に対する私的なアクセス権を提供することで利益を得るだろう．これは連邦の土地で牛を放牧する権利に牧場主が支払いをするのに似ている．

一方，「権利」を配分することは単に公有地の所有権を牧場主に与えることとなるが，この件についてはほとんど考慮されていない．一部の底抜けの楽天家は，水産養殖，あるいは養魚によって，政府の特段の行動なしに野生の魚の個体群の健全性を確保できると信じている．FAO の統計に裏付けられて，水産養殖の急速な成長で，現在消費されている「シーフード」の40％以上が養魚場から来ていると信じている．

この議論で問題となっているのは，世界の水産養殖生産量の60％以上が中国から報告されていることと，以前中国の水増しされた統計で炎上したことがある FAO が，報告された生産量とその成長率に疑問を示していることである．中国の養殖魚はほとんどが淡水性草食魚だが，それ以外の国々ではサーモンのような肉食性の海産魚が生産されており，その餌料には植物由来原料の他に，我々が完全に食用とできるようなニシン，サバ，イワシなどで作られた魚油や魚粉が含まれていて，「還元漁業」と揶揄されるような方法で生産されている[141]．肉食魚の養殖の場合，1ポンドの大型魚を養殖するのに3〜4ポンドの小型魚が必要だ．ピーターへの借金をポールからの借金で返すようなものである．

西側世界での養殖は，世界的に見ても高級魚の養殖をしている．養殖で魚が入手可能な状態を確実に続けること，あるいは少なくとも肉食魚の養殖が餌の漁獲から成り立っている問題を解決することを望むのは，ロサンゼルスの交通渋滞の解決に公共交通機関の充実に求めずにエンツォ・フェラーリの車に求めるようなものである．

他の人々は，慎重な購入を奨励する消費者意識啓発キャンペーンを通じて，魚の個体数が復活できると信じている．そういった試みの1つに，持続可能な漁業から得られた水産物にエコラベルをつけることがある．

たとえばヨーロッパでは，消費者は非営利団体である世界自然保護基金（WWF）と水産物の大手業者であるユニリーバが共同で開始した MSC による，海のエコラベルのついた魚を選ぶことができる．当初，MSC は小規模漁業のみを認証していたが，最近では論争の的ともなる大企業にも認証を与えている．さらには，エコラベルの成功の度合いを世界の漁獲量に占める割合によって測ることさえ始めた．

ウォールトン財団による補助金と，保証された魚だけを売るウォルマートの目標に励まされて，実際，MSC は漁場縮小の保証を検討しており，たとえばウォルマートが，持続性の輝ける代表の養殖サケマスを販売することでできるだろ

うと考えた．カナダ，チリなどの国々でサケの養殖場を悩ませてきた壊滅的な汚染，病気や寄生虫の侵入を考えると，この「ウォルマート戦略」は，長期的には，MSC を巨大な詐欺に巻き込むだろう[142]．

アメリカの市場でよく行われているもう 1 つの主導例は，財布程度の大きさのカードを発行し，受け取った消費者がカード発行団体の考える持続可能に捕獲されている魚類の消費を促すというものである．配布されたカードは，たとえばモントレーベイ水族館では数百万枚だったが，そこから考えて，この団体はかなりの成功例を示したといえる．しかし，カードに載せるための漁業への影響というものを考えるのは難しい．1 つには，そういったカードの種類が増えると，同一魚種に対する評価が組織によってまちまちで，消費者に矛盾や混乱を与えてしまう．たとえば，キハダ（アヒ・ツナ）は，かつて 3 つの別々の非政府組織から「安全」，「不審」，および「回避」と評価されていた．しかしさらに大きな問題なのは，このカードは漁獲物の流れの「水平方向」へしか，効き目がないところである．つまり，レストランに行く人のグループはタラの切り身のどれが良いかをお互いに選ぶか，あるいは給仕のバイトのやり過ぎ学生に産地を聞くが，その選択は卸業者や，漁船の操縦者や，スーパーマーケットの流通など，物流の根本に近いところには届かない．そういった意思決定者には環境 NGO の「垂直的」圧力がはるかに効果的である．

しかし，もしそれが本当なら，漁業を規制する政府と立法者に直接圧力をかけないのはなぜだろう[143]？　実際，漁業が終わりとならないようにできる唯一の団体は政府である．理由の 1 つには，政府はかつての漁業産業複合体への奉仕義務からは解放されており，研究基盤を備え，慎重に漁業を管理する能力がある．

もう 1 つの理由として，漁業経済が低迷している中で，その産業の継続のために政府は何十億ドルもの年間補助金を提供していることがある．それらの補助金を減らせば，魚は捕られずに数が回復できるので，数百万ドルにおよぶ有害な，漁獲能力を高める補助金の廃止に対して，漁業科学者のほぼ全員が賛成である．

最後に，漁業が許される海域・許されない海域を決め，海洋環境を調整することができるのは政府だけである[144]．米国は世界最大の排他的経済水域（EEZ）を有するが，その資源を保護する上で重要な第一歩を踏み出し，とくに北西ハワイ諸島に広大な海洋保護区を創設した．禁漁区を設定，あるいは再設定し，魚群が再生産を可能とすること．これが魚たちに与えられた損傷を修復する唯一の機会である．だからといって，漁業や魚釣りをやめる必要はない．

しかし，政府が漁産業複合体とその出資サギから自らを解放し，漁業複合体に補助金の支給や必要に応じた漁業の特権を与えるのをやめることが急務である．政府がこれを行うことができれば，魚は永遠に不滅である．

小規模漁業の主な傾向[145]

小規模漁業，グーグル，そして科学

　世界の漁業に見られる大きな傾向の１つに小規模漁業と大規模漁業の間の競争の激化があり，その原因には過剰漁業があり[146]，また過剰な資本投資がある[147]．これら２つの漁業区分は，国によって漁船の規模こそ異なるものの，世界的に広く共通性がある．発展途上国では小規模漁業の漁船は先進国よりも小さく，その一方で先進国の小規模漁業の漁船は発展途上国の産業漁業の漁船ほどの規模の場合がある．

　とくに開発途上国では２つの漁業区分の競争激化の結果，小規模漁業は追いやられてきた．小規模漁業は雇用と所得配分，燃料使用，製品の品質と流通，持続可能性における啓発された漁業政策に必要な基準のほとんどを満たしているが[148, 149, 150, 151]，２つの関連する傾向によって損なわれている．

　１つは，土地を持たない農民や牛を持たない牧畜民が沿岸の小規模漁業に参入し，伝統的な漁業者や地域統治の取り決めを圧倒することである[152]．もう１つは，熱帯沿岸の生態系の生産性が限られていることで[153]，増え続ける伝統的な漁師と新規参入者の両方を支えることができない．

　とくに熱帯地方で沿岸漁業を持続可能とするには，沿岸漁業への人の流れを逆転させる必要がある．ただし，これは政治的な問題であり，生物学者ではなく，主に社会科学者から情報を得ねばならない．それでも，漁業生物学者（この文脈では水産科学者についてはあえて話さない）は，漁業管理に関する今日のアイデアのほとんどに責任を持つという疑わしい特権を水産経済学者と共有している．

　他の社会科学者，とくに人類学者からの情報提供ははるかに少ない．

　これは定量的に説明できる．2005年に GoogleScholar に「fisheries + ecology」と入力したところ，トップの論文は100件を超える引用があり，その後に続く論文も引用で測定すると顕著な影響力があった（７万6500件 合計ヒット数）．（訳注＊今やこの語句での検索ヒットは174万件にのぼる．）予想されるように，「漁業＋経済学」で検索しても（２万2100件ヒット）同様だった．（訳注＊今やこの語句での検索ヒットは161万件にのぼる．）しかし，「水産＋人類学」または「水産＋社会学」で検索すると，上位のヒット項目の引用された数は最小限で，それらに続くヒット項目には被引用がなかった（それぞれ3260および3950件

ヒット）[154] （訳注*現在の検索ヒット数はそれぞれ34万件と72万8000件である.）

なぜそうなのか，そしてこのこれほどの違いは漁業の研究と政策にとって何を意味するのだろうか？

この件について私は中立のふりはできない私は漁業生物学者であり，その観点から様々な水産関連分野の役割について答えている[155]. さらに，私は過去の漁業（1950年より前）についての推論はしていないなぜなら，これらは歴史地理学，考古学，そして最終的には古生物学の分野であり，ここでの論議には無関係だからである[156].

第二次世界大戦後の歴史的背景

1950年までに，西ヨーロッパと東ヨーロッパの国々およびその他の先進国は，第二次世界大戦から十分に回復し，強力に工業化された漁業を再開することができた. 当時，現在の「発展途上国」の大部分はまだヨーロッパの支配下にあったか，ヨーロッパから解放される過程にあり，その過程はほとんど1960年代まで続いた. その後の発展から明らかなように，これらの国々は「発展途上」であるだけでなく，かつての植民地支配者との継続的な経済的繋がりを支持する新植民地主義政策に表れているように，抑圧を受け続けた[157, 158].

北大西洋のヨーロッパと北アメリカの漁業[159]と太平洋の北アジアの漁業は1970年代にピークに達し，すべての主要な対象魚種の個体数が最大限に利用された[160, 161]漁船団はこの海域からさらに南の海域の西アフリカなどに進出し，そういった海域で最初の遠洋漁船団となった[162, 163]. 同時に，第三世界として知られるようになった新たに独立した多くの国に対して，多数の漁業開発プロジェクトが行われ，それらの国が自国の海洋資源を最大限に活用できるような高貴な支援策として宣伝された. これらのプロジェクトの多くは，現在の理解では東西の対立の結果[164]用いられた，封じ込め政策の一部としての二国間援助プロジェクトであり，ソビエト連邦の崩壊後，政策もろともに急いで放棄された.

これらの開発プロジェクトは，通常生物学者が従事し，様々な古典的な論文[165]，研究事例集[166, 167]，および歴史的説明に記載されているような[168]，関係国の伝統的な漁業者の経験をほとんど無視していた. むしろ，これらのプロジェクトは，伝統的な形態の漁業と直接競争して，主に底曳き網を用いて，地元の産業漁業を創出しようとした[169]. これらは，とくにタイでは[170]，巨大な漁業が開発されたという意味でのサクセスストーリーであり，それ自体が導入された遠洋漁業だった[171]. しかしアフリカでは，一部の国，とくにガーナは良好な開始条件があったにもかかわらず，そういったプロジェクトが大規模漁業の発展を誘導するこ

とはなかった[172, 173].

　その主な理由は，遠洋漁船団の存在だった．アフリカの海岸線の大部分，とくに西アフリカ沖では，地元の小規模漁業者と外国の産業漁業（つまり，遠洋漁船団）との間で依然として直接的な競争がある．ラテンアメリカ・カリブ海諸国のほとんどでは漁業の産業部門はそれぞれの国の遠洋漁船団で構成されているため，沿岸の小規模漁業と直接競合することはない．

　他のいくつかの国々では，遠洋漁船団は西アフリカと同様の状況を引き起こしている[174]．「発展」がどのようなルートをたどるにしても，漁業の発展の目標は通常「生物学的」であり（高い漁獲高，すべての資源の利用，など），社会的な目標，つまりは雇用，地域社会の幸福，とくに食糧安全などはほぼ完全に無視してきた[175]．これらの出来事や傾向は，社会科学者が水産科学の論議に貢献し，実際の漁業管理や政策立案に参加する多くの機会を提供するはずだった．そういったことはほぼ起きず，前のセクションで示した GoogleScholar の数値のごとくなった．この失敗は，社会科学者の「研究モード」の２つの主要な側面によるものだと考える．物事を定型的にいえば，漁業に取り組んでいる社会科学者は，(1)主要な量的変数を無視する（これは，社会科学者がアクセスを与えられれば，しばしば確実に推定できる小規模漁業の漁獲量にとくに当てはまる），そして(2)政策立案に役立つのに十分な一般性の社会的行動のテストモデル提案に失敗する．

　こういった論述の否定には徹底した文献引用による社会科学と漁業の解釈学が必要となるので，立ち入らないこととする．

　むしろ，上記の２つの項目の例を示し，それらについてコメントする．

周縁化Ⅰ：漁獲量の過小評価

　国連食糧農業機関（FAO）は，毎年世界の漁業統計を発行している．

　多くの研究者はこれらの統計で世界の漁獲量を参照しているが，これらの統計は不完全である．廃棄された混獲物の漁獲量は公式には報告されていないが，FAO 自体が廃棄量の推定をしており[176, 177]，それに対する他からのコメントもある[178]．また，漁獲のかなりの部分が違法に水揚げされ，その量も推定されていない[179]．最後に，多くの漁業が規制されていない．そういった漁業は公海上で行われたり，または小規模だったりして，全国の漁獲量を FAO に報告する国家統計機関の探索網にかからないからである[180, 181].

　この問題は，南太平洋の漁業によって説明できるだろう．南太平洋の漁業は２つの要素で構成される傾向にある．マグロ漁業[182, 183]は主に遠洋漁業船団で様々な国の排他的経済水域（EEZs）の内側で操業し，沿岸漁業と呼ぶべきものは岩

礁帯その他で沿岸魚を漁獲して成り立っている[184]. FAO が示した統計とそれを地理的な状況で反映した Sea Around Us のデータベースのように（http://www.seaaroundus.org を参照），南太平洋諸国の漁獲量は，統計上は 0 か非常にわずかだが，そこの人々は栄養の必要性と食糧安全保障の観点から地元の漁獲物に大きく依存していることが知られている[185, 186].

　社会科学者は地元に密着し，また地元の小規模漁業の動向を探る機関の一員であることも多いため，こういった小規模漁業の漁獲量の推定に貢献できる．そして社会科学者は，人々が漁業に行く理由となる漁獲水準について知っておく必要がある．

　多くの漁業人類学者たちがまさに手本としようともしている古典 Words of the Lagoon[187]はパラオのサンゴ礁漁業を鮮やかに描写しているが，漁獲量（および一人当たりの漁獲量）は示しておらず，そういったデータがあれば言葉よりも有益で，パラオの伝統漁業がどの程度持続可能に行われていて，サンゴ礁漁業がパラオの農村経済に果たす役割を評価できるだろう．

　そういった役割がどれほど重要であり，FAO 統計はいかにそれを過小評価しているかは，アメリカ領サモアの事例で説明できるかもしれない．1981年から2002年までの沿岸漁業の漁獲は，ごく控えめな仮説でも[188]，FAO 統計の 7 倍に達した．また，この高い漁獲で，農村経済に与える貢献が初期の見積もりの 9 倍ともなった[189].

　地域全体で再現できるこれらの結果[190]は，現在南太平洋地域でマグロに重点が置かれていることと，遠洋艦隊が支払ったアクセス料金を使用して魚や他の食品（とくにスパム[191]）を輸入する食料安全保障のバージョンが見当違いかもしれないことを示している．この強調は，その裏側で，沿岸の小規模漁業とその周縁化をほぼ完全に公式に無視している．

周縁化 II：マルサス式乱獲

　次はモデルについて考える．モデルは現実の重要な側面を反映することを意図した精神構造で，それについての我々の知識のような，そしてその探求を可能とする，たとえばその実現性に影響を与えるある政策の解釈である．

　私は，社会科学者が一般化可能な漁業コミュニティのモデルを提案することはめったにないと断言する．むしろ，それらは，そのようなモデルが構築される可能性があり，それらを検証できる地域特性を考えた状況の説明を提供する傾向がある（そのようなモデルのすべての重要な主張は仮説として扱われるべきであるため）．

そのようなモデルの構築，明確化，または最終的な反論の中で，もっとも成功したものが「理論」となり，現在，自然科学で実践されている．以下は，定量的な用語で表現しておらず，社会科学の問題を扱っているが，構造的にはそのようなモデルに似ている．このモデルは，遺憾ながら，私から小規模漁業のマルサス式乱獲と呼ばれてしまっているものを説明しているが，人口増加そのものはその推進力の1つにすぎない．このモデルの主な要素は，それぞれ検証可能な仮説として定式化されている．

1. 大規模な農業部門（少なくとも水産業部門と比較した場合）が，人口増加，機械化，および土地の「改革」によって過剰な労働力を解放する．
2. これらの土地を持たない農民が都市，高地，あるいは沿岸地域に移住する．
3. この人口流入で，漁業への自由なアクセスを妨げる伝統的な取り決めが徐々に崩壊する．
4. この崩壊が過度の漁獲圧へと繋がる．
5. 漁獲圧が沿岸の産業漁業により悪化する．
6. 漁師の男性の子どもたちは父親の取引を引き継ぐため，漁業崩壊は漁業への新規参入者によっても悪化する．
7. 多くの若い女性が地域社会を離れて都市部で働き，資源が枯渇しても男性が漁業を続けられるように資金援助をするため，漁獲圧はさらに高まる．
8. 高地への移住者は，伐採会社によって開始された森林破壊を加速あるいは完了する．これは，川や小川の堆泥に繋がる．
9. 最終的に，この堆泥でサンゴ礁や他の沿岸生息地が窒息し，沿岸漁業の収穫量がさらに減少する[192]．

このモデルが示されて以来，私の個人的な観察と文献によれば，南アメリカ，南アジア，東南アジア，アフリカで，これらの傾向が強調されている．したがって，このモデルは，漁業人類学者その他の社会科学者たちが調査研究を行う質問対象を提供するだろう．ただし，新しい要素の1つは，小規模漁業者のコミュニティが直接接続できるグローバル輸出市場であり，収益は潜在的に高い．しかし，これらの市場は，従来の場所に基づいた管理の最後の残骸の除去にも役立つ．

マルサス式乱獲：2004年の津波

南アジアと東南アジアを荒廃させた2004年12月26日の津波により，マルサス式乱獲モデルは，被害を軽減するための推奨事項に関して，次のようにその背景を

示した[193].

「2004年12月26日に南アジアと東南アジアを襲い，人命に恐ろしい被害をもたらした津波は，観光や農業を含むいくつかの沿岸産業にも影響をおよぼしましたが，それがどの程度かは不明である．一部の地域では，これらの影響は，定住と産業に起因する既存の環境問題によって悪化した[194]．タイとインドネシアの政府は，漁船が失われた程度について推定を発表し，漁業の再開のための投資の必要性を強調した．

彼らの意図がどんなに良かったとしても……西側の援助機関，そしてこの地域の政府は，とくに津波前のように漁業を再建することは賢明ではない．マグロやその他の大型魚の遠洋漁業とは別に，津波の影響を受けた地域の漁業は，2つのカテゴリーに分類される．「零細漁業」は，小型（5m以下）の漁船を使い，所有者または家族で機械化されない漁業である．そして「産業的漁業」はもっと大きな船を用い，給料が支払われる乗組員を使う底曳き船その他の特化した漁業である．これら併せての漁業活動は，場所によっては水深100mまで沿岸資源を根本的に枯渇させた．この地域の政府は，産業的漁業がより沖合で操業することを奨励しようとしたが，主に熱帯海域での生物生産が沿岸の方が沖合よりもはるかに高いため，ほとんど成功していない[195]．したがって，零細漁業と産業的漁業が同じエビと魚を対象としており，激しい競争が起きている．

この競争とそれに続く暴力（ボートの焼却や暴動を含む）は，1980年の西インドネシアの底びき漁業の禁止など，政府に行動を促すのに十分なほど深刻になる可能性がある[196]．しかし，通常，政府の政策はこれらの対立を無視している．しばしば政府は産業的漁業船の建造と運行に助成金を支給するが，総漁獲量は増えず零細漁業の漁獲量が減ることもある．国際援助は技術や資本の移転，あるいは余剰船の寄贈を行うが，そのため乱獲が悪化してしまうことはよくある．一方，失敗した農業および社会政策は，何千もの土地のない農民を海岸線に追いやることで状況を悪化させる．海岸線では，彼らは通常，「伝統的な」漁師のような，持続可能な方法を模倣することができない[197]．

津波の後，最初になすべきことは人々を以前の仕事に戻すことであり，そうしなければ混乱の中での議論は難しいだろう．しかし，構造改革なしに漁業を再建すれば，これらの傾向と対立を強めるばかりである．課題は，若い漁業者に陸上での雇用機会を生み出すために可能な限り多くの資金とエネルギーを向けながら，漁業を再建することである．基礎教育と技術的スキルに重点を置く必要がある．南アジアと東南アジアの漁業者の多くは文盲であ

り，これが彼らの社会的流動性を制限している[198]．人々に魚の捕り方を教えることは食べるための魚を与えることよりも優れているという古い格言を修正し，代わりに，自転車，ミシン，ウォーターポンプの修理を教えるべきである．」

この助言には注意が払われなかった[199, 200, 201]：補助金への要求は援助機関が抵抗できないほど強かった．補助金の壊滅的な影響を考えずにいると小規模漁業だけでなく産業漁業も破壊する可能性がある[202, 203]．

マルサス式乱獲と研究

GoogleScholar によれば，マルサス式乱獲モデルが完成した最初の論文[204]は，簡単な説明付で（2006年1月現在）30回以上引用されたが，圧倒的に生物学者によってであった[205]．（訳注＊2020年11月1日現在，約4430件の引用がある．）マルサス式乱獲モデルが社会科学者から受けた主な苦情は，産業的漁業が以前は小規模漁業者が利用できた資源を大幅に枯渇させるため，この現象の原因と考えられている点である．だがこの因果関係は部分的には真実である．世界中のほとんどの小規模漁業は，沿岸の漁場やその近くで漁業を行う産業的漁船，特に底曳き船によって資源が枯渇するのを体験してきた．しかし，それがすべてではない．エンジン付のカヌーや同様の持ち運びができる用途の広い器具を操作する小規模漁業者の数が増え続ければ，各国の大陸棚の資源全体が枯渇する恐れがある．これは特に西アフリカ，カリブ海，南太平洋で顕著である．

国内および海外の産業的漁船団は，大幅にではあるが，乱獲を加速しているだけであり，制御されない場合，最終的にはもっとも良好に見える小規模漁業でさえも巻き込むことになる．

したがって，たとえば，ギニアビサウのビジャゴ諸島を利用する外国の漁船団には，ヨーロッパ漁船で普通に見られる底曳き漁船だけでなく，隣接するギニアや遠く離れたセネガルからモーター付きカヌーでやってきた漁業者たちも含まれている．後者はビジャゴ諸島の離島にキャンプを設置し，そこからコナクリまたはダカールに水揚げするために，漁獲物を持って帰る前に近隣のすべての資源を体系的に枯渇させた[206]．しかし，マルサス式乱獲をもっともよく示す例は，フィリピンのボリナオ礁漁業であり，これは非常に詳細に文書化されている[207]．この場合，大規模漁業からの助けもまったくなく，内的原動力は資源の破壊に繋がった．ボリナオ礁はマルサス式乱獲モデルを作るうえでもっとも影響があった地点であることを述べておかねばならないだろう[208]．

これらの観察結果は様々な方法で解釈できる．冒頭で述べたように，私は漁業生物学者の視点しか持ち合わせていない．これらの注意点とともに，価値がありそうな研究トピックへの見解を述べる．

漁業経済学者たちへ

第一に，漁業権に基づく漁業が流行しているようだ．しかし，ほとんどの発展途上国では，漁業権に基づく漁業は，少なくとも個別の譲渡可能な割当の形では機能しない可能性がある（ITQ：ミームに隠れた仮定，を参照）．実際，小規模漁業者（さらには国の産業的漁船）の入漁の制限は，遠洋漁船団が削減されるか，少なくとも見えなくなるまで，つまり，はるか沖合に去るまで，政治的に実現可能ではない．

第二に，遠洋漁船団から得られる外国為替は，ほとんどの発展途上国の政治家の耳には妙なる音楽であり，必然的に経済発展に繋がる．

完全な分析は，この外国為替が地域経済に浸透するかどうかをつねに見極めねばならない．

もしそうでないなら，かなりの漁村収入を生み出す地元の漁業の経済的役割がより重要となるだろう[209]．

人類学者たちへ

村の文化について報告する際に，物質的環境への地元の適応を含め，他の村や国の主流の文化との独自性を強調すれば，その分野で「地元」が非常に高く評価されうる[210]．しかし，人類学と関連する社会科学が漁業管理に情報を提供する上で果たすわずかな役割は，社会科学は地域社会だけでなく，地域全体または国全体の人々志向で持続可能な政府政策を策定するために地域の状況から一般化する必要があることを警告することであろう．

生物学者や経済学者が政策をほぼ独占するようになった理由は，政策が開発された社会的影響や人間の行動に関する仮定を理解していなくても，そういった一般化を進んで開発するためである．

さらに，もし小規模漁業が新規漁業者の流入を管理しなければ，非伝統的な新規漁業者によって破滅してしまうという真の危険性がある．したがって，沿岸漁業について内部での，外部からの，および外部への人的移動の原因に関する一般化可能な研究が真に求められている．

社会学者たちへ

崩壊した漁業がどのような段階を経て消え去るのか，そしてそれが様々な社会

集団にどう影響するかについての研究はほとんどない．しかし，今まで示した傾向が続けば，「漁業の絶滅」が普通に起きるはずだ．廃業した漁業者を他の有益な活動に従事させ，新たな雇用の場やもはや漁業には頼らないコミュニティを作るための方法が必要である．2004年の津波でわかったように，そのような方法論はとても必要だが，今までのところ手に入れることはできない．小規模漁業における女性の役割も理解されていない．

女性は魚を捕るが，市場価値の高くない種の場合が多い[211]．そして、女性は魚の加工も行う．そういった女性の活動は以前から研究されている．しかし女性（が漁業者の妻，姉妹，そして娘として）が漁業以外の部門で働き，家族である男性漁業者に資金援助をして，資源の乱獲を続けさせていることに関する研究は，（あるにはしても）極めて少ない．

我々すべてへ

現代の漁業の特徴である生物量の大幅な現象[212]と，それに伴う生物多様性と生態系機能の損傷は，フィッシング・ダウン現象（漁獲物の降下現象）と表現されるように[213]，漁業の長期的な持続可能性を難しくする．長期的には（20年から30年以内？），小規模な漁業と資源を最優先し，さらには工業化が我々にもたらしたいわば浮かぶ巨獣と小規模漁業への大規模な人的参入の両方を抑制しなければ，漁業と漁業を基盤とする文化は消えてなくなるだろう．そのような移行の現実的な筋書きも存在するが[214]，補助金付きの産業的漁船団による乱獲が増え，小規模漁業が無視される別の筋書きは，政策立案者をさらに惹きつける．

結論として，活気に満ちた小規模漁業が沿岸地域社会に貢献し，最小限のエネルギー消費で収穫された大量の魚を持続可能な方法で世界中に供給する，という見込みを示したい[215]．これは小規模漁業ができることであり，現在の制約から解放されれば実現されるだろう[216]．

ITQ：ミームに隠れた仮説[217]

個別譲渡可能漁獲枠（ITQ）の理論

　この寄稿は，漁業管理への１つのアプローチの包括的なレビューを共同で発表した，Reviews in Fish Biology and Fisheries 誌の1996年号に掲載された個別譲渡可能漁獲枠（ITQ）に関する４つの論文にコメントしている．そのアプローチは，トーマス・クーンの「パラダイムシフト」の概念によって説明できる．この用語は，使われすぎだが，まだ意味は残っている．現在「キャッチシェア」として知られている ITQ が非常に流行しているため，このアプローチがここに含まれている．

　ITQ の広がりは，漁業管理の周辺から中心段階へ，そしてアイスランドやニュージーランドなどのような小国から爆発したが，進化的な比喩を示唆している．その比喩とはここでは新しい遺伝子の出現と広がりではなく，リチャード・ドーキンスの「ミーム」の１つとして取り扱う．ミームとは私たちの脳内の注意と空間について競合するアイデアの１つである．ITQ の批評家や支持者が暗黙のうちに了解しているいくつかの仮定と，私が明示的にすべきであると信じる仮定についての議論をまず行い，この比喩に戻る．R. クエンティン・グラフトン[218]は，ITQ の理論と実践の簡潔なレビューで，このアイデアは1960年代に始まり，電力会社が現在，電力会社が所有する資源の量を削減するために，彼らが排出する汚染物質を合理的に割り当てる「汚染物質の割り当て」を使用していると述べている．

　フランシス・クリスティが述べたように，これらの漁獲枠は多くの怒りを呼び，また漁業管理の可能性が認められたが，そこからグラフトンは ITQ について，漁業者をある魚類資源に対する漁獲可能な所有者と定め，漁業者の積年の問題の克服に役立つことを示した．その問題とは「漁獲競争」で，結果として生じる過剰資本と通常続いて起きる資源に対する暴行である．ITQ のケース，そしてグラフトンのケースは明確であり，少なくとも私の限られた経験では ITQ に関する議論を害する傾向がある，様々な，一般的に述べられていない仮定がなければ，誰にとっても説得力がある．

　ITQ に関する非常によく知られた仮説に，ITQ は水産資源を大企業に引き渡して海洋を民営化しようとする，右翼的な計画の一部だ，というのがある．この見

方が支持されている理由には，我々が陰謀論の蔓延した時代に生きている，ということのほかに，大企業がすでに地球の天然資源の大部分を所有していることもある．ITQ が最初に割り当てられる過程は，彼らが有利に，そしてたとえば甲板員や小規模自営漁業者にさえ不利益をもたらすように歪曲できるはずだと想像するのに，それほど多くの空想は必要ない[219]．この問題に明かにしない口先だけの対処では，その背後にある恐れを払拭できない恐れがある．

　関連する懸念の 1 つに，最初の割り当てに続く幾人かに割り当てが集中してしまうことがある．グラフトン氏は，「それに対する調整が行われるかどうか（……）は，その漁業の特性に完全に依存している」と単純に指摘することで，その集中の問題に取り組んでいる[220]．

個別譲渡可能漁獲枠の実際

　ラグナル・アマソン[221]は，アイスランドの ITQ システムの進化についての説明の中で，アイスランドへの ITQ の集中を妨げる要因についても言及している．これらのいくつかは，アイスランド経済の構造からの不文律であり，またいくつかは法文化されている[222]．

　いかなる民主主義社会においても，最終的には有権者が，誰に共有財産の資源をどのような制限で引き渡すかを決定しなければならない．したがって，ITQ の支持者は，選挙民が経済効率のお題目の言い換えだけでなく，選挙で選ばれた政府を通じてそのような財産の譲渡を実施する選挙民の権利を強調する必要がある．

　漁業経済学者がよく行う仮定の今ひとつは，ITQ の「I」が暗示しているように，小規模漁業者の地域社会，あるいは漁業資源に反論を主張する他の疎外されたグループは，ITQ の所有者にはなれない，というものである．しかし，それが可能なことはニュージーランドの事例が明確に示している．ニュージーランドのマオリの地域社会では，もはや自らの国ではないそこでは持てる物は少ないが，現在 ITQ の40%を管理している．

　ITQ を通じて漁業の重要な所有者になる地域社会の能力は，明らかに，最初の割り当て仮定における彼らの共有と，最初の ITQ（義務付けられる可能性がある）を保持するだけでなく，資源を集中する能力にも依存する．それは，さらなる ITQ の取得に関するものかもしれない．たとえば，漁業の伝統がなく，短期的な利益のみを念頭に置いている企業では検討したくもない高価格での ITQ を，漁業の強固な伝統を持つ地域社会が取得する可能性すら想像可能である．ITQ 支持者のこの種の問題にほとんど注目していないようなのは残念だが，小規模漁業者や疎外されたグループの人々の声が決定のバランスを崩すのに十分強い値域で

は，選挙その他の手段でITQの受け入れを決定する可能性が充分にある.

ITQシステムの実施と維持に必要な研究についての他の一連の仮定は，政府が管理する天然資源を単に民間に下げ渡すだけでなく，その量自体を「小型化」し，民間部門による資源開発の管理での政府の役割を減らすことが目論まれていた時代に起因する．ニュージーランドが最も頭に浮かぶ国である．

皮肉なことに，漁獲量などのアウトプットに基づいた体制（ITQに依存するものなど）は，投資量などのインプットに基づいた体制（たとえば，漁業努力を管理するもの）よりもはるかに管理集約的であることが判明し，政府の科学者はITQシステム全体が依存する総許容漁獲量（TAC）を生成するために必要な「資源評価」のほとんどを実行することが期待されている．とりわけジョン・アナラ[223]とその一党は，ITQシステムに必要な科学的研究のコストが比較的高いことを示したが，ニュージーランドでは，資源評価の科学者が政府のために働いていないように見せるために様々なトリックも使用されている．

「もっと正確でその時に見合った資源評価」の要件は，カール・J・ウォルターズとピーター・H・パース[224]が強調するITQの側面である．彼らによると信頼できるデータがない場合，「過去の漁獲量は，割当管理による経済的利益を一掃する可能性があるため，非常に保守的である必要があるだろう.」次に，彼らは最適な漁獲死亡率を定義するための非常に独創的なアプローチを提示し，たとえば，開発された魚の個体数と繁殖能力に関する不確実性を取り入れることで，カナダ東部のタイセイヨウマダラのTACが高すぎることを途中で示し，崩壊は避けられないとした．

ウォルターズとパースの議論を振り返ると，政府（または割り当て所有者）がより多くのよりよい水産科学に投資しない場合，ITQに基づいた体制はインプットに基づいた体制よりも魚の個体数を保護できないと結論できよう．

さらに，割り当て取り締まり，高等級化，その他の不正な慣行を抑制するための包括的な監視スキーム（乗船オブザーバープログラムを含む）がない場合，優れた科学でさえも役に立たない[225]．アナラのこれについての説明や，同じくニュージーランドでITQ保有者の登録を監査する専門の政府職員のそれから，ITQが政府の役割を減らすと仮定することは現実的ではないことを誰もが納得するだろう．

先に述べたITQに関連するいくつかの仮定に関する議論は，私がこの問題の4つの主要な論文をよく読んだことからきている．これらの論文をざっと読むと，ITQミームの進化が明らかになる．

「アメリカ合衆国は他の漁船が漁を続けている間によそに移動しろというのは難しい土地柄である」という指摘は正しい[226]．しかし，ITQのような利用権に基

づく計画を開始するには「新しい方法が裁判所を通じて訴えられないような漁業である必要がある」ことが示唆されている. 同様に, EU では, 漁獲努力を削減したり, 利用権を制限したりするための潜在的に効果的な計画はすべて, 国が EU を離脱するという脅威と相まって, 国家主義的なロビー活動, またはしばしば暴力的になるデモ, あるいはその両方によって対抗されている. したがって, ITQ のミームは当初, その創始国である米国を含めて主要国では広まらなかった.

　むしろ, ITQ のようなミームが支配的となるには, 最初は比較的小さな孤立した地域社会が必要で, そこでは, 問題についての合理的な議論が発生する可能性があり, 失敗のリスクのあることも, さらにはそのリスクは地域社会全体が負担すべきことも理解されている. アマソン[227]は, 「アイスランド人は非効率的な漁業を営む余裕がない」と簡単に述べている.（米国や EU では可能である.）

　進化生物学者は, アイスランドと小さな孤立した生物学的集団との間の類似性を認めている. すなわちミームは, より大きな集団（たとえば, 米国や EU）に拡大することができなかった周辺地に定着する. 実際, アイスランドが200海里の排他的経済水域からすべての国外漁業者をかなり戦闘的に駆逐した後に, ようやく ITQ の有用性を検討できるようになったことに気付くと, その類似性はより強いものとなる.（そして, ちょっとの見直してみるとわかるように, 別の新しいミームがおそらく ITQ ミームと共進化をした.）

　アイスランド, ニュージーランド, そして徐々にオーストラリアでも, その強力な基盤から, ITQ のミームは現在, ヨーロッパと北アメリカの温帯の漁業管理者の中心的な人々に広がるそぶりを見せている. しかし, どの遺伝子にも当てはまるのと同様, その勝利は決して保証さていない. たとえば, アイスランドでは, 古い入力制御ミームの残党はまだ運命の逆転を望んでいるとアマソンは語っている[228].

　世界の漁獲量の大部分を占める熱帯および亜熱帯の多種漁業に期待される統制は何であるかを結論する. この分野にはフランシス・クリスティが初期から進出しているにもかかわらず[229], こういった種構成が豊富な一方, データが不足している漁業に対して ITQ の支持者がそれをどう適用するかという議論は見聞していない. これらの漁業はどういうわけか無関係である, ということの背後にある暗黙の仮定は何であろうか？　幸いなことに, 答えは, それが何であれ, 重要ではない. 実際, ITQ に基づく管理体制は, そのような漁業では苦戦するはずであり, その発展状況は, 強力な行政機関の不在によって主に定義されている国ではアウトプットに基づく制御管理に必要な研究基盤となる.

　したがって, 私の２つのテーマ（ITQ の暗黙の仮定とミームとしてのそれらの比喩的な解釈）を組み合わせると, ITQ ミームは暖水域では受け入れられないと予想される.

漁業管理を様々な場で実践する[230]

海の民営化に向けて？

　ジュール・ベルヌの奇跡的な例外はあるが，科学的予想は常々間違っていることがわかる．しかし，3000年紀が到来し，水産資源があり，科学分野としての水産管理と水産研究の将来についていくつかの予測をしたいという衝動に抵抗することができない．このエッセイのタイトルが複数形となるのは場違いではない．将来，漁業管理とそれに関連する科学は，最近よりもはるかに多くの「場所」を扱う必要がある．多くの場合，彼らは物理的な場所に根ざした地元の地域社会に漁業資源を割り当てるという古代の様式に戻らざるを得ない．

　前のエッセイで論じたように，現在，個別譲渡可能割当（ITQ）や同様の手段によって，水産資源が民営化に向かう傾向にあり，研究をする科学者およびこれらの手段が必要とする詳細な評価作業も民営で賄おう，という試みもある[231, 232]．うまくいけば，この傾向は逆転するだろう．より多くの人が自分本位の資源開発は，現在我々が得ようとしているオープンアクセスの方法と完全に入れ替え可能である一方で，人間と自然の時間スケールの不一致の解消にはあまり役立たないことに気がつけばで，あるが[233]．多くの利用されている魚種（たとえば，温帯の魚やサンゴ礁の大きな捕食者）は長命であり，自然死亡率は年間10%以下である[234]．この事実は，利用が持続可能であるためには，とくにデータがまばらである場合，漁獲が個体数の約10%を超えてはならないことを意味する[235]．しかし，この低い比率の漁獲でさえも，卵の大部分を生んでいて，長命の魚に加入していく，大型高齢の雌の在庫を次々と切り崩してしまう．魚の大きさと産卵数の関係はまったく直線的ではなく，大きな雌は小さな雌よりも体重当たりの繁殖力がはるかに大きい．この非線形性は非常に顕著なため，たとえば，体長60cm，体重12.5kgの1匹の熟した雌のフエダイの一種 *Lutjanus campecheanus* の卵数（930万個）は，体長42cm，体重1.1kgの雌212匹に匹敵する[236]．

　大きな雌が取り除かれたときに発生する産卵数の大幅な減少は，環境変動の直接的な影響以外の，資源魚の個体数の変動要因の1つである[237, 238]．「漁業科学」の創始者の一人であるF・I・バラノフは，おそらく「魚の個体数を減らすことによって，漁業自体が［個体数増加］を［生み出し］，それが漁業を維持する」ことを最初に認識したのだろう[239]．同様に，魚の個体数を悩ます変動の多くを生

み出すことを認めるのに時間がかかりすぎないようにしよう．そこには究極的な変動，すなわち漁業も時折の崩壊も含まれる．

　さらに，底びき網などの漁具の場合は，低い漁獲圧力でさえ，とくに「カキ礁」やカイメン群集（たとえば東南アジアのポテリオン），およびその他の濾過捕食者の層などの，ときには100年以上の歴史を持つ底構造を侵食することによって，底魚種の生息地に深刻な影響をおよぼす．その結果，水の濁度の増加が，沿岸の生態系内，底魚から遠洋の食物網へと徐々に移行するという，非常にありがちな現象が起きる[240]．

回復の場としての海洋保護区

　したがって，産卵親魚の自然の避難所（海底谷や大きな岩など）があって，漁業の手が完全にはおよばない場合を除いて，非常に低い漁獲圧でさえ，底魚の個体数は維持できないと考える．これらの避難所は，平均的な漁獲圧の水準がどの程度であろうとも，優れた漁業者であればぜひとも発見して漁獲をあげねばならぬような場所である．しかし，非常に異なる時間スケールを持つ人間と魚や底生生物の群衆社会との時間軸を調整できるだろうか？　広い海域での「最適な」漁獲率の適用によるものではないが，詳しい研究がこれらの漁獲率に繋がった．むしろ，魚（主要な産業種を含む）は，様々な種が逃げ込める新たな避難所，つまり海洋保護区を必要とし，それが崩壊を防止する．

　ただし，これが機能するためには，特定の場所で漁業をしないという合意が必要だ．その合意が発生する可能性があるのは，海洋保護区内での漁業を控えた人々がそれらの保護区の論理的根拠を受け入れ，その存在から利益を得る場合にのみである．その時はつまり，彼らは漁業のロビーイングをする者たちではなく，魚の個体群の地元での保護者となる．そのような合意で，適切に配置された適切な大きさの海洋保護区が，期待通りの働きをすることを科学的に継続して確認できる可能性がある[241]．そして，ベバートンとホルトの古典的な業績の範囲が広いことを考えると，おそらく当然なことだが，海洋保護区の場所の適合性やそのサイズを評価には，彼らの業績に示された考え方を用いる．ベバートンとホルトも海洋保護区を扱ったので，もちろん，我々も海洋保護区をはっきりと取り扱うときには彼らの成果を使用するだろう[242, 243]．

　悲観論に気持ちが傾くこともあるが，我々人類の人口と要求を，私たちの惑星が提供できる状態と一致できる方法を見つけたい（今はそうではないが）．これには，天然資源との相互作用の主要な流儀から略奪と破壊をなくす必要がある．漁業については，漁業管理のための場所を再発見する必要がある．

誰のための漁業管理？[244]

皆がお金を出す

漁業の危機は現実的かつ世界的におきている．世界中の漁業の生産系が能力を喪失しているが，これは生態学的危機である．産業漁業は現在，毎年数十億ドルの政府補助金に依存していると同時に，数百万人の小規模漁業者の生活を損なっているが，これは社会経済的危機である[245]．

また，漁業科学は苦労して獲得した信頼性の多くを失ったので，知的危機でもある．これは，漁業が原因で起きた多数の崩壊にもかかわらず，狭いこの業界に利益を供与し，唯一の正当な「顧客」と考えているためある[246]．多くの漁業科学者は熱帯域と寒冷な温暖域の両方で[247]，今まで蓄積された予防原則に基づく管理アプローチを支持する幅広い生態学的知識に頼ることを明らかに望んでいない[248]．

それは最終的には倫理的危機であり，また確かに疎外の1つであり，多くの漁業部門が毎年何百万トンもの混獲とともに[249]，その生存が依存する資源保護の全概念を放棄した．

カナダの漁業は，上記のすべての病状を示している．カナダはまた，主流の科学的助言にしたがった漁業がよく知られた魚の個体数を崩壊に追いやった数少ない事例を提供している[250]．さらに，カナダの漁業は世界的な水産危機の様々な側面を再現している．彼らの企業の漁船団は所有者が操作する船と戦い，遊漁船とも戦い，すべてのファースト・ネイション（エスキモーとメティ以外の先住民）と戦い，カナダ水産海洋省（DFO）に対抗するすべての利用者と戦い，そして漁業総体として，一般の納税者，つまり究極の主権者と戦う．カナダの太平洋岸でのこの責任転嫁の詳細な分析が存在し[251]，したがって，カナダは世界の漁業の縮図として機能している．

したがって，このエッセイでは，これらの問題に対処するために提案された解決策を議論するときに，カナダと他の例を交互に使用する．

人々との実際の取引

漁業生物学者の観点から書かれたこのエッセイの主題は，私の成功すべき論争

で，将来の管理スキームは，市場のインセンティブ，あるいは共同管理，または
ガバナンスの取り決めに基づくかどうかにかかわらず，実在する場所の地域社会
と，同様に実在する場所にいる魚の集団が対象である．しかし，魚の場所を見る
前に，そのような議論に悪影響を与える半真実の少なくとも1つについて議論す
る必要がある．

　自然保護論者の議論に対抗して漁業科学者が使う決まり文句に，「魚の管理で
はなく人間の管理の問題だ」というのがある．この常套句は空虚な頭の中でうま
く共鳴するかもしれないが，それは我々漁業科学者が「人間の問題」に対処する
準備がすでにあるか，これから備えねばならないことを意味する．

　社会科学者たち（社会学者，人類学者，歴史学者）との共同作業に従事するに
しては，我々は総体として無力で，いや不本意であり，そして社会科学者が事実
や証拠として一般的に採用するものの価値をわきまえずに単なる逸話としてしま
う傾向[252]は，漁業科学者の規律が人間の問題にたいして概念的に対処できるよう
になっていないことを示している．さらに，おそらくもっと重要なことに，医学
や心理学などの実在の人間を扱う応用科学は（漁業科学者が名目上の漁業者や仮
想上の管理者を扱うのとは対照的に），人間との相互作用の倫理的側面を規制す
る強力な行動規範を必然的に開発してきた[253]．

　したがって，心理学者は，大学院生に対して一見無害に見える教育実験を行う
前に，通常は書面でインフォームドコンセントを取得する必要があり，医学実験
の実施には複雑なプロトコルの動物と人の両方に対する規制がある．

　人間が関与している場合，命を救う可能性のある薬の有効性に関する実験で，
プラセボを投与されている被験者が治療グループに含まれていないために苦しみ
を受けている可能性がある場合，その実験を中断せねばならない．

　多くの医学部では，こういった倫理的問題がカリキュラムにくみこまれ，医療
倫理の専門教員によって教えられている．

　漁業科学の場合はどうか？　我々は本当に実際の人々を対象として，個々人に
対して（医師と同様に）責任を持ちたいだろうか？

解決の種類

　世界的な漁業危機とその地域の兆候に対処するために，通常，国内または国際
的な「トップダウン」規制アプローチを補ったり，あるいはその代わりとして，
3種類のアプローチが提案されている．それらは，市場ベースのアプローチ，地
域社会ベースのアプローチ，および生態系ベースのアプローチである．

市場ベースのアプローチ

　カナダやその他の地域のほとんどの漁場の開放的なアクセスは，「漁獲競争」とそれに伴う資本過剰，乱獲，人口減少などの病気の主な原因として長い間名指しされてきた．

　その結果，多くの経済学者は，これらの問題を「市場の失敗」，つまり市場が漁業の社会的および環境的コストを適切に説明し，あるいは「我が物とする」ことができないていないためと考える[254]．

　対照的に，大規模な漁業企業が沿岸を利用することを可能にした造船やその他の補助金に見られるように，政府と大規模な漁業企業の間の活発な共謀（これ以外の用語はあるだろうか？）のエコノミストによる説明ははるかに少ない．そういった補助金はまた自国の港から遠く離れた資源を開発し[255]，そしてその過程で，他の点では効率的だが局所的な，小規模あるいは零細漁業を限界に追いってしまう[256]．

　したがって，市場の失敗を克服するために提案された市場に基づいた仕組み，つまり個別譲渡可能割当（ITQ）に対する認識が，資源管理自体ではなく，より多くの公共資産の所有権を企業に移転するための策略であっても，驚くべきことではない[257]．

　しかし，ITQ が実際に導入されると期待されることの多くを達成し，数十年来の非合理的な業界は，もっとも狭い経済的意味ではあるが，また合理的となるだろう[258]．

地域社会に基づくアプローチ

　ここで地域社会に基づくアプローチを強調すると，何か新しいことを述べているように見えるかもしれないが，以前明らかに地元の地域社会が漁業の管理に必要で，かつ管理できる唯一の実体だった[259, 260]．

　地域社会に基づく管理が必ずしも自明ではない理由として，ここ数十年，大型漁船（通常は底びき網や巾着網などの産業用漁船）の発達と並行して，各国政府は漁業を規制する中央機関を創設しており，そういった機関は内部文化やときには明確な義務として，地元に拠点を置く小規模な伝統漁業船団よりも産業用（および遠洋）の船団を支持していることがあげられる[261, 262, 263]．

　先進国と発展途上国の両方で結果として生じる不平等と疎外は，文献に十分に文書化されており，共同管理の概念，各国政府（通常は規制当局によって代表される）と漁民地域社会の間の責任の共有を生み出した[264, 265]．

　現在考えられているように，共同管理は，意思決定過程で相談される地域社会

の権利から，（漁業に関して）ほぼ完全な自律性にまでおよぶ可能性がある．

　通常，これらの取り決めは，漁船の所有者が漁業の共同管理に正当な関心を持っていることを前提としているが，漁獲物の処理にしばしば関与する給与所得者や妻はそうではない[266]．これは不公平と疎外の追加の原因だ．

　また，さらに重要なこととして，これらの取り決めはすべて，政府が検討する必要がある唯一のグループが資源の利用者であることを意味する．非利用者たちは通常，資源の管理と割り当てにおける正当な利害関係者とは見なされない．

　対照的に，特定の利用者グループによるすべての要求に対応できない政府が意思決定過程に異なるまたは反対の関心を持つグループを巻き込む「現代の統治」[267]の概念は，利用者グループ（ここでは漁師）に公的資源への利用特権の正当化を強めている．

　このアプローチは，サンゴ礁漁業の場合は，漁師はたとえばスキューバダイビングリゾートの運営者や，おそらく自然保護論者グループとも交渉せねばならず，政府の代表者が規制を定めてグループ間の交渉のために地方管理評議会の創設が必要となるかもしれない．

　この種の統治の取り決めは，つねに地域的であり，持続可能であり，様々な利害関係者グループの利益と両立するレベルでの開発に繋がる可能性があるが，中央政府の取引と執行コストも削減する．

生態系に基づくアプローチ

　自然，とくに海は「複雑」であり，漁獲物の生産と維持のプロセスについてはほとんど知らないという考えは，懲戒処分の無責任を隠すことができる煙幕の一部だ．

　実際我々は20世紀の始めにＦ・Ｉ・バラノフが定量的水産科学の原則を開発したことを知っているし[268]．少なくとも第２次世界大戦とそれに伴う巨大な漁業の閉鎖がおきて[269]，そういった魚の個体数を減らして最終的には崩壊させる過剰な漁業でも，ほとんどの場合，漁業を減らすことで（与えられた時間で）回復するには十分なことを知った．

　我々の歴史的な漁業が何世紀にもわたって存続できたのは，開発された各個体群のかなりの部分が自然の避難所に逃げ込めたため，漁業の影響を受けなかったからだ．

　北大西洋のタラ（タイセイヨウマダラ）の場合は深いところに避難できた．過去には，漁業は主に沿岸で行われ，若い魚が成魚に加入できる繁殖力を維持した年配の大型雌は，沿岸の漁具ではほとんど漁獲できなかった[270]．同様に，マグロのほとんどは，沿岸に迷い込んだ一部だけが捕獲でき，残りの個体群は沖合で安

全なままだった．過去数十年の間に，強力な音響定位装置，非常に正確な衛星測位，新しい装備などの技術開発により，ほぼすべての魚をどこでも見つけて捕まえ，かつての避難所でも利用できるようになった．

この変更を文書化することは，このエッセイの範囲を超えている．しかし，世界中で十分に文書に示された近年の崩壊の多くの証拠はここに示されているだろう．

この自然保護区に忍び寄る侵入に対抗することは可能であり，この可能性はおそらく，海洋保護区（MPA）の有効性について，とくに禁漁の海洋保護区としてのもっとも効果的な形での科学的合意形成が盛んになった背後にある[271, 272]．

本質的に，禁漁の海洋保護区は，自然の時間軸を必要に応じて漁業者や市場の時間軸と調整することで，人工的な避難所として機能する．これは，魚の死亡率が非常に低くても，加入にもっとも貢献する大型高齢の，繁殖力の高い雌の数を大幅に減らしうるためである．

したがって，（場所と漁獲サイズが適切に決められた）漁獲禁止水域・海域内では，（規制された）漁業がその海域の外で継続している場合でも，以前に間引きされた1つ（または複数）の個体群の数，そして最終的には生物量が回復できる．

徐々に，海域内の密度と平均年齢が増加するにつれて，卵の排出が始まり，最終的には隣接水域の漁業に貢献する幼魚と成魚を輸出し始め，すぐにこの排出を通じて，取水禁止区域自体のために失われた漁業が帳消しになる．

これらの過程の現実を文書化した熱帯の例が存在し[273]，冷水域からの例もある[274, 275]．

ただし，海洋保護区の最も重要な側面は，リスクを軽減し，不完全な知識に対応することである可能性がある[276]．これは，割当量その他の従来の管理形式では扱いにくい[277]．

漁業開発された個体群の変遷過程に関する知識の欠如に関して，色々と耳にするかもしれないが，それとは反対に，この決まり文句はMPAの設立に反対ではなく賛成だ．

エンジニアは，ホモサピエンスの平均体重に関する知識がないからといって，指定された最大乗客数を超える乗客を収容できるエレベーターを建設に賛成したり反対したりする言い訳にできるだろうか？

我々の未来

上記の文章は私の共感を明確にしたはずだ．漁業管理は，それが持続可能なも

のに繋がるためには，その論理における人々の場所を考慮に入れなければならないと私は信じている．

　これまで以上に，小規模な漁民コミュニティの場所だけでなく，他の利害関係者や魚の場所，とくに彼らの人口が漁業から回復できる場所を考慮する必要がある．

　場所を考慮に入れることは，漁業管理者だけではできないし，実際にできなかった．むしろ，最終的に資源を所有し，これまで大虐殺の助成に税金が悪用されてきた一般大衆が関与しなければならない．

　世界中で，科学と自然を指向する雑誌の世界的な漁場問題の最近の大きい報道の結果として，一般的な報道機関において，そして，政府機関のより大きな責任に向かう傾向の結果として，これが起こっているという徴候が散見される[278, 279]．

　明らかに，大衆が一斉に関与することはない．

　むしろ，捕鯨の終焉を提唱した非政府組織や政治家への公的支援が高まった1970年代に起きたように，当時のニーズをもっともよく表現する人々を支援するだろう．

　ここでも，保全運動はその呼びかけに耳を傾けることが期待できる．水産学者も心を正しい場所に置くといいだろう．

漁獲を重ねても水揚げは少ない²⁸⁰

解決の大部分

　徐々だが，ただし確実ではないが，世界の先進国のいくつかは，数十年にわた
る海洋漁業の管理ミスの結果から脱却し，1990年代に診断された漁業の世界的危
機と業界の利益の減少の一部を解決している．

　乱獲された魚の個体数の再構築を義務づける法律（マグナソン-スティーブン
ス漁業保護管理法）を武器にした米国は，補助金による過剰生産能力（漁船が
多すぎる）と個体数の（あまりにも多くの）減少という2つの惨劇に取り組むた
めに比較的早くから始めた．少数の魚），そしてその漁業は現在回復している．
2013年，情報に通じた消費者，環境非政府組織，水産学者からの圧力の結果とし
て，欧州議会は一連の措置を採択した．これは，実施され，骨抜きにされない場
合，同様の肯定的な結果をもたらすはずだ．これらの対策には次のものが含まれ
る．

　ヨーロッパの魚の漁獲数を減らし，2020年までにそれぞれを豊富な個体数に再
構築して，最大持続生産量（MSY）を生み出すことができるようにする．これ
は，1982年の国連海洋法条約などの多くの国際条約や条約でも要求されている．

　漁獲対象外の混獲魚の海洋投棄の段階的な廃止は大きな問題で，多くの場合，
漁船の漁獲量の50％以上が関係し，タラやヒラメなどの完全に優れた魚で構成さ
れる．このような廃棄は，多くの場合正当な理由がないため，漁業管理の問題で
あるだけでなく，道徳的に EU 市民との相性が悪い問題でもある．

　漁業の存続を可能にし，産業漁業開始後の最初の1世紀には当たり前に存在し
ていた海洋生物多様性の保護．その開発には保全が伴う必要がある．これは，ヨ
ーロッパの大部分の人々が理解している概念だが，必ずしもヨーロッパの漁業管
理者や船団の所有者が理解しているわけではない．現在，海洋保護区（MPA）
の創設を含む保全は，欧州連合の改革された共通漁業政策（CFP）の一部となる
だろう．

　地域化管理，ヨーロッパの共通漁業政策の地域の生態系への適用と地域の利害
関係者の参加を促進するために設計された措置．この措置は，米国内の8つの地
域漁業管理委員会に適用されている．

　漁業の「外的側面」，つまり EU 諸国が発展途上国の海域，とくにアフリカ周

辺や太平洋で操業する巨大な漁船団を持っているという事実に注目されつつある.

　これらの措置が成功するかどうかは，競合するグループのうちの，どれがより永続的で組織化されているかにかかっている. 強力な勢力が，たとえば再建命令の実施と魚の洋上投棄の段階的廃止をまだ議論し続けているのが明らかだが，漁業が台無しになるだろう. そのような議論は懸念からなされているが，両方の目標を達成した非 EU 加盟国であるノルウェーの例によって容易に反駁されるが，政治的には効果的であるかもしれない. とりわけ，これらの議論は，EU の漁業に対する大規模な政府補助金の問題に対処するための共通漁業政策の改革を妨げており，これらの漁業の継続的な過剰生産に貢献するだろう. 共通漁業政策の改革が失敗した場合，それはおそらくこの理由によるだろう.

それでも問題が発生する場所

　しかし，漁業の世界が米国と欧州連合およびそれらの魚の個体数のみで構成されている場合，いささか楽観的に気を許せるかもしれない. しかし，米国と欧州連合はどちらも，適切に管理されているかどうかにかかわらず，国内の漁獲量では水産物需要を満たすことができないため，消費する魚や海洋無脊椎動物，たとえばエビの食べ放題レストランの商品の70％以上を輸入している. これは日本もほぼ同じ割合である. 水産物の輸入は増加しているが，海洋国家の漁業統計を集計発表している国連食糧農業機関（FAO）によると，1990年代以降，世界の漁獲量は停滞しているか，ゆっくりと減少している. では，米国，EU，日本の市場向けの追加の水産物はどこから来るのだろうか？

　この水産物のほとんどは，西アフリカ諸国の200海里の排他的経済水域（EEZ）と，たとえば EU 漁船団が東アジアの漁船団と直接競争している中央太平洋と南太平洋の島国から来ている. とくに中国は，その指導者たちがこれらの国々を彼らが望む水産物を手に入れることができる食料貯蔵庫と見なしている. これは，「入漁協定」（後に EU によって「漁業パートナーシップ協定」と改名）の下で，またはそのような協定なしに違法に行われる. しかし，そのような漁業資源への入漁国がその価値のごく一部を手に入れるかどうかにかかわらず（進行率は最初の販売時の価値の約５％である[281]），漁獲量は直接これらの国の食料安全保障を危険にさらす. 入漁協定では，問題の個体群（通常は管理されていない）がすでに乱獲されているかどうかを事前に推定する必要はない.

　アフリカの海洋国家と太平洋の小島嶼国には産業漁業がない. それらの国の旗を掲げる数少ない産業漁船はいわゆる合弁事業であり，受入国とのわずかな繋がりしかない. これらの地域では，外国の漁船団は，主に伝統的あるいは小規模

な，通常は地元の市場に供給をする地元の漁船団と直接競合する．とはいえ，これらの漁業は文字通り小規模というわけではなく，ほとんどの発展途上国の漁獲量の1/3から1/2を供給する．つまり，外国の船団によって漁獲されない，または合弁事業によって輸出されない漁獲量の一部である．したがって，これらの小規模漁業は，農村住民の食料安全保障に直接貢献している．私がブリティッシュ・コロンビア大学で主導している研究プロジェクトである Sea Around Us の研究は，主に FAO のメンバーである開発途上国が毎年の小規模漁業を大幅に省略しているため[282]，それら伝統漁業のこの役割が大幅に過小評価されていることを示している．その結果，その組織によって生み出された世界の漁獲量の推定値は非常に低く，開発途上国の人々が食べる魚介類のほとんどを産業漁業が生み出していると多くの人を誤解させている．

　魚は美味しくて健康的である．人々は魚を食べるべきだ．しかし，「人々」とは，セネガル，モザンビーク，ソロモン諸島にも住む我々すべてを意味し，インターナショナルニューヨークタイムズの読者や寄稿者だけではない．

東南アジアでの混獲の利用[283]

東南アジアの底びき網漁業

　海洋漁業の混獲は世界的な問題だが[284]，世界の様々な地域で，現われ方は異なっていて，その結果，様々な解決策がある可能性がある．この簡単な寄稿では，東南アジアの底曳網漁業における混獲問題の起源と，考えられる長期的な解決策について説明し，主に北米とヨーロッパの文献の見解の多様性を高めている．視点の多様性は，我々を新しい洞察に導く架け橋の一部である[285]．

　第二次世界大戦前，とくにインドネシアのオランダ人，インドシナのフランス人，マレーシアのイギリス人によって，東南アジアに底びき漁業の導入が何度か試みられた．しかし，植民地時代の環境が産業漁業の発展を助長していなかった一方で，試験された漁具が不適切だったため，すべての試みは失敗した．日本漁船による試みはより成功したが，地元の底びき漁業の発展に繋がることを意図しておらず，実際そうはしなかった[286, 287]．

　東南アジアの地元民による底びき網漁業の開発は，第二次世界大戦直後にフィリピンで始まり，主に，米軍が残した上陸用舟艇やその他の機器やエンジンよって進められた．1950年代後半までに，マニラ湾は後に生態系の乱獲と呼ばれる症状をすべて示し，漁獲努力が国内の他の地域にも波及し始めた．

　さらに重要なのは，マニラ湾の底びき網漁業が，国連食糧農業機関（FAO）の専門家であるクラウス・ティーウズ博士によって研究されていたことである．東南アジアの底びき網漁業が本格化しているのを見て，彼はタイ水産局に追随するように安易に説得した．適度に軽量で開放性の高い底びき網が設計され，資源調査が実施さた（1961年に初めて）．アジア開発銀行は，投資家になる可能性のある人々に巨額の助成金を提供し，今や漁業の古典ともなったブームとその後の壊滅が巻き起こった[288]．

　1970年代，タイ湾の底魚資源を一掃したタイの底びき漁業者は，ビルマ（現在のミャンマー）やインドネシアなどの他の東南アジア諸国からアラビア半島のオマーンの海岸までで合法・あるいは非合法で活動していた．

　これらのタイによる侵略よりも重要なのは，近隣諸国，とくにマレーシアとインドネシアがタイの漁業開発モデルを採用したことである．ここでは，以前のタイと同様に，底びき網の導入により，底びき漁業者と小規模漁業者の間で深刻な

紛争が発生した.

底びき漁業とその混獲魚

　東南アジアの底びき漁業者は，２つの相互に関連する理由から，沿岸近くで操業する必要がある．(1)熱帯の陸棚では，底魚の生物量は，温帯または北方の陸棚の生態系よりもはるかに急速に深さとともに減少する[289]．(2)底びき網漁業の真の目的種であるクルマエビ科のエビは，浅瀬でのみ発生する.

　何世紀にもわたって，東南アジアの沿岸水域は，様々な（主に）固定式の漁具を使用して，何千人もの小規模漁師に生計を提供してきた．このように，沿岸近くで操業している底びき網漁船は，小規模漁業者と同じ資源を求めて競争するだけでなく，しばしば彼らの受動的な漁具を破壊する.

　さらに，東南アジアの底びき網漁船は，網生地を用いてコッドエンド（底びき網の狭い端）を裏打ちする．この端は，通常，引き伸ばされたときに結び目から結び目まで１インチ未満の非常に小さな網目を持っている．小さなエビやカタクチイワシを狙うときは，さらに目の小さな蚊帳でそれを覆うことがある．いくつかの国でコッドエンドの網目を大きくする努力がなされてきたが，そのような規制の実施が本質的に難しいだけでなく，東南アジアの底魚の特性，すなわち，ほとんどが小さくクルマエビ類のサイズであるため（したがって，小さな網目で捕まえる必要がある），その成功は限定的である.

　この熱帯地域は，海洋生物多様性の世界の中心地である．したがって，これらの資源は非常に多くの小さな魚種で構成されている．生物量の大部分は，６インチ（約15 cm）を超えない種である[290, 291]．したがって，ほとんどの魚はクルマエビ類と同じくらい小さい．クルマエビ類は，魚に比べて価値が高いため（約10：１），底びき業者の漁獲対象種となる．エビが漁獲重量の約1/10を占めることを考えると，その重量の大部分は混獲（上記の小魚種と，程度は少ないが，タイやハタなどを含む大種の稚魚）で構成されている.

　状況は，底びき船よりも大きな魚を漁獲する傾向があり，底びき船のように漁獲物の一部を廃棄しない小規模漁業者とは異なる．したがって，小規模漁業者は，とくに沿岸で操業している場合，底びき船に警戒する必要がある.

　その後の対立を扱った文献はたくさんあるが，その文献をレビューすることはこのエッセイの範囲を超えている．これらの紛争が激しくなるにつれ，底魚の底びき網が人口の多いインドネシアの西半分[292]とフィリピンの一部の地域で禁止され，マレーシアで厳しく規制されるほど不安定になったといえば十分だ.

東南アジアの水産物

東南アジアの小規模漁業者の漁獲量は，次の３つの基本的な形態のいずれかで販売される傾向がある．

1. 高品質の製品（ハタなど）としての鮮魚（氷蔵）または活魚
2. 長距離を移動でき，19世紀に広大な国際貿易を支えた中品質から低品質の製品としての塩漬けおよび天日乾燥品[293]
3. 塩漬け・発酵させて，米飯に加える様々な「魚醤」

これらの伝統的な製品の存在は，底びき漁船が混獲物を投棄する慣行について東南アジアでの認識を大きく形作ったので，項目２と３について簡単に説明する．

項目３は，東南アジアの農村部，さらには内陸部における動物性タンパク質の主要な供給源の１つである．栄養価の高い製品であり，含まれるタンパク質だけでなく，（溶解した）骨も食べられるため，ヨウ素やカルシウムの供給源としても有益である．この製品では，丸ごと売られる傾向がある大きな魚より手頃な価格で売られる．さらに，東南アジアの多くのグループ，たとえばジャワ人は，単に小さな硬骨魚（たとえば，ヒイラギ科の魚類）が好きなので，底びき網の操業者と違ってそれらを投棄魚扱いはしはしない．

項目３の製品のいくつかは，「ソース」として説明が不十分である．これらの製品の中で最も重要なものは，見たり，匂いを嗅いだり，味わったりしていないと想像しがたい．それはオリーブオイルのような流動性と，時にはその色をも色を持っている（そしてしばしばより軽い風味なので，タイ語とベトナム語での名称は「魚の水」を意味する）．それは「魚臭い」臭いがし，ほとんど塩辛い味がする．それは，魚自身が持つ酵素によって起こる発酵過程で液化した魚全体で構成されている[294]．（古代ローマ人は，地中海全体でアンフォラ，すなわち両取っ手付きの壺入りで取引されていたガルムと呼ばれる同様の製品を大量に消費した．アンフォラのすべてがワインに使用されたわけではない！　そしてガルムは，少なくとも地中海のスペインと南イタリアで，中世後期まで生産されていたようだ．）

この製品の主な利点は，タイではナンプラ，ベトナムではヌオックマム，インドネシアではペティス，フィリピンではパティスと呼ばれ，大量の小さな，時には部分的に分解の進んだ魚は，全体を高評価の安定した製品（フランスの臭いチーズに少し似ている）に変えるのに役立つこと．これにより，とくに冷蔵が利用できない場合に失われる季節の原材料の使用が可能になる[295]．

項目2と3の製品は，底びき網漁業の出現とそれらが生み出す「投棄魚」への東南アジアの「事前適応」と見なすことができる．底びき網漁船は，そのような製品の原材料の主要な供給者になっている．また新製品の開発にも取り組んでいる．これらの取り組みは東南アジアの一部の地域ではかなり成功しているが，他の地域では投棄が続いている[296]．

　底びき網漁業産業による「投棄魚」は，2つのレベルで発生した．(1)概念面—底びき網漁業が出現する前は，捕獲されたすべての魚も消費されたため，概念自体は存在しなかった．(2)実際面—クルマエビル以外漁獲物に含まれる大型魚の割合を減らし，幼魚（ある種の投棄魚）と様々な小さな魚（他の主要な種類の投棄魚）の割合が増加した．

　したがって，投棄魚の出現は，成長乱獲（大型種の高齢魚のほとんどを取り除き，幼魚だけを残す）と生態系乱獲（大きなK選択種が小さなr選択種に置き換えられた）の組み合わせによるもので，東南アジアでの乱獲を特徴づける[297]．

　東南アジアにおける海洋漁業資源の対立，とくに小規模漁業者と底びき漁業者の間の対立は，経済成長が継続し，人口増加が継続しない場合，緩和する傾向がある．沿岸資源の開発と管理を小規模漁業者に戻し，底びき漁業船から漁場を保護する傾向がすでにいくつかの国で示されている（たとえば，コンクリートで作られた強力な人工魚礁で浅瀬を凸凹にすること）．漁具の選択的な性質と小規模漁業者が販売する製品の種類のために，この沿岸資源の小規模漁業者への返還は，東南アジアでの混獲問題を著しく軽減するだろう．この計画は，世界の他の地域の将来の計画になる可能性もある．

漁獲の時系列の再構築について[298]

漁獲統計を使用した漁獲

　漁獲統計が漁業管理に極めて重要なことはよく知られている．しかし，漁獲統計はほとんどの国で定期的に収集され公開されているが，不十分な点が多い．これは，カリブ海諸国と太平洋諸国の統計局が世界統計の編集のために国連食糧農業機関（FAO）に送信した全国データの要約にとくに当てはまる．

　この状況に頻繁に対応して，国のデータ報告システムの改善に専念する集中的かつ比較的短期間のプロジェクトを立ち上げてしのいでいる．そういったプロジェクトの主な成果物として，対象期間の（数年）年をカバーする詳細な統計ができあがる．ただし，これらのデータは，変更を評価できるような以前のデータが少ないため，通常，解釈が困難となる．これは，様々な漁業を支援する資源の状況の傾向を判断するための基礎を提供する長期データセット内で発生する変化であるため，大きな欠点である．

　カリブ海や太平洋の水産学者と役人が現在のデータ収集計画によるデータを完全に理解するには，過去の漁獲量と漁獲組成の構成を再構築することが重要である．これは，次の例で説明できる．A国の水産局が，大規模で費用のかかる統計収集計画の後に，そのサンゴ礁漁業が1995年と1996年に1平方マイル当たりそれぞれ5トンと4トンの漁獲量を生み出したと仮定する．これらの漁獲量は，漁業の継続を可能にする高い値なのか，それとも低い値で，過度の漁獲レベルを示しているのだろうか？　1つのやり方は，これらの数値を隣接する国BおよびCの数値と比較することである．ただし，これらの国では正確な統計が不足しているか，異なる漁具を使用する漁業が行われている可能性がある．さらに，Aの水産担当大臣は，比較研究に基づく結論を受け入れることをためらい，地元の漁業に影響を与える重要な決定を行う前に地元の証拠を要求する可能性がある．この非常に正当な要件に対処するためのやり方には，時系列を再構築して分析することがある．これは，詳細なデータが利用できる最近の期間の前の年をカバーし，可能な限り過去（つまり，FAO統計が始まる1950年）にさかのぼる．漁業の初期をカバーするこのようなデータがあれば，漁業とそれを支える資源の状況が迅速にでき，また漁獲努力の増加が悪影響となるかどうかの評価も可能となる．

漁獲量の再構築の方法

　ここで心理的に重要な方法論の一部を紹介する.「情報は利用できない」という概念は克服する必要がある. これは, 漁業などの業界を扱う際の誤った思い込みである. 漁業は社会活動であり, 漁業が行われている社会に大きな「影響」がある. つまり, 漁業者は経済の他の部門との相互作用があり, 漁業者以外の人々に観察されている. したがって, 通常, こういった漁業のいくつかの側面を文書化した記録が存在する. 必要なのは, それらを見つけて, 含まれるデータを慎重に解釈することだけである. そのような仕事の重要な情報源は次のようになる.

- 水産部局の古いファイル
- 様々な査読済みの出版物
- 学位論文, 科学・旅行レポートで, 入手可能な場所が地方の部局や図書館, あるいは西インド諸島大学や南太平洋大学の部門, あるいは地域データベース, 例えば水産管理情報システム (FISMIS:トリニダード・トバゴのスペイン港にある水産局所属) や太平洋諸島海洋資源情報システム (PIMRIS, フィジーのスヴァにある南太平洋大学図書館所属) などの場所であり, または国勢調査データ (漁業者数の推定) および経済情報 (漁業からの収入を推定するため) の収集を担当する国の部門
- 漁船の数に関する情報を含む, 港湾管理者およびその他の海事当局からの記録 (小型漁船種類別データ, 大型漁船の長さ別, 級別, および／またはエンジン出力別のデータ)
- 協同組合または民間部門からの記録 (水産物の輸出, 加工工場, 漁具の輸入業者など)
- 地理的調査からの古い航空写真 (ビーチや桟橋の漁船の数を推定するため)[299]
- 年配の漁業者へのインタビュー[300]

漁獲量と漁獲物組成の推定

　前段に列記した情報源から得られた散在データの分析は, 漁獲重量 (Ｙ) が「努力量当たりの漁獲量」と「漁獲努力量」の積であるという単純な概念に基づくべきである. これは, これらの情報源から漁具別の努力量 (漁業者の人数, 漁船の隻数, または出港回数) の推定値を取得し, その漁具別の平均漁獲量／努力量 (たとえば漁業者1人当たりの年間平均漁獲量または出港ごとの平均漁獲量). 小型漁船や漁業者個人の漁獲量／努力量は大型漁船の漁獲量／努力量とは

大幅に異なるため，漁具または漁船の種類ごとに年間漁獲量を推定し，すべての漁具または漁船の種類を合計して総漁獲量を推定するのが最善である．

　さらに，漁獲量／努力量（CPUE）は通常季節によって異なるため，その年の各月の漁獲量を推定し，その推定値を合計してその年の合計を算出する必要がある．これは，漁業のすべての構成要素（小規模，半産業規模，産業規模など）に対して繰り返す必要がある．

　利用可能な記録からすべての定量的情報が抽出されたら，線形補間を使用して，推定値が欠落している年を「埋める」ことができる．たとえば，1950年の年間サンゴ礁漁業の漁獲量として1000トン，1980年の年間漁獲量を4000トンと推定した場合，反対する情報がない限り，1960年と1970年の漁獲量はそれぞれおよそ2000トンと3000トンであると想定するのが妥当である．この補間手順は単純すぎるように見えるかもしれない．しかし，別の方法としては空白のままにすることしかないが，後で必ず漁獲量0として解釈される．これは，補間された値よりもはるかに悪い推定値である．

　異なる漁業（沿岸／サンゴ礁，陸棚，海洋など）の漁獲時系列が確立されたら，これらの漁獲量を異なる種または種グループに分割する仕事がある．漁獲構成に関する包括的な情報は通常欠落しているため，漁獲を分割する作業は，いくつかの，できれば代表的な漁業単位で観察された漁獲組成などの断片的な情報に基づく必要がある．それでも，たとえば5年以内の漁業の漁獲組成（すなわち，散乱サンプルの観察された組成）に関する入手可能なすべての事例情報は，統計的原則を使用する場合，平均組成の合理的な推定値を提供するはずである．それらの相対的な貢献に関する情報，等しい確率は，全体に共同で貢献している要素に割り当てられる．したがって，「ハタ，タイ，イシモチ，その他の魚で構成された漁獲量」というレポートは，妥当な最初の概算として，25％のハタ，25％のタイ，25％のイシモチ，および25％の他の魚に変えることができる[301]．

再構築の例，およびそれを超えて

　漁獲量の時系列の再構築には，上記で概説した以上のことが明らかにあり，利用可能な方法のいくつかはかなり洗練されている．ただし，潜在的な利用者は，過去の漁獲量などの未知の量を再構築するために必要な大胆な仮定を行うことを信頼していないため，通常は適用されない．しかし，そのような大胆な仮定によってのみ，最近の漁獲量の推定値との比較に必要な過去の漁獲量を取得し，漁業の主要な傾向を推測することができる．

　ここに一例を示す．1950〜59年のトリニダード・トバゴのFAO漁獲統計は，

1000トンから始まり，1959年には徐々に2000トンに増加した．1950年代半ばには，500〜800トンが Osteichthyes（硬骨魚）から，300〜500トンが「*Scomberomorus maculatus*」（実際にはミズタマカマス *S. brasiliensis*）から，100〜200トンがエビ *Penaeus* spp. から，そして0〜100トンがスズキ目（おそらくサンゴ礁の魚）から得られた．

　明らかな欠陥はあるが，他のカリブ海諸国からのこれらおよび同様のデータが，この地域の漁業の傾向を説明するために一般的に使用されている．幸いなことに，そのような統計を改善することは非常に簡単である．したがって，ある著者[302]は，主要市場（ポートオブスペイン）での詳細な調査といくつかの非常に合理的な仮定に基づいて，1954年のトリニダード島からの総漁獲量は約1300万ポンド（2680トン）であると推定した．─1955年─トリニダード・トバゴの両方の FAO 推定値の約2倍．さらに，当時トバゴに存在していた小規模漁業の詳細を提供する情報源が存在し[303]，そこから，とくに「カリテ」またはセロと呼ばれるサワラ類（*Scomberomorus regalis*）の漁獲努力と実質的な漁獲量を推定することができる．さらに，これらの情報源の両方に詳細な漁獲構成も含まれており，FAO 統計で記録上は漁獲が0のいくつかの項目（ニシン科，つまりイワシのような魚など）が1950年代にかなりの漁獲量を生み出したことを示している．この点を裏付けるために使用できる他の初期の情報源が存在する．

世界規模の地域社会主導の漁獲データベース[304]

手元にある問題

　排他的経済水域（EEZ）で漁業を管理するには，各国は漁獲量を知る必要がある．理想的には，彼らの漁業部門または同等の機関は，それ以上のことを知っているだろう．開発される資源のサイズと生産性，漁業の経済学，その他．しかし，漁業の目標として，漁獲量を上げてそれを維持し，可能であればそれを増やすためには，漁獲量について知ることは不可欠である．

　以前のエッセイで述べたように，国連食糧農業機関（FAO）は，加盟国からの提出に基づいて，公に利用可能な漁業統計のデータベースを維持しているが，水揚げのみを対象とし（混獲による養生投棄は省略），沿岸水揚げが発生するEEZを特定せず，漁業の部門（すなわち，産業漁業，伝統漁業，自給自足，娯楽）ごとのデータを提示せず，通常は遠洋漁船団の移動で起きている違法はたまた無報告のIUU漁業についても明らかにはしないのである．

解決

　FAOの統計に基づいて構築されているが，上記の欠陥を克服する公的にアクセス可能なデータベースが作成された（http://www.seaaroundus.org）．このデータベースは，1950年から現在までの世界のすべての海洋国と地域の漁業を対象とし，定期的に更新される．これは，世界中の約400人の同僚による過去の漁獲量の再構築，ピュー慈善財団による10年にわたる Sea Around Us への支援があり，ポール G. アレンファミリー財団からの３年分の助成金によって得たシアトルに本拠を置く Vulcan Inc. のプログラマーたちの技術的な魔法に基づいている．

　このデータベースには，漁獲関連のデータと指標（たとえば，漁獲量の船外値，各国の漁業が受け取る様々な種類の補助金，資源状況プロット）も表示され，管理者，科学者，学生，または海洋活動家が利用できる．各国・地域のEEZの漁獲量を，種または種のグループ，海区，または漁獲の種類（投棄または保持）ごとに調べることができる[305]．これにより，今までできなかった漁業についての理解が可能となる．とくに，ここで説明するデータベースにより，大規模（産業）漁業と小規模（零細・自給自足）漁業の実績を世界規模で比較可能に

なったため，いままでの漁業管理の改善に役立つはずである[306]．

　Sea Around Us データベースの海洋生物多様性に関するすべての情報は，魚の場合は FishBase（http://www.fishbase.org）から，無脊椎動物の場合は SeaLifeBase（http://www.sealifebase.org）から取得されている．これらの認められたオンライン百科事典は http://www.seaaroundus.org に密接にリンクしており，開発された種に関するより多くの情報が取得されるだろう．

　Sea Around Us のデータベースでも空間的な配置情報を示している．つまり，データベースに含まれる漁獲データは，開発された魚や無脊椎動物（FishBase と SeaLifeBase から）の世界的な分布とそれらに依存する漁業の知識を使用して空間に配置されている．その結果，漁獲量マップは種ごとまたは国ごとに作成でき，たとえば，漁業が1950年から現在まで地理的にどのように拡大したかを示すことが可能である．最後に，このデータベースには，世界の海の様々な生態系で商業的に利用されている2000種をはるかに超える魚や無脊椎動物のバイオマス（海に残された生物の重量）の時系列も含まれる．

　このデータベースを利用して，世界の海洋漁業の漁獲量が FAO 統計よりも約50％高いことを示すことができる（これは，海洋が予想以上に生産性が高いことを意味するため，良い兆候と見なすことができる）が，1996年以来急速に減少しており，対処する必要のある問題である[307]．

　これは我々のデータベースとウェブサイトでできることのほんの一例である．さらに，これらのツールが権限を与えられたユーザーから質問をうけ，彼らのフィードバックにより両者が徐々に改善されることを願っている．また，その過程で，当社の Web サイトが，信頼できる1か所で何でもそろう海洋漁業に関する情報提供の場所となり，漁業管理の改善を通じて，魚に依存する数百万人の人々の収入と食料安全保障に貢献することを願っている．

漁獲量は資源豊度を反映する[308]

おかしな議論

　米国，オーストラリア，欧州連合加盟国などの先進国では，多くの漁業が，高予算の「資源評価」を使用して水産学者によって監視されている．科学者は，開発されている魚の個体数のサイズを推測するために，捕獲された魚の年齢とサイズの分布，調査船から実施された豊度調査の結果，タグと再捕獲の研究からの成長と移動に関する情報を使用する．しかし，すべての海洋国家の約80％で，公に利用可能になっている漁業に関する唯一のデータは，毎年漁獲される魚の重量の推定値である．1950年以来，国連食糧農業機関（FAO）は，これらの漁獲データ（約200か国の当局者によって収集されたもの）を FAO の漁業および養殖統計年鑑に公開している．

　漁業の健全性を評価するために漁獲量データをどう用いるかについて，漁業学者の間で議論が激化している．漁獲量データは注意して使用する必要があることには同意する．しかし，現在の論争は，漁獲量データの用途は限られているというメッセージを政策立案者に送ることである．国，とくに開発途上国で漁獲量データの照合に，ただでさえ少ない財源を費やすと，海洋生態系への影響や地域経済にとっての重要性など，漁業に関する我々の理解が損なわれることとなる．

資源状況の計画

　漁獲データに関する議論は，FAO によって始まり，その後，私を含む他の人々によって開発された分析的アプローチに端を発している．1996年，FAO の研究者は，「資源状況プロット」として知られるようになったものを考案した[309]．よく研究された400の漁業について，研究者は経時的な漁獲データをプロットし，グラフの傾きを利用して，開発された魚の個体数，つまり「資源量」を推定した．漁獲量が増加している「開発中」，漁獲量が減少している「衰退」など，様々なカテゴリに分類される．結果として得られたチャートは，1950年代以降の漁業の状況を一目で（ひどく，明らかに）示すことを目的としていた．

　2001年，FAO の方法は，ドイツのキールにある GEOMAR ヘルムホルツ海洋研究センターの水産科学者レイナー・フローゼと我がフィリピンの同僚によっ

て修正された[310]．次に，Sea Around Us プロジェクトは，修止された方法を使用して，漁獲データが入手可能な世界中のすべての漁業の資源状況プロットを作成し，そのプロット我々を当社の Web サイト（http://www.seaaroundus.org）で入手できるようにした．その結果，FAO が示したのと同様の傾向が明らかになった．崩壊した魚の個体群は年々着実に増加し，1990年代半ばまでに，1950年代に開発された個体群の20％が崩壊した（年間漁獲量がかつて記録された最大量の10％未満に減少した場合、崩壊したと分類した）．残念ながら，世界が注目するまでにはさらに10年かかり，誤った主張が続いた．

　2006年，様々な機関の研究者グループが資源状況プロットを利用したが，とくに，開発されたすべての魚の個体数が2048までに崩壊すると予測した[311]．当然のことながら，この年代予測は，研究のごく一部ではあるが，ナショナルジオグラフィックは，注目の見出し：「水産物は2048年までになくなるかもしれない」と記事にした．ワシントンポスト紙には「１つのチャートで，魚の終わり」と掲載された．ジョージオーウェルの1984年を思わせるような，奇妙に細かい数字の2048年は，漁業コミュニティ内で広く笑いの種となった．政策の転換，燃料費の高騰，市場の暴落，自然災害など，漁業に影響を与える可能性のある無数の要因を考えると，10年後でも漁業がどこにあるかを予測することは不可能である．しかし，漁業学者が2006年の論文の信用を傷付けるために使用したさまざまな攻撃の中で，１つの告発が勢いを増し，元の論文よりも漁業科学と管理にはるかに大きな損害を与えることになった．これは，漁獲量データが魚の個体数の健全性の判断に役立たないという考えで示される．これは危ういほど間違っている．

証拠の重み

　過去20年間で，世界の海から漁獲される魚の量は減少した[312]．漁業社会の派閥では，この減少をどのように解釈するかについて意見が分かれており，この魚の個体数情報を崩壊や十分に活用していない．また，漁獲量は魚の豊度だけでなく様々な要因に影響を受けるのは事実であり，資源管理や漁獲登録の変更などが年間の魚の取扱量に影響をおよぼしうる．しかし，大多数の種にとって，この減少傾向の兆候は，FAO の漁獲データがなければ存在しない．

　漁獲データしか入手できない場合，漁業研究者はこれらのデータおよび利用可能なすべての漁獲データを使用して，少なくとも暫定的に漁業状況を推測することができ，またそうすべきである．カナダの北部のタラを例にとる．資源評価の専門家が最先端の方法を使用してその豊富さをモデル化していたにもかかわらず，この資源は1990年代初頭にニューファンドランドとラブラドールで予期せず

崩壊した[315]. 崩壊前の数年間，漁業者は海底に固定された定置網または底びき網のいずれかを使用していたが，底びき網の漁船は浅瀬まで入り込めるため，定置漁業者の水揚げするタラがますます少なくなっても，漁獲量は高いままだった. 資源評価の専門家は，底びき漁船の漁獲量のみを監視していた. 漁獲データの信用を傷つけることは分析を妨げるリスクがあり，また世界中の漁業統計の質を改善する努力を思いとどまらせるかもしれない. 大多数の魚種の場合，専門家による資源評価は，とくに調査船が関与している場合，個体群あたり約5億円から数百億円の費用がかかる可能性があるため，実行できないことがよくある. 発展途上国の資源が不足している政府が，漁獲データの用途が限られていると考えるようになった場合，世界はこれ以上の資源評価を見ることはない. 漁獲データは収集されなくなる.

　科学者は，魚の個体数を評価する際の漁獲データの有用性に疑問を呈する代わりに，より多くの政府に対して，これらのデータを収集し（漁獲努力，漁獲の経済的価値，漁業費用に関するデータとともに），信頼性を向上させるための費用効果の高い方法を考案するよう促すべきである.

　カナダのバンクーバーにあるブリティッシュ・コロンビア大学と，漁業が海洋生態系に与える影響を監視することを目的としたピュー慈善信託との共同事業である Sea Around Us プロジェクトの一環として，私は1950年以来の FAO 漁獲データ全体を評価するプロジェクトを主導している. 私のチームはこれまで，180の国と島の領土の漁獲データを検証するために，魚の消費量や輸入入された魚のトン数に関する情報を収集してきた[316]. 中国による国内漁獲量を除いて，多くの開発途上国では100〜500％[317]，先進国では30〜50％の過少報告がなされている[318].

　漁業研究者は，どの漁業が衰退しているのか，なぜ，そしてどの程度まで衰退しているのかについての重要な議論を続けているが，世界中のほとんどの漁業者は，先達よりも少ない魚を取り扱っている. 毎年の海からの水揚げトン数を知ることは，この傾向を逆転させる方法を知るために重要である.

基準が変わる．漁業のシフティング・ベースライン症候群[319]

我々がいる場所

漁業はメディアの話題になって世界中の注目を集めているが，やはり漁業は世界的な災害であり，十分に確立された行政および科学インフラを備えた先進国，新興工業国，発展途上国に，このように非常によく似た方法で影響を与える災害は数少ない．問題は次のように要約される：

- 年間約9000トンの名目漁獲量を収穫するのに必要な数を2倍または3倍超える，多額の助成を受けた船団．
- 驚異的なレベルの混獲投棄[320]，記録されていない大規模な漁獲量は，おそらく真の世界の漁獲量を年間約1億5000万トンに引き上げる[321]．
- 国連食糧農業機関によって監視されている260を超える魚種の個体数の圧倒的多数が崩壊，枯渇，または以前の枯渇から回復中．

基本的な考え方

漁業科学は，管理目標を推定する方法の開発で，この地球規模の災害に可能な限り対応してきた．以前の目標の最大持続生産量（MSY）[322]は今では伝説で，現在は年間総許容漁獲量（TAC）または個別の譲渡可能割当量（ITQ）である．これらの方法が効果的であり続けるためには，水産学者は漁業者や漁船団の行動を綿密に追跡する必要があるが，これは海洋や淡水域の生物や人間社会を研究する生物学者から我々を分離し，生態学的および進化的考慮事項を我々のモデルから除外する傾向にある．

この規則には明らかに例外もあるが，一般的に適用可能だろう．これは，シフティング・ベースライン（基準線の変更，判断基準の変更）症候群と呼ばれるべきものを説明する明らかなモデルがないことで説明できる．本質的に，この症候群は，各世代の漁業学者の面々が，それぞれのキャリアの開始時を基準に資源の個体数と種構成を標準ととらえて，それらを基準に後の変化を評価するために発

生した．次世代がキャリアをスタートすると，個体数はさらに減少しているが，新しい基準線となるのはその時点の個体数となる．その結果，明らかに評価の基準線が段階的に移動するので，資源種の忍び寄る消失への段階的な適応，乱獲に起因する経済的損失の評価または資源の回復対策の目標設定には不適切な基準となってしまう．

歴史的観察の使用

　これらは，類推を使用してもっともいい説明を強力に主張できる．たとえば，天文学は，太陽の黒点，彗星，超新星，および古代の文化によって記録された他の現象の古代の観測（数千年前のシュメールと中国の記録に見られるものを含む）に対して仮説を検証ができた．同様に，海洋学には，1850年代の F. モーリー提督の時代から，海流と風，そして後には海面水温に関する散乱観測を統合するための実施要項があった．後者の結果として，国際包括的海洋――大気データセット（ICOADS）は1870年まで拡張され，研究者は実際に地球温暖化が起こっていると推測することができる．対照的に，漁業科学には，逸話と見なされている，現在絶滅した資源の「大量漁獲」の初期の説明に対処するための正式なアプローチがない．

　それでも，私の同僚のヴィリー・クリステンセンの祖父は，1920年代にカテガット海峡に設置していたサバの網に巻き込まれたクロマグロ（大西洋クロマグロ）に悩まされていたと述べている．この観察結果は気温の記録と同程度の事実であり，クロマグロを扱っている人々に関連するはずである．クロマグロは現在，北海にはほとんど分布していない．

　歴史的・人類学的な文献や他の場所から引き出されたそのような観察を何百も列記できるが，ここでは，これらの観察を統合しようとし，重要な新しいものに繋がった2つの小さな漁業関連の研究を強調することが洞察により役立つかもしれない．最初に，（女性の）科学者[323]は，南太平洋での漁業について報告している（男性の）人類学者の散在する観察をまとめ，男性による大きな魚の捕獲に文化的な重点が置かれているにもかかわらず，女性と子どもによるサンゴ礁の小さな生物の収集を結論付け，多くの場合，男性のより壮観な活動と同じくらい多くの漁獲量を占めていた（女性と子どもの努力は公式の漁獲統計には含まれていないが）．この事実は，現在，現地調査によって広く確認されており，サンゴ礁の漁業の可能性の再評価に繋がるはずである[324]．

　2番目の研究[325]では，著者はファーリーモワットの虐殺海[326]の逸話を使用して，カナダの北大西洋岸に沿った魚やその他の開発可能な生物量が2世紀前の生

物量の10％未満であると推測した．一部の漁業科学者は，私たちの産業漁業船と比較した場合の相対的な非効率性を考えると，初期の漁法がそこまで影響をおよぼした可能性は受け入れがたいと感じるだろう．しかし，初期の食物網の上部にある繁殖力の低い大型動物は，開発の進んだ今日の生存者よりも漁業に対する耐性が低かっであろうことを考慮する必要がある．つまり，大きな変化はずっと以前に起きており，証拠は逸話だけである．

　逸話である初期の知識を漁業科学者の現在のモデルに組み込むための枠組みを開発すれば，過去の反省の欠如に苦しむこの分野に歴史の始点を追加するだけでなく，生物多様性の議論に大きな影響を与えるだろう．脊椎動物の特定のグループである魚では，その生態学と進化が，現在そのような議論の中心的な舞台を占めている熱帯雨林やその生物と同じくらい人間の活動によって強く影響を受けている．

歴史的観測に関するさらなる考察

　前章の内容を発表した後，その続きをどうしても書きたくなった．このエッセイは，そのなかのアイデアに基づいて2つの緩やかな（あまり緩やかではないかもしれないが）関連する試みを示す．

変更が必要な基準線について[327]

　近年に急増した論文によると，過去に関する知識の喪失が，生物多様性の低下などの他の喪失の受容に貢献した可能性がある．私は，漁業生物学者が生物量の変化をどのように評価するかを説明した1995年の論文で，この形態の集団健忘症を最初に特定した．すべての世代は，その周りの世界と社会の状態を評価し，その後に発生する変化を評価するための基準線として見ているものを使用することによって，意識的な生活を開始する．ただし，前世代の基準線は一般的に無視されるため，変更を評価する基準も変更される．私はこの現象を「シフティング・ベースライン（基準線の変更）」と呼んだ．

　したがって，今日，野生生物を研究している人々は，アラスカの大型野生哺乳類（クマ，オオカミ，様々な草食動物）の豊富さに感銘を受けるかもしれないが，そのような数がかつてはアラスカ以外の米国本土でも一般的であった[328]ことに気付いていない．そのため，彼らはアラスカの大型種を見逃さないかもしれないが，以前はそこに豊富にいた動物種の（再）導入する努力には疑問を抱くかもしれない．

　基準線の変化現象は，漁業研究を含む海洋科学で十分に文章化されている．たとえば，ある法律[329]が，少なくとも50年前のレベルと比較して，それまでにすでに個体数が枯渇しているにもかかわらず，たとえば20年前のレベルに魚の個体数を再構築することを要求する場合がある．人間活動の結果として海や陸で起きた生物多様性の大きな損失を完全に理解するためにできるのは，唯一，世代を越えて指摘された衰退を組み合わせることである．

　しかし，基準線の変更は損失と関連している必要はなく，忘れることは良いことでもありうる．長く息苦しい伝統の重荷の下で苦しんできた人々が移住し，地

理的にも感情的にも，母国で小さな敵対地域に分断されたキャンプ内に閉じ込められた先祖の紛争から距離を置くことができるとき，良い意味での基準線の変化がそれに続く世代で発生する．基準線の良い意味での変更は，社会変化の後にも発生する．一例は，1960年代に至る所で見られた閉鎖的な公共空間での喫煙である．

　当時，変化は不可能であるように思われ，たばこ業界が我々禁煙派の国会議員に抱いていた絞首刑にしたい気持ちは止みそうもなかった．その後，どういうわけか，反タバコ活動，医学，常識が融合して止められない力になった．これを時代精神と呼ぼう．これは，最初は米国で，次にフランス（フランス！）を含むヨーロッパですべての抵抗を克服した．今振り返ってみても，我々の判断の基準線，とくに若者の基準線は非常に変化しているため，狭い公共の場所での喫煙をどのように受け入れたかがわからない．ほとんどの人が農民だったとき，あるいは以前は多様な動物と植物でいっぱいの自然に囲まれた狩猟採集民だったときの様子をまとめて忘れたのと同じように，我々はそれがどのように感じられ（そして匂いがし），どのようにそれを許容できるかをまとめて忘れた．

　同様に，我々の文化では，女性やマイノリティが投票したり，大学に通ったり，選挙で選ばれた政治家になったりすることができないとは想像もできない．実際，西洋では，進化論や気候変動を否定することが境界科学を定義するのと同じように，これらの社会的進歩に疑問を呈するという行為自体が境界文化を定義する[330]．そして，我々の判断基準は非常に変化したので，我々のほとんどは，神が述べたので我々を支配すべき特別な人々，王と女王とその仲間がいるというかつての強力な概念をもはや信じていない．話を地球に戻すと：判断基準の変更は必ずしも悪いことではない．何千年もの間の決まりだったとしても，忘れなければならない愚かなことがたくさんある．これらの概念を捨て去って心を解放すれば，覚えておくべきことは覚えて重要なことに集中できるだろう．

　そういった重要なことの1つとして，我々が食べるものは健全でなければならない．我々は今や食べ物として通用するが，我々の祖先には食べ物とは認識されないような卑劣なものを食べる必要はない．覚えておくべき重要なことには，様々な汚染物質に囲まれてはならないこと，無秩序に自然の風景を食い尽くさないこと，そして制御不能な漁業で海を食い尽くさないこともある．

　大規模な産業漁業は，燃料エネルギーが真の価格を要する体制の下で可能であり，それによって引き起こされた現在の破壊的な傾向を逆転させることで，小規模な沿岸漁業が漁獲する魚がより大きく，より豊富になるのみでなく，漁業がホエールウォッチングや他の形態の沿岸観光と共存できる世界へとなるだろう．海の生き物たちをシーフードとして食べ，あるいはそこにいるだけで楽しむことが

できる多くの生物の不思議な生息地として，人々が海を知ることができる世界に
なるだろう．言い換えれば，古き悪しきものを遠ざけ，古き良きものに再び焦点
を戻したいのである．

研究の歴史的な次元[331]

　科学は知識の蓄積によって進行する．この真実は，滑らかに上昇する曲線によ
って示されるような，均一な過程を思い起こさせる．曲線の様々な形は，知識が
指数関数的に増加する新しい科学出版物の数によって測定される情報の量によっ
て反映されると考えられるかどうか[332]，または知識が理論の数と範囲の増加とし
て定義されるかどうかに起因する．どちらの場合も，知識の増加が起こる．これ
は，トーマス・クーンの古典的なエッセイ[333]に基づいて，自然科学のプロセスが
一連の「パラダイムシフト」または異なる「論説」という主にある種のエリート
グループの利益によって支配されていると見なされる標準社会科学モデルと呼ば
れるものとは対照的である[334]．

　それでも，自然科学では，プレートテクトニクスが以前の地球の地質学的過程
の静的な表現に取って代わったので，地球についてもっとよく知っている．そし
てダーウィンの選択主義のパラダイムが前身の創造論に取って代わったので，生
物学についてもっと知っている．どちらの例でも，新しいパラダイムは以前より
も多くのことを説明しただけでなく，研究の新しい機会と方法を生み出した．

　したがって，真の進歩の重要な基準は，新しいモデルまたは説明が前のモデル
よりも多くを説明し，前世代の研究者によって確立された経験的証拠の多くを一
貫した知識体系に組み込むような文脈を提供する．したがって，パラダイムシフ
トが発生すると，知識の全体的な増加も発生し，おそらく少し複雑な形ではある
が，累積的に動作する科学の素朴な見方が立証される．科学知識の累積的な増加
が崩壊するために要するは，次のセクションで説明する科学自体の外部の危機で
ある．

危機と課題

　科学的成長を妨げる可能性のある危機は，先進国と発展途上国の両方で，不安
定な資金援助で起こるかもしれない．先進国では，1970年代初頭から，かつては
生物学研究の活気に満ちた分野であった分類学を専門とする機関（主に博物館）
への支援が失敗したことにより，このような危機の例が引き起こされた．その結
果，最後の現役世代の分類学者が保持していた知識の大部分が後継者に受け継が

れていない．

　多くの開発途上国では，同じ時期に，相対的な観点から，資金援助がさらに急激に減少し，内戦などの激しい紛争によって科学者が仕事から逃げ出し，あるいは貴重なアーカイブおよび標本が焼却や略奪されることはなくても，研究機関が斜陽化することがよくある．

　いくつかの分野，とくに海洋学と気候研究では，データ回復の膨大なプログラムが開始されており，多くの場合，地球規模の気候シミュレーションモデルに必要な適切なベースラインの必要性によって引き起こされている．ここでは，制度的危機によって引き起こされたギャップを埋めるために，累積プロセスが事後的に復元される．たとえば，現在，第二次世界大戦（究極の制度的危機）中に枢軸国が保有し，以前は世界的データベースで利用できなかった地域に関連する海洋学および気象データを回復するためのプログラムがある．

　同様の取り組みは，生物科学では非常に稀である．私の同僚の多くは，この状況は，海洋学（主に気温と塩分）または気象学（主に風向と強さ，気圧）の情報に必要な単純な形式と比較して，生物学データの複雑な性質によるものだと信じている．しかし，意志があれば道は開けると主張する人もいるかもしれない．たとえば，アクセスは難しいかもしれないが，1つの方法として，主要な生物学的情報の最小形式を定義し，その情報を取得するために全力を尽くすことがある．ここでは，リンネの『自然の体系』の第10版（1758年）以降に記述されたすべての生物の有効な学名とその引用文献に関する単一のデータベースに収集することを目的とした Species 2000 Initiative について考える．もう1つの例は，バイオクワッドと呼ばれる生物多様性研究に必要な4つの項目（種名，出所，日付，産地）の出現記録で提供される[335]．世界の様々な博物館には，魚だけで約1000万のバイオクワッドが存在し，それらの再現・分析は，海洋学者や気候科学者が取り上げたのと同様の課題となる．

　元の説明を超えた各種の情報が利用できる場合，過去を回復するという課題に対処する別の方法は，フィールドや回復される分類群のタイプの特徴に合わせて，より詳細な情報を収集して標準化するための構造を提供することである[336]．FishBase には分類群固有であるがグローバルなアプローチが採用されており[337]，他のグループのスペシャリストがこの例にしたがい，実際に機能することが示されていることを願っている[338]．

　複雑な生態学的情報，とくに水生生態系を主に定義する食物網の構造を回復するための試みも存在する．したがって，特定の生態系の現状（様々な機能的グループの生物量，生産者と一次消費者の間の物質の流れ，一次から高次の消費者への略奪的な流れなど）は，Ecopath モデルを使用して標準化された方法で表すこ

とができる[339]．次に，過去から復元されたデータは，現行のモデルの変更に活用可能で，たとえば，生態系の初期の状態を表すことがあり，産業漁業によって減少する前の主要な資源種の生物量などが示される[340]．

　これにより，これまでに特定された水生種，空間と時間におけるそれらの分布，および他の種との相互作用を文書化する発生記録を，地球規模でデジタル化，文書化，および分析する有用性が確立される．さらに，Ecopath ソフトウェアと同様のアプローチを簡単に考案できるため，これらの有効性を陸域の生態系にも拡張できる．

再構築した知識を使用して基準線の変更を防止する

　今浮かび上がってくる問題は，なぜこれをやりたいのかということである．結局のところ，この作業は，米国を拠点とする海洋生物の調査のために提案された議題の多くをカバーしている．その調査の導入には当初100億米ドルかかり，かなり多額だった．しかし，これを，すでに資本過剰になっている約300億ドルの漁業に政府がさらに毎年投資している助成金額と比較したいと思うかもしれない[341]．漁業エコノミストのすべてが認めるだろうが，助成金は乱獲と資源の枯渇を助長する．すると俄然，海洋生物の調査は，少なくとも生物多様性の削減に現在貢献しており，ほんの一部分にすぎない漁業に与えられた支援と比較して，それほど高価に見えなくなってくる[342]．

　しかし，我々が現在またはかつて持っていた海洋生物の適切な判断基準を得たい本当の理由は，持続可能性の概念が確立された基準線に基づいている場合にのみ，意味があるからである．さもなくば，それは絵空事にほかならない．

　現在または過去の我々が持つものについて，しっかりとした根拠が科学的で定量化された知識になければ，我々は必然的に「シフティング・ベースライン症候群」を経験するだろう．説明してきたように，自然学者，生態学者，さらには自然愛好家の次の世代は，環境との意識的な相互作用の開始時の環境の状態を判断の基準線として使用し，その後，世代が同じ環境を劣化させるにつれて基準線を変化させる．ここでは，水の中で非常にゆっくりと加熱されたカエルの話が思い浮かぶ．注意しないと，我々もカエルと同じように茹で上がってしまう．暴走温室効果はよい仕事をするだろう．

研究における一貫性[343]

一貫性：定義と事例

　科学的な進歩は通常，伝統的に異なる分野間の収束の結果だった[344]．これらの分野は通常，論理／数学（および通常の倹約の基準，または証拠に適合するもっとも単純な科学的説明の選択）[345]を備えた階層に配置され，基本的なルールを提供する任意の進歩，のバックボーンを提供する．物理学と化学ではその物質的な基盤の変化を抑制し，進化生物学は人間とその文化を含むその生物（もしあれば）を制約するフレームワークを提供する．E. O. ウィルソンは，一貫性を（「一緒に跳躍すること」から）階層の文脈内での科学的説明の明示的な検索と呼び[346]，一貫性が明示的な基準として使用された場合，節約に加えて，研究プログラムを構築するために，解決がより速く発生する研究問題の例を提供した．

　私のお気に入りの（ウィルソンのではない）一貫性の例は，6500万年前の白亜紀 - 第三紀（K-T）の恐竜の名声の絶滅と，ホモ・サピエンスの起源であり，どちらも以前は互いに相互作用していなかった分野の膨大な範囲から相互に互換性のあるデータと概念を生み出した．核科学者（ルイス・アルバレス），彼の地質学者の息子（ウォルター・アルバレス），および2人の化学者の同僚は，K-T絶滅は，巨大な隕石の衝撃によって引き起こされたと提唱した[347]．この仮説は，そのときは主にイタリアの発掘からの証拠に基づいていたが，その後，メキシコのユカタンにあるチクシュルーブ衝突クレーターを以前に特定してさらにそれを無視した石油地質学者によって裏付けられた．他の科学者は，天文学者から進化生物学者までが争いに加わり[348]，徐々に，アルバレスの仮説は最高のものとして受け入れられた．この開発の結果は通常ではありえないほど非常に実り多いものであり，「古い見解では誰も考えもしなかった新しい観察を引き起こした」[349]．これは，とりわけ，進化生物学において，以前からあった天変地異説者（アダム・セジウィック，ジョルジュ・キュビエ，その他）と斉一説者[350]（チャールズ・ライエル，チャールズ・ダーウィン，その他）の激しい論争の解決に繋がった．大衆文化でさえ影響を受けた（映画のメテオ，アーマゲドン，ディープインパクトを

参照されたい).

　潜在的に危険な隕石を追跡するための国際システムの最終的な作成はありそうにない[351]. 同様に, 最近のアフリカ起源のホモ・サピエンスの考古学的証拠とその後の西アジア, ユーラシア, オーストラリア, アメリカ大陸, そして最後にオセアニアへの分散が考古学的・遺伝的証拠に支持され, そして言語学が決め手を提供した. 自然科学分野にから提供されたよく一致する進化系統樹である[352]. 後者の例は, 一貫性に含まれる科学の階層が, より基本的な分野の特定の結果が, 派生した, またはより基本的でない分野の結果よりも本質的に信頼できることを意味しないことを示している. むしろ, それは結果の異なるセットが相互に互換性がなければならないことを意味するだけである. したがって, この例では, 言語学的証拠は遺伝学に基づく証拠と同じくらい重要である. 同様に, 物理学者のケルビン卿が, 大きな球形の熱い鉄が冷えるのに必要な時間に基づいて (つまり, 物理学に基づいて), 地球の年齢はわずか数千年であり, ゆっくりとした自然淘汰による進化はしたがって不可能であるとしたが, 間違っていたのはチャールズ・ダーウィンではなくケルビン卿だった[353].

一貫性のある仕事をする

　ここで問題となるのは, 一貫性が海洋学者, 海洋生物学者, 漁業学者の仕事に役立つかどうか, つまり, 上記の例よりも魅力的でない分野で役立つかどうかである. ここでは, コンシリエント (異なる学問分野で学説などの合意に至ること) と呼ばれる様々な概念が思い浮かぶ. たとえば, 物質収支の概念がある. これは, 特定のシステムでは, その動きや変形に関係なく, 質量を保存する必要があるという概念である. この原理は, エネルギーを破壊したり生成したりすることはできないと述べている熱力学の第1法則に関連している. 化学反応の場合, これは, とりわけ, 「反応物の質量の合計が生成物の質量の合計と等しくなければならない」ことを意味する[354]. 海洋物理学者は, 密度場から地衡流を計算するときに物質収支に依存し[355], また沿岸の風応力から湧昇, これは, 沿岸から吹き出された水を置き換えるために水塊が湧昇することを意味するが, その強度を計算するときにも物質収支にも依存する[356].

　一方, 生物学者や生態系モデラーでさえ, 物質収支の原則を明示していることはめったにないが, この原則は生物にとって絶対的な要件でもある[357]. これに対する1つの例外は, T・リーバスツ (Laevastu) とその同僚との生態系モデリング作業で, 物質収支が栄養相互作用と移動の重要な構造要素として使用された[358, 359]. J・J・ポロビーナ (Polovina) は, リーバスツのモデルを簡略化し,

Ecopathアプローチを定式化したときにその役割を強調し[360, 361]，これにより，幅広いシステムタイプに適用できる機能が提供された[362, 363]．Ecopathは，マスバランスアプローチを使用して，機能の推定生産量を検証する．特定の生態系のグループ（利用されているかどうかに関係なく）は，捕食者による推定消費量と一致する．そのような検証は，海洋生物学の様々な小分野に対応する最高の科学雑誌でさえ，個々の推定値の公開によって保証されていないが，正確である[364]．

　むしろ，そのような推定値を物質収支生態系モデルに組み込むことで，それらの相互の互換性を検証し，信頼性と有用性を保証している．これは，海洋生物学に有益な影響を与えるはずである．海洋生物学では，非常に多種多様な生物の様々なプロセスでの作業が，まとまりがないものとして認識されることがある．さらに，生態系と物質収支の考慮事項は，単一種の研究と産業漁業に焦点が絞られすぎており，通常，混獲廃棄の慣行，非商業種そしてその他の漁業（零細漁業，レクリエーション漁業など）も同様に見落としていることを考えると，水産科学の刷新にも役立つはずである．これらの点とウィルソン主義の一貫性との関係は明らかなはずである．一貫性は，（人工衛星による）リモートセンシング研究[365, 366]の結果を生態系の物質収支栄養モデルに統合するためのプロトコルを開発することも意味する．ここで関連する主な結果は，（1）A・R・ロングハーストの「生化学的地域」[367]および（2）様々な海洋地域の浮遊性藻類の生産性（つまり，一次生産）の推定値[368]の場合のように，地理的なシステム境界の定義である．

　ここで，モデルサイズを制約することにより，リモートセンシングは生態系モデリングとリンクし，一貫性のもとで機能することができる．また，リモートセンシングと栄養モデリングの両方が「表面的」であると非難される可能性があることにも注意されたい．リモートセンシングは，文字通り表面を観察する技術なので，海の20〜30cmより深く見ることができないため，栄養モデリングは，プランクトンの増殖と捕食によって生成されたもの以外の相互作用を考慮しないためである．しかし，2つのアプローチからのデータを一緒に分析すると，従来のアプローチに基づくものをはるかに超える推論を引き出すことができる[369, 370]．

　おそらく，我々は一貫性のある仕事が，少なくとも場合によっては，多くの専門にわたる仕事との類似で苦しむかもしれないと，見た目の浅薄のこの問題から推測するかもしれない．そこにおいて，これらの方法のどれでも互いと関連づけることなく，異なる訓練の方法は所定の話題（たとえば，本の章として）に用いられる．このような繋がりのない作業は，たとえば沿岸地域管理（CAM）と呼ばれるその分野では，非常に頻繁に行われる．一貫性は，過去と現在の関連から生じる推論の強化にも当てはまるだろう．これは，歴史家や過去数世紀の科学者

によって収集され，しばしば逸話として認識されている知識を使用して，生物多様性の安定した判断基準を確立するときに生じる[371, 372].

　これは，時系列から推論を引き出すときにも発生し，時系列が長くなると，コントラストが増し，様々な分析に役立つ[373]. したがって，様々な科学プログラムによって生成された物理的および生物学的時系列を継続することが重要で，それが長くなるほど価値が高まる.

　ここで取り上げる一貫性の最後の側面は，使用する言語の影響である. 自明なことだが，これは我々が同じ言語を話さなければならないことを意味し（科学では，ほとんどの場合英語である.），少しだけ自明ではないが，様々な分野固有の専門用語の内外で概念を翻訳する必要がある. また，これは物事が非常に複雑になり始めるところで，我々は分野を横断する概念と，分野間の取引を可能にする学際的な通貨を特定する必要がある.

　沿岸地域管理（CAM）を参照してこれを説明する. これは，多くの実践者と適用例があるが，その定義の信条，主題，および技法がとらえどころのないままである分野である. 一部の実践者は，海岸線上または海岸線の近くで発生することはすべて沿岸地域管理の範囲内であり，これらのことを調査するためにこれまでに使用された方法は沿岸地域管理に適しているという印象を与える.（読者は，私がそれらの苦情に対応する参考資料を提供できないことについて，私が尊敬する技術的仕事をしている人々に敵対することはしたくなく，それぞれの専門分野が異なるゆえであることを理解してくれるだろう.）したがって，沿岸地域管理の研究者にとって，科学のどこでもそうであるように[374]，課題はその定義オブジェクトに関連する扱いやすい問題に特定する：海岸線である.

　海岸線は，他の地理的特徴とは異なり，様々な特性のほとんどが1つの次元，つまり，海岸線に垂直で，高地から海に伸びるトランセクトの形で配置されている. 対照的に，海岸線と平行して発生する差異は少なくなる. 自然地理学の創設者であるアレクサンダー・フォン・フンボルトは，トランセクトを使用して強い勾配に沿った地理的変動を記録した最初の人物だった[375]. 一方，トランセクトは，高度に統合された農業システム内の複雑な相互作用を単純化して表現するための道具として，農業生態系分析に導入されている[376, 377]. このことから，多部門の沿岸トランセクトがCAMの重要な概念になるべきであり，適切に形式化されれば，そのようなトランセクトは沿岸システムの比較やそのようなシステムへの様々な傷害の比較評価に必要な共通通貨につながる可能性があることを提案するのは簡単である[378].

　EUとギニア湾で使用されたSimCoastソフトウェアは，この沿岸トランセクトの手法を装備し，ファジーロジックを介して，CAMがこれまで不足していた

通貨を提供し，様々な，そうでなければ通約不可能なエージェントによる影響の定量的比較を可能にした[379]．高地の侵食から漁業政策に至るまで．これが，これまで CAM に無益に従事していた様々な分野間の一貫性と進歩につながるはずであるということは，ほとんど強調する必要もない[380]．

　共通の通貨を必要とする一貫性のもう 1 つの例は，魚の電子百科事典である FishBase（http://www.fishbase.org を参照）である．これは，標準化された命名法[381]を使用して，に含まれる様々なデータ型間のリンクをこのデータベースの中で確立するためにのみ機能する[382]．これにより，FishBase は，とりわけ，世界のあらゆる地域の魚とその生物学を包括的にカバーすることができる[383]．

　ここで例として挙げた冒険的事業は，開発中および開発中の様々な国の科学者が共通のプロジェクトに貢献できることを示している．そして，これはおそらく一貫性についてもっとも良い面である．それは，ある程度の自己規律があれば，私たち全員が貢献できることを意味する．

自分の顕微鏡に焦点を当てる[384]

細胞の発見

　科学的発見は，多くの場合，実際の顕微鏡または比喩的な顕微鏡の焦点を合わせた結果であるため，焦点を合わせる方法に関する規則が浮上している．たとえば，植物と動物の細胞は17世紀の後半にロバート・フックとアントン・ファン・レーウェンフックによって発見されたが（すべての植物が細胞で構成されていることを確立したカスパー・フリードリッヒ・ウォルフは，動物についても同じことを示したテオドール・シュワンと同様にここで言及できる.），細胞がすべての生物の構成要素であることを完全に確立するのに150年以上の骨の折れる作業が必要だった．

　細胞のこの基本的な役割の確立は，様々な器官における細胞サイズや他の特性の大きな違い，および植物と動物の両方における細胞組織の存在によって複雑になった．しかし，細胞の役割についての150年ほどの激しい議論の中で，細胞を信じなかった人は，細胞を見た人のように顕微鏡を調整する必要があり，他の人はそうではなかったということが，他のことよりもずっとはっきりしていた．なぜ？　「細胞否定論者」（良い用語が見つからない）が顕微鏡の焦点を合わせて，細胞よりも大きいまたは小さい物体のみを表示した場合，明らかに細胞は検出されなかった．これは，組織サンプルを強調するために使用した色素が十分なコントラストを生成しなかった場合，またはサンプルが不適当で細胞が見えないほど薄すぎたり厚すぎたりした場合にも当てはまった．

　言い換えれば，細胞が見えなくて当たり前だったので，自然淘汰，プレートテクトニクス，DNAの構造など，他の人には見えないものを発見した他の科学者と一緒に，細胞を見た人々を祝福する．

海洋食物網の漁業降下（フィッシング・ダウン）

　1998年に，共著者と私は，現在「海洋食物網の漁業降下（フィッシング・ダウ

ン）」として知られている現象について最初に説明した．これは主に，当時入手可能なデータと概念的な「顕微鏡」の設定の両方で幸運だったからである．

その後，我々が自由に使える漁獲データは，国連食糧農業機関（FAO）が世界の漁獲統計を報告するために使用する19の大きな統計海区に関連しており，それらの約半分で強い漁業降下の兆候を検出できた．漁業降下の過程は広範囲におよぶ可能性があることを示唆したが，当時，すべての地域で漁業降下の過程が発生していないように思われる理由については明確な説明がなかった．

「漁業降下（フィッシング・ダウン）」は，基本的に，特定の生態系の魚（および無脊椎動物）が，たとえば新しく導入されたトロール船のために，漁業に対して脆弱になったときに起こる現象である．このような場合，食物網の上部にある大きくて長寿命の魚（栄養段階が高い）は，小さくて寿命の短い魚や無脊椎動物（栄養段階が低い傾向がある）よりも早く枯渇する．したがって，問題としている生態系と群集からの複数種の漁獲量の時系列では，平均栄養段階が低下を示す．

仲間と私が行ったその後の研究，および世界中の多くの独立した著者による研究は，漁業降下（フィッシング・ダウン）の概念の初期の批評家の議論に対処し，この現象は一般的に発生し（http：//www.fishingdown.org を参照），その強度（10年当たり0.05〜0.10の栄養段階）も判明した．また，効果が覆い隠される原因となる多くの要因を特定することができたため，我々の顕微鏡の焦点はぼやけてしまった．

私はこの仕事の多くを，「5 Easy Pieces： The Impact of Fisheries on Marine Ecosystems[385]」という本の第2章で，いわゆる「柔道の議論」を参照して再検討した．これは，アイザック・アシモフを対戦相手と見立てて，実際に読者の判断例を強化することができた．たとえば，フィッシング・ダウン概念の反対論者との対戦の1つは，元々は種間の構成の変化を考慮したが，種内のサイズの変化，したがって栄養段階は考慮しなかったというものだった．この特定の点は，漁業が激しくなると，大きな魚（タラ，ハタ，マグロなど）が小さくなり，栄養レベルが低くなる傾向があることを考えると，柔道の議論になる．これは，フィッシング・ダウン効果を強める傾向である．他の柔道の議論も同様で，漁業降下の否定論者は繰り返し畳の上で屈した．

事実を覆い隠す要因とその影響

2010年，「Nature」は，漁業の傾向に関するピント外れな論文を発表し[386]，その結果，状況は混乱し，漁業降下が見えることもあれば，見えないこともあった．その論文の著者の同様に混乱した論文には，いくつかの柔道の議論が含まれ

ていた．とくに，彼らは漁業の空間的拡大を考慮していなかったが，これは，漁業降下の影響に対する非常に強力な事実を覆い隠す効果である．1950年から21世紀初頭にかけて，年間40万から150万平方マイルの速度で進んでいる[387]，漁業拡大は，すでに特定され，警告されてもいる事実を覆い隠す要因である．もし陸棚の生態系をしてトロール漁業で開発するなら，大型魚の豊度とサイズを減らしてしまい，実際には，徐々に利用された種の集合全体の生物量を利用する羽目になり，漁獲量を維持したい場合は，最終的に以前は利用されていなかった大型の高栄養段階の魚にアクセスするために，より深い沖合の海に入る必要が出てくる[388]．顕著な例が東シナ海の中国の漁業によって提供されていて，沿岸漁業の平均栄養段階は1978年の4.0から21世紀は3.5に低下し，1980年代に始まった沖合漁業では，栄養段階が1990年の4.3から21世紀の4.1に低下した[389]．

　したがって，拡大する地域からの漁獲量の平均栄養段階の時系列を計算し，拡大を考慮しない場合，漁業降下の影響を検出できない可能性がある．この種の事実を覆い隠す効果が，科学において重要な変数を標準化する理由である．

　たとえば，米の生産性の向上に取り組んでいる農学者は，様々な処理（たとえば，特定の種類の肥料がある場合とない場合）を比較するために標準化された水田を使用するが，作付面積は増やさない．

　同様に，世界の海の健康や世界の海洋漁業の状況について発言する場合，研究者は，顕微鏡の焦点がずれないよう，世界のいくつかの国または地域の適切に管理された漁業のうち，世界の果てのアラスカやニュージーランドのような大きく偏ったサンプルの研究を使用しないことである．

人類は寄生虫や癌なのだろうか？[390]

我々は“生態系の一部”なのか？

　私は通常，漁業学者として，漁業の産業化に伴う海洋生物の破壊について考えることが期待されている．私は多くの出版物[391, 392, 393, 394]とこの本のいくつかのエッセイでそうしてきた．しかし，このエッセイは，中傷者たちが長ったらしい嘆願書と呼んだものについてではない．むしろ，これは2つの基本的なミームを結び付ける試みであり，どちらもこれまでに受けたよりもはるかに精査する価値がある．それらは，(1)人間は「生態系の一部」であるという概念であり，人間の開発と開発が発生する生態系の維持を調和させようとする人々によって頻繁に主張される[395, 396]．そして(2)人間は「地球上の癌」であるという概念で，少女ポリアンナのような陽気さには少々かける著者たちが提案した[397, 398]．

　これらのうちの最初の，人類が「生態系の一部」という概念は，漁業と海洋保護の文献では真実として扱われ[399, 400]，人間による全採掘活動が除外される自然保護区の設定計画を却下するように反射的にうながす[401]．

　この希望に満ちた概念は，私たちがケーキを食べて食べたいのと同じように，可能な限り自然と人間の幸福を調和させたいのであり，明らかに善意に満ちている．しかし，真剣に受け止めれば，この概念は，人間の活動がない生態系について考えることを妨げる．たとえば，採掘，漁業，狩猟，スノーモービルの運転ができない最小の保護の自然公園を思いつくことができるはずである．有用な概念は，潜在的なシナリオについて考えるのに役立つはずで，人類自身の定義のためにそれらを排除するのではない．

　明らかに，人類が実際に生態系の大きな部分を占めていた時期があり，アフリカのサバンナにいる人類の様々な祖先は，先の尖った棒だけで武装してカモシカを追いかけている間，ライオンなどの別の捕食者の餌食になりやすかった．実際，当時，人間の個体数は，食物供給の動態とともに，捕食者の個体数動態によって主に制御されていた．事実上，私たちの人口は上から下へと下から上への両方で制御され，その結果，人類の祖先の人口はアフリカのサバンナの環境収容力

を越えて成長することができなかった[402, 403].

　しかし，ある時点で，私たちは自然淘汰または文化的進化を通じて1つまたはいくつかの特性を獲得し，おそらく互恵的利他主義と言語の混合によって，集団的防衛（および攻撃）を可能にし，大規模な捕食者による支配から逃れることができた[404]. その結果，肉食性の競争相手を排除し，狩猟採集民の環境収容力を超えるまで人口を増やすことができた[405]. 続いて起きたのは，資源をめぐる殺人的な紛争と強度の低下だった[406].

　もう1つの結果は，アフリカから世界の他の地域への分布拡大だった[407, 408, 409]. この拡大は，狩猟採集民によって行われた. ただし，最近のオセアニアへの拡大では，農業従事者が多の植民者の後に次々と島に入植した[410]. 狩猟採集民なのか，狩猟も行った農業従事者なのかによらず，拡大によってつねに同じ結果が得られた. 潜在的な捕食者（ほとんどの大型肉食動物）と，マンモス，マストドン，巨大なナマケモノ，北米の馬[411]，ニュージーランドのモアなどの大型の獲物が排除された[412]. 別の一般的な結果は，植生被覆の劣化で，大きな草食動物による播種と施肥の欠如[413]，火災[414]，および農業による侵食[415]によって起きた.

　農業の発明により，人類は獲物の動物の変動する豊度と移動サイクル，およびそれらの生息地の知識への依存を減らした[416]. また，様々な生息地で見つけた植物を改良し，要件に適合させた[417]. ここでも，人類が育てた植物は元々野生だったが，人類と人類だけをサポートすることを目的とした代替の生態系とのサイクルの一部になったので，自然の生態系とサイクルから人類をさらに取り除くと解釈できる. 化石エネルギーを使用して肥料を生産する産業化，および病原菌の病気の理論の発見（これは，公共の衛生システム，個人の衛生状態の改善，そして後に抗生物質に繋がった.）は，生態系制御からサイクルへのさらなるステップだった. 最終的に経済と呼ばれるようになったこれらのサイクルは，自然の生態系内で機能するが，その一部ではなく，複数の有害な方法で相互作用し[418]，人間の企業によって大きく破壊されることのない自然のごく一部を残す.

人類は地球の癌なのか？

　人類は，議論の余地のない自然の一部から進歩して，経済を通じて自然を破壊するようになった[419].

　その進行は，人体の癌腫瘍の進行の恐ろしい類似物として見ることができる. ここで，自然は「体」[420]であり，個々の種はその細胞タイプであり，以前は恒常性を確保する複数の機能セットがあった.（そう，物事は地質時代にも大きく変

化するが，人類が地球に課す変化ほど速くはない．ただし，人類の影響の別の比喩である．流星が地球に衝突することを除いてであるが，ここでは追求しない．）

「細胞タイプ」の１つ，この場合ホモ・サピエンスは，他の「細胞タイプ」（家畜化された動植物）を使用して，これらの制御を回避し，増殖するために，重要な変更（たとえば，言語[421]または集団狩猟[422]または先の尖った武器の発明）を通じて管理した．地球の癌としての人間に関する文献は，文明と世界経済の成長と癌性腫瘍の成長との間の非常に詳細な類似性（またはそれは相同性か？）を示している．実際，これら２つの現象の緊密な一致は恐ろしいものである．まるで風景の上を飛んでいるとき，飛行機の窓がなくてどこを飛んでいて，いつまで飛んでいるのかわからない，という乗客の気持ちと同じである．

ほとんどの癌細胞は，増殖を制限することによって組織化された組織の一部として機能するように強制するすべての遺伝子を失った後，宿主を殺すという点で愚かである．ここでの数少ない例外の１つは，タスマニア・デビルの個体数を急減させているような伝染性の癌である[423]．

寄生生物は進化的に件名である．最初は強い感染性を持つかもしれないが，通常は宿主と共存できる系統が選択され[424]，実際には他の潜在的に有害な細菌から私たちを保護する良性細菌などの共生生物に変わる可能性がある[425]．

人類の拡大を続ける経済

癌細胞は，寄生虫とは対照的に，癌が進行するにつれてますます毒性が強くなる．人類の経済もまた，より毒性が強くなっている．何世紀にもわたって，それは年間約５％[426]から10％の「通常の」資本利益率によって支えられていた[427]．通常の利益によって推進される経済は，商品の製造や生産現場からの市場への輸送などの「実際の」プロセスで構成されていた．しかし，経済の増加するセグメントは，巨大な割引率[428]と短期的な利益を特徴とする一連の相互作用する出資詐欺[429]と区別できず，持続可能性の概念そのものを否定している．経済の「ウォール街化」としても知られるこの「出資詐欺化」は，長期的に５〜10％の収益を生み出すことができる企業が，短期的には年間20％以上の超利益を求める金融機関に食い尽くされる可能性があることを意味する．森林の（再）成長や野生または家畜の個体数の増加などの自然の富を生み出す過程は，これらの期待に応えらないが[430]，清算するかまたはバーニー・マドフによって実行されたものなどの出資詐欺を介してのみ（しばらくの間は）満たすことができる[431]．したがって，世界中の森林の皆伐[432]，魚の個体数の減少[433]，そして以前は収益性のあった民間および公的企業の破産（その後の資産剥奪）でもなければ，金融銀行やヘッジファン

ドマネージャーが求める超利益を生み出さない．このシナリオでは，国内（健康，教育，インフラ）と国間（開発問題，地球温暖化）の両方で，構造的な問題に対処するための公的リソースがほとんど残されていない．したがって，核兵器が使用される戦争を含め，戦争は私たちを悩ませ続ける可能性があり[434]，そのうちの1つは終末戦争である可能性がある．

人類は良性の寄生虫になることができるだろうか？

したがって，問題は，人類を地球の表面で良性の寄生虫に変えることが可能であり，その様々な進化した生態系が機能する能力を保持するのか，それとも人類が地球の生態系の一部であり続けるのかということである．悪性腫瘍が人体の一部であるのは長い間ではない．すべての賭けは無効である．

公共政策論争における学問[435]

世界的な問題のカナダの見解

　テニュアは難しいトピックであり，高等教育の重要な要素であると主張するのは簡単だが，一部のテニュアはナマケモノを奨励している可能性もある．ただし，このエッセイは，私がよく知っている国の研究大学でのテニュアの役割と，環境科学の完全性を維持するうえでの潜在的な役割に焦点を当てている．

　カナダは，その長い民主主義の伝統にもかかわらず，不利な科学的発見を抑制しようとした記録がある．有名な Olivieri Affair は，大学の指導者，とくに医学のリーダーが民間部門，とくに製薬業界との有利な関係を保護するために活動する倫理的泥沼の範囲を明らかにした[436]．しかし，ここでの焦点はカナダ政府の研究所で悩まされている科学者だった．

　2006〜2015年まで，カナダは保守的な政府に悩まされ，政府機関や研究所の長が「彼らの」科学者が専門分野の問題について発言するのを防ぐという既存の傾向が拡大した[437]．この傾向は鮮明に示された．オタワ大学でのカナダ水産海洋省（DFO）の元高官による公開討論会で，DFO のスタッフは女王（これはカナダだ．）に忠誠を誓っていると主張した！　したがって，市民ではなく，女王の大臣に従えと．

　この出来事は，1992年に北部のタラ漁業が崩壊し，5万人が失業し（女王は除く），その影響を軽減するために莫大な金額の納税者のお金が必要になったわずか数年後に発生した．

混乱する科学者の初期の事例

　その崩壊の直後，北部のタラの崩壊は異常な寒さや空腹のアザラシ（カナダの長年の悪役）[438]によるものではなく，政府が認可した乱獲によるものであると大胆に主張した有名な DFO の科学者がいたが，彼が正しかったことは今では十分に確かめられており[439]，カナダの漁業管理はパラメーター[440] RA を下回っていた

が，公式に発言したことで非難された．問題の科学者であるマイヤーズはその後，大学に避難し，そこで彼は終身教員になり，乱獲によって元自己の影にまで減少した以前は豊富な魚の個体数がタイセイヨウマダラだけではなかったことを世界に納得させるうえで重要な役割を果たした[441].

　どこの政府も公務員からの拘束を期待することは正当だが，カナダ政府の科学者，とくに環境問題に取り組んでいる科学者が，少なくとも他の西側の民主主義国と比較して，非常に制約されていたため[442]，尊敬されている国際的な科学機関[443, 444]，「War on Science」というタイトルの本[445]，およびカナダのメディアの多数の記事や論説[446, 447, 448]で彼らは話題になった．

養殖サーモンのウイルスと「倫理的オイル」

　政府の科学者にかけられた途方もなく高いレベルの圧力は，すでに移植されたタイセイヨウサケ（サーモン）に依存する養殖事業から発生する寄生虫「ウオジラミ」によって脅かされている（野生の）ベニザケ[449, 450]，からのウイルスの兆候の発見によって説明されるかもしれない．問題のウイルスは，このウイルスが一般的であるノルウェーから輸入された感染卵を介して伝染した可能性がある[451]. DFO は，この危険な形態の養殖を奨励するよう義務付けられているため，問題の論文の最初の著者である DFO スタッフは，ブリティッシュ・コロンビアの野生の太平洋サケ・マス類の衰退を調査するために設立されたコーエン委員会で彼女が後に証言する，という口実の下で，彼女の発見について公に話すことは許可されていなかった．彼女の最終的な（撮影された）宣誓証言は，ほとんどが単音節の返答で構成されており，人々が恐れているときに起こる典型的なものだった[452]. このような品位を傷付ける状況は，科学では起こらないはずだ.

　タールサンドからオイルサンドへの名称変更に成功した後，カナダのタールサンドから抽出された泥の名前を倫理オイル（サウジアラビアとは対照的に，女性が車を運転できる国で発生したため）に変更しようとした政府の登場以来，このような話は一般的だった．政府の科学者は，21世紀の政治委員である政府の万人が出席している場合にのみマスコミと話すことができた．生態毒性学と北極圏の生態学を専門とする研究所全体が閉鎖されたため，カナダのタールサンドの開発と北極圏での石油掘削が人間と生態系の健康におよぼす影響を研究する人は誰もいなかった．淡水魚とその生息地の保護が解除されたとき，漁業法は廃止され[453, 454]，環境保護法などの支障なく石油開発を進めることができた．明らかに，カナダの内閣は，地球温暖化に関して，その立場の不条理と破壊性にもかかわらず，そして国際社会におけるカナダの地位を低下させる[455, 456]にもかかわら

ず，否定論者の陣営にしっかりと入っていた．

テニュア・アカデミックは話をしなければならない！

このような状況下で，カナダで科学について話すことができるのは誰だろうか？　大学の自治が依然として尊重され，在職期間制度が依然として機能している限り，カナダには，科学者の沈黙と国を石油国家に変えるための土台を準備しているように見えることに反対する可能性のある科学者のグループが少なくとも1つある．テニュア教員は比較的免責されて調査結果や見解を表明できるため，政府の同僚が口論されているときにそうする義務があると主張する人もいるかもしれない．ひいては，科学アカデミー（カナダ王立協会の一部）やカナダ大学教師協会などの科学組織は，ほとんどがテニュアのある学者で構成されており，科学的完全性の重大な違反をメディアと公共の注意を引く可能性がある．

このようなグループは，環境科学の場合，カナダ生態学進化学会，カナダ湖沼学会，カナダ動物学会などを含み，ここで議論されている問題についてメディアと連絡を取り合っている．社会は，非在職の科学者が報復の危険を冒すことなく討論や議論に彼らの声を加えるための重要な手段を提供する．

一般的にいえば，テニュア教員によって形成されたアカデミアは，高等教育の民営化が進んでいるにもかかわらず，企業の手に渡っていないカナダで数少ないセクターの1つである（さらに米国ではさらにそうだ．）ことにも注意できるが，非テニュアまたはセッション講師への依存[457]は，この防波堤も徐々に弱体化させている．同様の考慮事項が世界の他の多くの地域にも当てはまり，教育における在職期間制度について議論する際にも関連する可能性がある．

幸せな追記

2015年10月19日，自由党は圧倒的な選挙で勝利し，保守党は2006年以来支配していた政府から一掃された．

新首相ジャスティン・トルドーがすぐに実施し始めた多くの改革の中には，カナダ政府で働く科学者から「銃口を外す」指令があった[458]．その後まもなく，これらの科学者は「新しい契約の条項を首尾よく交渉した．管理者の承認を必要とせずに，科学と研究について一般市民やメディアと話す権利を保証する．」[459]

クジラへの懸念[460]

漁業と火星人

　2008年5月8日と9日，私はセネガルのダカールで開催された世界自然保護基金（WWF）とレンフェストオーシャンプログラム（LOP）が主催した，大型鯨類と北西アフリカの漁業に関するワークショップに参加する機会を得た．ワークショップのタイトルは「クジラと魚の相互作用：大型鯨類は漁業にとって脅威なのか？」で，参加者はモーリタニアからギニアまで，この地域の半ダースの国の水産省の職員，WWF と LOP のスタッフ，数人の科学者，そして，もっとも興味深いことに，受入国の国会議員だった．

　ヒゲクジラ類が繁殖のためにこの地域にやって来るが，その期間中に活発に餌をとっていることを示す目撃例や胃内容分析は（数十年前，北西アフリカで時折捕鯨があったときでさえ）ない．これは，熱帯の他の場所でのヒゲクジラ類について知られていることと一致している．ヒゲクジラが餌をとるとき，彼らは主にオキアミや他の小さな浮遊性生物に依存しているので，いずれにせよ，北西アフリカ沖で蔓延している底魚やマグロの漁業とは相互作用はない．では，なぜこの風変わりなトピックに関するワークショップを開催するのだろうか．なぜ漁業対火星人ではないのか？

　ワークショップの理由は，国際捕鯨委員会の会合で北西アフリカ地域の諸国の日本への投票がどんどん増えているだけでなく，彼らの代表団が彼らの漁業がヒゲクジラによって悪影響を受けたという理由でそのような投票を正当化したからである．実際，彼らは，生態系全体が「バランスが崩れて」おり，クジラを殺すことによってのみバランスが再度保たれる，と主張した．このアイデアは，この地域の漁業，クジラの生物学，常識について知られているすべてのものに直面して飛んだことをまったく気にしない．そして，それが地元の消費のために調整されても，考えは改善されなかった．

　これは私にとって非常に厄介な状況だった．私はこの地域の同僚と何年にもわたって西アフリカの漁業に取り組み，西アフリカで活動する欧州連合を拠点とす

るまたは他の遠洋漁業船団の疑わしい「合意」に基づく活動の正当化を支援してきました. それら合意の多くは沿岸国に署名を求め, その漁業資源はバーゲン価格よりも安い価格で利用可能になった[461]. これらの遠洋漁業船団は, 地元のまったく管理されていない, 大きくなりすぎた「小規模」漁業と結託し, 西アフリカ沖の漁業資源を以前の自分たちの影形もないほどまで減らしたので, これらの漁業の管理は, とくに総力量の削減を第一の優先事項にした.

これは, 実際, EU が資金提供した「北西アフリカ水産情報分析システム」(SIAP) と呼ばれる国際研究プロジェクトの主な結果だった.

私が設計を手伝ったこのプロジェクトは, 西アフリカの科学者やその他の人々が半世紀以上に相当する漁獲時系列やその他のデータの分析に協力することを可能にした. 結果は, 地元のマスコミの記事が殺到するなか, 2002年にダカールで開催された国際会議で発表された[462].

我々の知っていること

明らかに, そのような発見が報告されたのはこれが初めてではなかった. 実際, SIAP プロジェクトは主に, 西アフリカ沖の漁業の衰退する軌跡を追跡した数十年にわたる膨大な文献の収集と分析に基づいていた. この文献, および SIAP プロジェクトから得られた総体は, 漁業政策の改革に関心のある地元の政策立案者に情報を提供するために利用できる. もっとも重要な改革は, 西アフリカの水域が, 魚の無限の供給を引き出して海外市場に供給すること[463]ができる食料貯蔵庫と見なされる状況から, 西アフリカ諸国が魚の輸出と加工を強化するために構築できる状況に移行し, 彼ら自身の経済と人々に利益をもたらすことである.

しかし, 2008年5月の会議で聞いた政府の見解は, そのような改革は考えられていなかったことを示唆していた. 代わりに, 西アフリカ諸国の最高の漁業当局者は, 曖昧であるか, 言及するにはあまりにも明白である理由のために, 彼らの日本の顧問と彼らのクジラを食べるというおまじないに多くをつぎ込んだように見えた.

クリスティン・カシュナー博士とライン・モリセッテ博士によるワークショップでの優れた科学的プレゼンテーション[464]では, 北西アフリカ沖のヒゲクジラ類の生物学, 行動, (Ecopath) 栄養モデルへの組み込み, およびいくつかの予備シミュレーション (Ecosim を使用) の結果を扱った. これは, 北西アフリカ沖のすべての鯨類を殺しても, たとえそれができたとしても, 漁業資源と漁獲量にほとんど影響を与えないことを示唆した[465].

すべての段階で，彼らの発見と仮定は，概念（「生態系のバランス」など）と「西アフリカ沖の新生子クジラの胃を研究していないので，彼らが魚を食べていないことを本当には知らない」という東京に本拠を置く日本鯨類研究所に由来する議論を使用して，いずれかの政府関係者によって質問された．これらの当局者が提示した唯一の証拠は悪意の証拠であり，議論の全体は存在しないデータに基づいていた．これらの純粋に否定的な議論は，いわゆる「インテリジェントデザイン」の擁護者が自然淘汰による進化を批判するために使用するものと同じ種類のもので，（正当な理由で）彼らが行おうとする場に肯定的な議論を提供することはない．

町長による救い

しかし，希望の光があった．上院と下院の両方から参加しているセネガルの国会議員は，彼らの政府の立場に疑問を呈し，公に議論されたことはなく，実際には彼らの構成員の文化に異質である政府の政策に対する彼らの驚きに言及することで団結した．

この点は，漁業の町の議員と町長によって強調され，クジラを競争相手と見なすどころか，彼らを保護者と見なし，保護されることを望んでいると述べた．この見解は，他の西アフリカ諸国からの参加者によって繰り返された．

それでも，私は重苦しい心とともにダカールを離れた．日本のような偉大な国が，その小さな，多額の助成を受けた捕鯨産業のために，開発援助全体をねじまげ，地域全体の漁業関係者を堕落させたのを見るのは悲しいことである．これらの妄想政策の対象となる国々がこれらの策略を見抜いて，彼らを誤解させる役人から解放されるまでには，おそらく何年もかかるだろう．また，クジラのエコツーリズムの本当の可能性は探求されていないが，アルゼンチンなど，他の様々な国で重要な外貨獲得源となっている[466]．しかし，何よりもまず，クジラが—我らが—魚を喰う妄想で彼らが抱えている本当の問題に集中することができない．これは，セネガルの食糧生産の一般的な文脈における漁業の管理ミスの問題を提起したワークショップの上級国会議員によって残酷に想起された．彼は，ほんの数年前，彼の国が台湾からの安価な輸入品によって自国のコメ生産を破壊することを許可したが，数年後に大幅な価格上昇に見舞われ，現在輸入されている主食を彼の同胞のほとんどが手の届かないところに置いたことを思い出した．そして彼は，クジラが魚を食べる問題は，セネガルの漁業を持続可能な軌道に乗せるという課題から注意をそらすことによって，同様の影響を与える可能性があると警告した．

漁業委員会ではなく[467]

それはただの映画

　1992年の映画『ホワイトハウス狂騒曲』の数少ない面白いシーンの１つで，エディ・マーフィが演じる怪しげなキャラクターが，米国下院で騙されて，「漁業委員会」に配属される．賄賂を獲得する可能性が低下していることに即座に失望した彼は，「漁業委員にはなりません．お願いします」とすっぱりという．そこでアメリカ国民は笑う．議会の漁業委員会に配属されることは，その国で意欲的な政治家に起こり得る最悪の事態であることは明らかだからだ．漁業が重要なアイスランドやノルウェーでは，このシーンは面白くないだろうが米国では違う．

　実際，米国の漁業のGDPへの貢献はネイルサロン業界と同じくらいだと報告されている．しかし，北大西洋周辺の他の国々と同様に，米国にはネイティブアメリカンの漁業から始まる長い漁業の歴史があるが[468]，植民地時代には漁業が非常に重要だった．実際，18世紀には，ボストンはタイセイヨウマダラが最終的に取り尽くされた基地の１つになった[469]．同時に，メキシコ湾の北海岸は，エビのトロール網が発達し，世界を席巻する中間地になった[470]．しかし，第二次世界大戦後，米国が世界の漁業に最大の影響を与えたのは，太平洋の漁業を通じてである[471]．

二種類の最大持続生産量

　米国の国際漁業への影響をもっともよく表す概念は，ウィルバート・M・チャップマンによって発明された最大持続生産量（MSY）だった．ワシントン大学の生物学者である彼は，第二次世界大戦後の太平洋における米国の外交政策を形作ることになった国務長官の特別補佐官として非常に影響力を持つようになった．

　彼が直面した二重の課題は，一方では，米国の漁業の対象となるマグロを水域に抱えるラテンアメリカ諸国が米国のマグロ船に水を閉鎖するのを防ぎ，同時にアラスカ沖のサケが豊富な海域に日本がアクセスするのを防ぐことだった．

これを正当化するために，チャップマンは上部がMSYを表すことになっている釣り鐘型の曲線を描いた．このMSYの左側には，「漁獲不足」，つまり東南太平洋でマグロを「老齢で死ぬ」ようにする罪があった．MSYの右側には「乱獲」があった．これは，日本の漁師がアラスカで犯したと思われる罪で，米国の漁師が自分たちで捕まえることを好むサケを漁獲した．

　この曲線には生物学的根拠がまったくなく，科学雑誌に掲載されたことはないことはこの際おいておくとして[472]．しかし，その曲線はその政治的役割を果たした．米国は，ペルーや他のラテンアメリカ諸国による広大な「我らが愛すべき海」での管轄権の拡大と南東太平洋でのマグロ漁業の拡大の試みを打ち負かし，同時にアラスカでの日本の漁業は厳しく制限された．

　理論生態学にしっかりと基づいたアプローチがミルナー・B・シェーファーによって開発されたのは，わずかその10年後のことで，これは，単一種の魚の個体群の漁業への反応をモデル化するため，つまりMSYを科学的に導き出し，実際のデータに基づく過剰漁獲と過少漁獲[473]を定義する基準を提供するためだった．

　しかし，チャップマンの策略はうまくいき，MSYの政治的バージョンは国際関係に蔓延した．米国の主張により，MSYの概念は，国連海洋法条約（UNCLOS）の一部となったが，その後，米国は条約に署名しなかった．そして今日まで米国は国連海洋法条約を批准していないが，1980年代初頭に，米国の遠洋マグロ漁業に影響を与えた様々な国によるEEZの宣言を最終的に受け入れなければならなかった．しかし同時に，国連海洋法条約は，米国が排他的経済水域（EEZ）を宣言することを可能にした．これは，日本，東ヨーロッパ諸国，およびその他の国が米国沿岸での漁業を禁止できることを意味した．

　このときまでに，米国の沿岸の魚の個体数は，大規模な外国の漁業によって大幅に枯渇していた．米国の漁業管理者は，これらの個体群を再建させるべきだったが，そうはせず，代わりに，彼らは国内の沿岸漁業船団の拡大を助成し[474]，1990年代に，以前の外国の漁業船団によって引き起こされた乱獲を悪化させた[475]．

　したがって，米国はすぐに他の先進国，たとえばカナダや欧州連合の国々と同様の状況に陥った．しかし，米国の制度的対応は異なっていた．議員たちは，乱獲に対して効果的に取り組む法律を可決した．具体的には，1996年に，1976年のマグナソン-スティーブンス漁業保護管理法を改正し，北太平洋と北部のニューイングランドから8つの地域漁業管理評議会を設立することにより，米国の管轄を200海里に拡大し，漁業管理を分散させた．重大な変化は，漁業管理者が乱獲された魚の個体数を再構築することを義務づけられ，その生物量（バイオマス，B）がMSYを取得できるようにする（すなわち個体群をB_{MSY}に再建する）こ

とだった．2006年に，提案された漁獲割当量（または許容漁獲量）が引き下げられ，開発された個体群が10年以内にBMSYに再建されるだろう．

　多くの米国の魚は1980年代に個体数がすでにひどく枯渇していたが，当時の個体数が再建の基準線としてしばしば使用されるのは残念である．それでも，マグナソン-スティーブンス法の「再承認された」2006年版の原則は，人々のために最大の利益を生み出すことができないほど落ち込んだ魚の個体数を維持することは合法ではない（または実際には違法である）という意味で大胆だった．

　MSY（W・M・チャップマンが発明した偽物ではなく本物）を生産できるレベルまで魚の個体数を再構築すると，魚類の生物量と多様性が増加するため，保全活動家も一般的にマグナソン-スティーブンス法の意図に沿い，水と海洋生態系をより回復力のあるものにする．

　現在，21世紀の20年の終わり近くに，多くの魚の個体数が米国は合理的なレベルの豊富さを取り戻した．マグナソン-スティーブンス法と，慎重な資源管理が米国地域漁業管理委員会の対象となるほとんどの地域で実施されていることの両方により（乱獲が横行し続けているニューイングランドを除く），米国の漁業は比較的健全である．

　漁業の健全性のもう1つの主な理由は，米国の漁業管理がルールに基づいており（マグナソン - スティーブンス法で規定されている），カナダや欧州連合で「省庁の裁量」または政治的介入と呼ばれる科学に基づく漁業管理を妨げる高官によるものの対象ではないことである．このような介入は，立法府と協力してすべての人に適用され，裁判官（または漁業管理者）によって適用および施行される法律（規則）を確立するのとは対照的に，重要な裁判で裁判官を却下する国の法務大臣に似ている．

傾向の水産食品を選ぶ[477]

　米国の漁業も「食料主義」と強い繋がりがある．食品がどこから来たのか，どのように，誰が収穫したのか，そして以前は無視されていた同様の質問にも強い関心が寄せられている．これは，水産食品との新しい関係を築くようなものだ．新しい恋人を発見すれば，喜びに続いて，彼または彼女の問題が発見され，最終的には関係の再評価に繋がるが，これは苦痛かもしれない．

　米国では，水産食品との新しい関係により，以前は利用可能だった選択肢が大幅に拡大した．水産食品は美味しくてカロリーも低いので，心と脳に良いと広くいわれている．しかし，その後，水産食品に関連する健康，法律，倫理の問題があることが判明し，徐々にその目新しさを失った．

健康上の問題をここに簡単に要約する：魚由来のオメガ3の利点は，心臓に良いと広く宣伝されているが，疑わしく[478]，多くの場合，その役割はナッツ，亜麻仁，または緑色野菜の利点よりも著しく優れているわけではないが，一方で水銀，ダイオキシン，およびその他の汚染物質の供給源としての魚類は十分に確立されており，これらは一部の種，とくにマグロ[479]や養殖サーモンでは非常に高濃度に達する可能性がある[480]．

　お友だちの誰かは法的な問題についてあなたに話すかもしれない：多くの魚が違法に，または割り当てを越えて捕獲され，どちらも乱獲の一因となる可能性がある．別のお友だちは，あなたがレストランで食べる魚はしばしば別の種に間違えられ，しばしば故意に間違えている，とあなたにいうかもしれない[481]．言い換えれば，あなたは水産物がどこから来たのか，あるいはその水産物が何であるのかさえ知らない．

　次に，倫理的な問題があり，ぱっと散って無視されてしまうものもあれば，生き残って，水産食品との関係にますます影響を与えるものもある．米国や，日本，スペイン，フランスなどの大きな市場を持つ他の先進国で販売されている魚は，これらの国々が長い間自国の沿岸資源を乱獲してきたため，ほとんどが輸入されている．実際，魚は完全にグローバル化された商品であり，漁獲された場所以外の大陸で主に消費されている．

　そして，先進国の市場への輸入のほとんどは，主に発展途上国の水域からであり，それらの国の多くで栄養失調が蔓延している．世界の野生魚類の漁獲量は減少しているため（！[482]），豊かな国での魚の消費量の増加は，貧しい国の地元の市場に供給できる魚が少なくなることを意味し，食料不安と栄養失調を深める．

　問題はない，「食料安全保障」に必要な魚を養殖するので，問題はない，といわれている．しかし，問題はある．サケや他の多くの養殖魚は肉食性であり，それらを養殖するには，マウンテンライオンを養殖するのと同じように，動物の肉を与える必要がある．魚の場合，ペレットの形で供給される動物の肉は，主に発展途上国で捕獲されたマイワシ，カタクチイワシ，サバ，およびその他の食用魚で構成されている．1kgの養殖サーモンを生産するには，約3〜4kgの擦りつぶした小魚が必要である．したがって，私たちが生産する養殖魚が多ければ多いほど，実際の魚は少なくなる．

　しかし，これはで養殖サーモン，ブタ，ニワトリ（魚を食べるニワトリ！）を養うために海から取り除く小魚が，雄大な海鳥や戯れるイルカなどの愛する動物の重要な獲物であるという問題に対処し始めていない．マグロの「養殖」が広く行われている地中海では，マグロの蓄養のために小魚を海から取り尽くすことが非常に広範に行われているため，「普通のイルカ（マイルカ）」は珍しくなり，発

展途上国のほこりっぽい集落の端で見られるような，みすぼらしく毛の抜けたあばらの突き出た犬のような様子になってしまう．

　これらは実際の問題であり，人口の少なくとも５％に懸念と罪悪感を引き起こす可能性がある．この罪悪感を和らげるために，様々な儀式の目的や行動が考案されたが，その中でもっとも目立つのは小さな折り畳み式の財布に入るカードで，描かれた魚の色分けがされていて，「食べて良い」（緑），「注意して食べる」—唇をすぼめるのか？—（黄色），「食べない」（赤）ある．対応する感情は，独善的（緑），わずかに危険（黄色），またはとても際どい（赤），である．しかし，これらのカードや同様の消費者志向の誘導が，乱獲を減らすという彼らの目標を達成したかどうかは，評価されることはほとんどない[483]．

　こういった罪悪感に基づくアプローチに対して，代わりに別の感情：恥に訴えるものもある．罪悪を感じない企業[484]は，世間の圧力が強くなりすぎると，おおっぴらに恥をかかされて，行動を変えざるをえなくなることもある[485]．

見知らぬ紳士

　恥，あるいは恥知らずは，話をこの章の最初の，トリックスターがなんとか米国政府に自分自身をほのめかしたときに話を戻す．その映画のトリックスターは，幸いなことに，ありそうもないキャラクターだった．しかし，2016年11月，非常に著名な非紳士が米国大統領に選出された．映画の『ホワイトハウス狂騒曲』は面白かったかもしれないが，今回の選挙はそうもいかない．

　とくに，米国大統領を装った非紳士は，可能な限りすべての環境保護を破壊し，持続可能性をめぐる短期主義（「石炭汚染緩和」は誰が？）を促進することを使命とした．したがって，北西ハワイ諸島周辺の海洋保護区は，前々大統領G・W・ブッシュと彼の後継者前大統領B・H・オバマによって宣言され，海洋保護区の創設に向けた世界的な動きを開始した[486]が，執筆時点（2017年9月）で，漁業に再び開放される危険にさらされている[487]．米国の政治情勢は，米国の漁業規制を解体作業員から保護し，「漁業委員会」が引き続き良い仕事をしていることを示している．

地下室から皇居まで：日本語版の刊行に寄せて

　私の最初の日本とその文化の思い出は，18歳のときに，ドイツの病院で看護助手として働いていたときのことだった．そこで私は日本の数人の医師の1人と友だちになった[N1]．彼と一緒にコンテストに参加して，同じテキストをもっとも速く書くことができるのは誰かを確認したことを覚えている．彼は日本語で，私はドイツ語で書いた．私は負けた．彼がズルをしたとは思わない．

　次の重要な出会いは，魚や他の海洋動物の生物発光の専門家である羽根田彌太博士に手紙を書いたときだった[N2]．そのとき，1976年にインドネシアの漁業開発プロジェクトで働いていたが，光を放つ魚にも興味をそそられていた[N3]．後に，このトピックについて書いた論文の謝辞に，羽根田博士が「もっとも古い論文のコピーと原稿へのコメントを送ってくれたこと」への感謝を示した．当時，インターネットはなく，羽根田先生から送られてきた復刻版は貴重な情報源であり，見知らぬ人に時間と知識を惜しみなく与えてくれたことをうれしく思う．

　早送り30年：私は現在，世界の漁業に取り組んでおり，私の論文のいくつか，とくに漁業の影響に関する自然科学の論文は，世界の漁業の真のヘビー級である日本を含め，世界中の注目を集めた．

　2005年にコスモス国際賞を受賞することを（秘密裏に）知らされたとき，フランスのセートにある友人で同僚のフィリップ・キュリー[N4]が率いる研究室を訪れていた．まだ必要なのは，賞を管理した万博'90財団の2人のスタッフが私をまともな人と認めることだった．

　そこで，2人の紳士がバンクーバーにやって来て，私の性格について同僚にインタビューし，賞が意味する日本への訪問に対処できるほどの健康状態であるかを確認した．彼らの訪問後すぐに，私は受賞を公式に知らされたので，彼らは満足していたに違いない[N5]．私はそのとき，リチャード・ドーキンス（1998），ジャレド・ダイアモンド（1999），サー・デイビッド・アッテンボロー（2000）のお仲間になった！　さらに重要なことに，これは主要な国際科学賞が水産学者に与えられた最初の機会だった．

　この最後の点について少し詳しく説明させてほしい．物理学は，我々が住む世界の構造が対象であり，科学の女王としての地位に値する．そして生物学では，

今日，進化の知的宝の山に到達し，チャールズ・ダーウィン[Nb]によって開始された革命をゲノミクスでは完了させている．

　だが，漁業研究は農学と同様に，少なくとも西側諸国ではあまり名声がない．しかし，1990年代後半から2000年代初頭にかけて，人々は漁業が世界の生物多様性に悪影響をおよぼしていることに気付き始めた．私の科学論文や他のメディアの記事がこの実現に役立ったかもしれない．このようにして，縄文文化以来，漁業につねに懸命な日本の財団からのコスモス賞を受けることになった．

　そこで，妻と私は，同志社大学での講義を含む，京都への訪問から始まる一連のイベントに参加するために日本に行った．これらのイベントには2つのハイライトがあった．10月18日，最初のハイライトは，大阪市の住友生命いずみホールでの授賞式だった．壮大だったが，どう説明したら良いのか，私にはそういった文学的な才能がない．私がこの章の終わりのスピーチをしたのはそこだった．はなやかなオフィスで迎えてくれた大阪府知事を表敬訪問し，プレゼントを交換した．これは，コスモス賞の別のスポンサーである東京の農林水産省で起こったこととは対照的だった．そこでは，私は非常に低位の役人に迎えられ，建物の地下室にある可能性があるほど暗い小さな薄汚いオフィスで祝福を受けた．明らかに，2005年のコスモス国際賞を受賞したことに誰もが満足しているわけではなかった．

　しかし，その後，これらのイベントの2番目のハイライト，コスモス賞の他のスポンサーへの訪問があった．

　皇太子と皇太子妃は，皇太子と一緒にいる間にはどこに足を置くかを紙の図式で妻と私に教えてくれたので，皇太子と皇太子妃と話をしたとき，適切な場所に足を踏み入れ，また，私たちは30分から45分滞在し，私は皇太子と話し，妻は皇太子妃と話した……しかし，いや，私たちが話した内容についてはいわない[N7]．当時，皇太子妃は3年近く人前に姿を現していなかった．私たちが迎えられた部屋を出ると，彼女のいったことを知りたがっている大勢のジャーナリストがいた．私たちは沈黙を守った．

　以下は，2005年10月18日のスピーチの最終稿であり，私が今でも信じていることを示している．

　「紳士および淑女の皆様，コスモス国際賞委員会と国際花と緑の博覧会に感謝の意を日本語で表したいところではございますが，皆様にとっても私にとっても外国語の英語でお伝えしなければなりません．

　コスモス国際賞という素晴らしい賞を授かり，真摯に顧みてまいりますが，今

年の受賞者との通知を受けましたのは7月上旬の輝かしき日のことでした.

　人々が海の生命の運命を心配する十分な理由があります. 私たちは今, 私たちの食物のために, 海洋生態系の頂点の捕食者を追いかけ, 捕まえることに漁業のすべての力を注いでいます. ますますこれらの捕食者は枯渇していき, 私たちは今や, 彼らの獲物である小さな魚や無脊椎動物に目を向けています. この現象は現在, 「海洋食物網の漁獲降下」として知られており, 以前は接続されていなかった膨大な数の観察結果を説明しています. 漁業は, 魚群探知機や全地球測位システムなどの高度な技術の助けを借りて, より大きな獲物からより小さな獲物に簡単に目標を変えることができ, もっとも食べられそうもない海の生き物でさえおいしい一品に変えられる処理技術に支えられています.

　しかし, 海の生命は, 大洋を横断する食料生産機械の原料供給をするようにはできていません. 実際, 海の生物は何年にもわたって進化し, 私たちはその余剰を毎年共有するようになったのであり, その力は, 複雑な存在としての存続を条件とする, 海洋生態系です. 漁業の対象とする種が枯渇し, それらが埋め込まれている生態系が大幅に単純化されると, この余剰は減少し, 最終的には消滅します. これが現在, 世界の海の多くの地域で起きている状況です. 私は強調したいと思います. 世界の海洋漁業からの漁獲量は, 漁獲努力の増加にもかかわらず, あるいはむしろそのために, 減少しているのです.

　漁業の諸問題を解決するには, それらの危機について話すことが正しいのではなく, 問題に対処する様々な技術的修正で十分であると信じている人々もいます. これらの修正の中には, 従来の管理体制の更新版があり, 漁獲水準での様々な選択枝のコストと利点を明らかに示し, それら選択枝のリスクを推定することが含まれています. そうやって,「管理者」は, 与えられた一連の経済的および政治的制約の下で合理的な選択を行うことができます. 現在, このアプローチは, 科学者ができるすべてのことは選択枝を示すことで, 自動販売機の役割しかないのですが, 水産学で非常に一般的になっています.

　しかし, 別のはるかに大きな問題である地球温暖化への対処と同じように, リスクを見積もることができたとしても, 私たち人類が, 短期的な犠牲がある長期的な危機回避を合理的な決定できないことを示しています. 南アジアと東南アジアでの最近の津波と, さらに最近のニューオーリンズの洪水には, その兆候が現れています [N8]. どちらの場合も, 最終的な大災害に備えて, 逆らわずに自然と協力することで, 何千人もの命を救い, 甚大な物的損害を回避できたでしょう. しかし, 管理者には計画がなく, 有権者は他の優先順位から政治家を選出し, 最悪の場合, 彼ら政治家は公共の利益のためにそのような投資に反対するキャンペーンを積極的に行いました.

これは漁業のすべての大崩壊で同様であり，人惨事の後，事実上すべての場合において，慎重な意見（通常は科学者の意見）が管理者によって無視され，短期的な利益を求める意見が支持されました．この意見の不協和音の中で，私はどうすれば良いのか？　このすばらしい賞を授与され，私の正しさは立証され，私を支持する励ましがあったと理解しています．そして，私はさらに力を注がねばなりません．私たちのような環境関連の問題に取り組む科学者は，管理者，ロビイスト，政治家が私たちの仕事の結果を彼らの議題に合うようにねじ曲げてきても，あくまでも穏便に対処していました．彼らは私たちを沈黙させ，自動販売機におとしめるために，環境への取り組みは科学的客観性を損なう，と述べてきました．しかし，このような議論は医学では決して起こりません．明らかに，病気の原因となる薬剤に対して，医師が情熱的に患者に取り組んでも，それは当たり前で，医師の職業倫理に不可欠な行動でもあります．

　これが環境科学者には当てはまりません．おそらく私たちの多くは政府のために働いており，簡単に沈黙させられたり，短期的な政治的議題に役立てられたりするからです．しかし，大学はそれほど制約がなく，科学が公共の利益のために利用されていないときには，大学の研究者たちが人々の声を拾い上げることに期待すべきです．科学とは集団的事業であり，最終的には私たちが究極的に仕えるべき一般市民によって資金提供されるため，公共財でなければなりません．

　現在，多くの西側諸国では，科学と宗教の両立性について激しい議論が公になされています．私は科学と宗教は相反すると考えますが，この見解は少数派です．多くの科学者を含めて，ほとんどの人々は，それら2つが共存できると信じ，さらに個々人の思想としても発言としても矛盾せずにお互いを高め合うと考えています．もしそうなら，自然に関連する2つの非常に互換性のあるモード，すなわち自然を説明する「科学モード」と，そしてそれを維持しようと努力する「保存モード」の両者が，環境科学者の思想と発言の中で共存することに対して，なぜこれほど多くの抵抗があるのでしょう？

　私たち科学者は，専門知識を持っている動植物の保全だけでなく，彼らが属する生態系の存続のためにも，科学的完全性と確固たる立場を取ることを組み合わせる方法を学ばねばなりません．人類は地球上の生態系の主要を占める力になっていますが，植物，動物，生態系から得る継続的なサービスは，必要な空間と時間を与えて初めて確保できます．ほとんどの人はこのことを知りません．生態系や野生動植物に取り組む科学者の仕事は，政治家や一般の人々にそれを思い出させることであり，これが考慮されていないときに沈黙することは非倫理的です．

　雑誌 Science が述べますように [N9]，地球上でもっとも重要な漁業国の1つによる主要な科学賞の受賞いたしましたが，残念ながら，乱獲が海洋生物との相互作

用の支配的なモードであるという概念が主流であります．かつてのような豊かな海を再生する，もっとも簡単でもっとも効果的なアプローチは，まだ主流になってはいなませんが，人間が海の一部から撤退して，少なくともその場所の自然が持っている人間に負わされた傷を癒すことです．したがって，より具体的には，私は世界中で，より多くの海洋保護区，および人的影響が軽減された同様のゾーンの設立に取り組みます．現在，それらは累積的に世界の海の１％未満をカバーしており，さらにその約10分の１だけが効果的に保護されています．そして，2010年までに世界の海の10％を保護するなど，私たちが達成するために設定した目標に対して，十分な数の新しい目標が宣言されていません [N10].

　そろそろスピーチを終わりにしたいと思います．この忘れられない午後に感謝し，国際コスモス国際賞委員会と万博 '90財団にこの素晴らしい賞を感謝し，私と私の妻を歓迎してくださった日本の多くの人々，とりわけ皇太子殿下に，あなた方の美しき国がとこしえに続きますように，私が2005年に国際コスモス賞を受賞した理由ともなった研究と講演に，新たな活力を注いで励みたい考えです．

　その決意を示します．ありがとうございました.」

注
N1　ロベルト・コッホと北里柴三郎の時代から，ドイツと日本の医療協力の伝統があり，私の友人がドイツの病院にいることは，この関係の表れだった．
N2　以下参照．F. H. Johnson and Y. Haneda. 1966. Bioluminescence in Progress. Princeton University, New Jersey.
N3　Pauly, D. 1977. The Leiognathidae (Teleostei): A hypothesis relating their mean depth occurrence to the intensity of their counter-shading bioluminescence. Marine Research in Indonesia, No. 19: 137-146.
N4　フィリップ・キュリーとイブ・ミゼレーはともに，フランス人ジャーナリストで，著書の 'Une mer sans poisson' は邦訳「魚のいない海」で入手可能．
N5　潜在的な受賞者に対するこの審査は理解できる．コスモス賞は当時比較的新しく，その名声は依然として，受賞者の評判（および行動）に部分的に依存していた．また，コスモス国際賞は，日本の真面目な機関である皇居が共催していた．私の健康についての言及は，私が2005年１月に脳卒中を患ったという事実に言及しており，私が賞に関連するイベントを経験できるかどうかが重要だった．
N6　チャールズ・ダーウィンに関する私の著書，より正確には，ダーウィンが手がけた魚に関する私の著書（Daniel Pauly. 2004. Darwin's Fishes: An Encyclopedia of Ichthyology, Ecology, and Evolution. Cambridge University Press）は，本書の訳者である武藤さんらによって日本語に共同翻訳された．（ダニエル・ポーリー．2012．ダーウィンフィッシュ─ダーウィンの魚たち A-Z，西田睦・武藤文人訳．東海大学出版部，神奈川：444 pp.）そしてここに，私に別の和訳書を出す機会を与えた彼に感謝する．
N7　しかし，2009年７月13日にブリティッシュ・コロンビア大学を訪れた当時の天皇陛下と，とくに皇后美智子妃殿下とこの会話について話した．私はブリティッシュ・コロンビア大学の代表に選ばれ，彼らと昼食をともにした．当時のブリティッシュ・コロンビア大学の社長は スティーブン・トゥープ博士だった．

N8 南アジアと東南アジアの 部を壊滅させた2004年12月の津波についての考察については，本書の「小規模漁業の主な傾向」も参照．ハリケーンカトリーナは，このスピーチが行われて2か月も経たないうちに，2005年8月に米国のニューオーリンズ市を襲った．

N9 科学雑誌 Science のニュース記事は以下のようだった：" 漁業生物学者のダニエル・ポーリーの，乱獲が世界中の漁業の崩壊に繋がる可能性がある，という予測に対して，幅広い支持を獲得するのに数十年かかった．今週，世界最大の漁業国の1つが時流に参加し，日本の万博 '90財団がポーリーにコスモス賞を授与した．カナダのバンクーバーにあるブリティッシュ・コロンビア大学の水産センターの所長である59歳のポーリーは，海洋資源の持続可能な管理に焦点を当ててきた（Science, 2002年4月19日，458ページ）．現代の漁業慣行に対する率直な批評家である彼はかつて，将来の世代はクラゲを食べることに還元されるかもしれないと示唆した．カリフォルニア大学サンディエゴ校の海洋生物学者であり，審査委員会のメンバーであるナンシー・ノウルトンは，「日本の主要な賞は，乱獲の問題に恐れを知らずに取り組んだ人に贈られることが非常に重要だと考える」と述べている．（Science 22 July 2005. Vol. 309, Issue 5734, page 555; doi：10. 1126 / science. 309. 5734. 555b）．

N10 これらの数と目標は当時のものである（Wood, L., L. Fish, J. Laughren and D. Pauly. 2008. 世界の海洋保護目標に向けた進展の評価：情報と行動の不足．Oryx, International Journal of Conservation 42(3)： 340-351），しかし残念ながら，すべての国による効果的な保護の10％の目標は，少数，とくにチリによってのみ達成された．しかし，海洋保護区と完全禁漁の海洋保護区の必要性は今ではよりよく理解されており，徐々にそこに到達するだろう．

私の個人的なオデッセイ I：
カナダの水産学者になることについて[488]

熱いスープに着水

　私は1994年9月にブリティッシュ・コロンビア大学（UBC）で漁業の教授職を始めたが，このエッセイは，カナダに正式に「上陸」した1995年の秋に開始する．カナダでは，バンクーバーのバスなどで，当時訪れた他のどの国よりも人々が本当に礼儀正しいことをすでに述べたが，それでもその文化，または少なくともそのバンクーバーで見られる側面を発見し続けていた．

　1995年の秋のある晩，私はカナダ西海岸ではサケ・マス漁業に捧げられる傾向のある数多くのイベントの1つに招待された．そのイベント（夜の講演）には，元カナダ連邦水産大臣のジョン・フレイザーが出席した．イベントの終わり近くに，集まった誰も彼もが，主に漁業関連その他の学者がグラスを掲げて，現在のカナダ連邦水産大臣であるブライアン・トービンに「我々の魚をすべて捕っていくスペイン人に対抗する勇気ある立場のために」乾杯するべきだと提案した．私は絶対禁酒主義者だったので，上げるのに適切なグラスがなかったが，結局，グラスは必要なかった．誰か（確かではないが，フレーザー氏自身だと思う）が立ち上がって，同意しないとして，次のように述べた．「トービン氏は，カナダ海軍に国際海域でスペインの船と対峙するよう命じたとき，カナダの価値観を代表していなかった．カナダの漁業のすべての悪い点についてスペイン人を非難し，異種嫌悪の感情をかき立てた．」その夜，トービン氏は祝福されなかった．そして私は，すべてのカナダ人がプロパガンダキャンペーンを承認したわけではなく，カナダのメディアが本格的に行われていることを知った[489]．

サーモンの養殖とその寄生虫

　1990年代，ブリティッシュ・コロンビア州は，タイセイヨウサケ（サーモン）

の養殖に関する実験を開始した．これは，州論を二分する大問題になった．1970年代初頭から水産養殖に取り組んできた私は，世界中の様々な養殖の形態についてかなり知識があり[490]，カナダ水産海洋省（DFO）が，養殖されたタイセイヨウサケの定期的で大規模な脱出と野生の太平洋サケ・マス類への寄生虫の伝播に関する明らかな問題を否定していることに戸惑った．

この問題をめぐる論争のほとんどは，ブロートン諸島の周辺の生態系に対するサーモン養殖場の影響について警鐘を鳴らした独立した研究者であるアレクサンドラ・モートンを中心に渦巻いており，そこで彼女はそこに住んでシャチを研究していた[491]．

私の調査は通常オフィスで行われてが（他の人のデータを再分析するのが好みである[492]），この場合は自分で確認したほうがよいことが判っていた．そのため，妻のサンドラ（博士号は魚の寄生虫を扱っていた同僚）と一緒に，2004年7月にバンクーバーからバンクーバー島のポートハーディまで飛行機で行き，アレクサンドラを訪れ，その後，ブロートン群島へのフェリーとアレクサンドラが湾の反対側にあるサーモン養殖場の景色を望む広大な古い家に住んでいたエコー湾への水上タクシーを利用した．

アレクサンドラはすぐに私たちを彼女の小さなモーターボートに乗せてくれた．ボートは浅瀬で網を曳き，主に若いサケを中心に，約100匹の小さな魚を捕まえた．サケの1匹1匹が，人間なら胸のディナープレートをつけた状態に匹敵する大きなサイズのウオジラミを体につけていた．ウオジラミが2匹ついているものもあり，これらのウオジラミがエコー湾のサーモン養殖場に起源を持っていることは疑いの余地がなかった．夕方遅く，アレクサンドラはウオジラミを特定して発表するために使用した科学出版物を見せてくれた．その過程で，私と妻はこれらのウオジラミの蔓延に関するブリティッシュ・コロンビア州の第一人者になった[493]．

問題に対する立場を強化できるこのような証拠のようなものはほかにない．その後，カナダ水産海洋省の調査船リッカー号を訪れたとき，ナナイモにあるカナダ水産海洋省の太平洋研究ステーションの研究責任者が，スタッフの上級メンバーの前で，アレクサンドラが自らの手で若いサケ・マスに寄生虫1匹ずつを「突き刺した」したと公にいっているのを聞いた．これは恐ろしい嘘であり，アレクサンドラの発見を信用しないための共謀した努力の始まりにすぎないことを私は知っていた．

そして，カナダ水産海洋省が調査船リッカー号でブロートンでの調査航海を行ったところ，「寄生された若いサケ・マスはいない」と聞いたとき，ウオジラミのいる若いサケ・マスを見つけたくないときは，調査では若いサケ・マスを見つ

けることができる唯一の場所である浅瀬では動作できない190フィートの船サンプリングすることを知っていた[494].

　この間，カナダ水産海洋省には栄光にはがなかったのではないかと心配していた．それからさらに，彼らの最高の遺伝学者であるクリスティ・ミラー博士の治療例で示されるように，誰もがわかる証拠を否定するという悲しい物語は続いた．ミラー博士は，養殖サーモン[495]に輸入された病気の原因となるウイルスの存在を記録したが，ブリティッシュ・コロンビアで野生のサケ・マス類が減少した理由を調査するためにカナダ政府から告発されたコーエン委員会で話すことは許可されなかった[496].

ブリティッシュ・コロンビア海岸沿いの漁獲

　ブリティッシュ・コロンビア州の漁業に関する公式の漁獲データを求めたとき，私はかつてカナダ水産海洋省の「血の掟」を体験し，その主要な科学者の1人から拒絶された（当時，私はブリティッシュ・コロンビア大学の水産センターの所長だった）．私が故意にデータを誤解するとして，カナダ水産海洋省はデータを提供しなかったのである[497].

　しかし，当時，私が行っていたのは，1873～2011年にブリティッシュ・コロンビア州で海洋漁獲量を再構築した最初の大学院生の1人であるスコット・ウォレスの博士論文の漁獲データを改善および更新しようとしただけのことだった．ブリティッシュ・コロンビアの漁獲データの更新と公表は，最終的には別のブリティッシュ・コロンビア大学漁業センターの卒業生であるキャメロン・エインスウォース（Cameron Ainsworth）によって行われ[499]，スコットの研究やその他の情報源に基づいて，ブリティッシュ・コロンビアでの漁業の漁獲量の大部分，とくにレクリエーション漁獲量と先住民（First Nations）による漁獲量を示した．これらはカナダ水産海洋省統計[500]には含まれないため，カナダが毎年国連食品農業機構（FAO）に報告する漁獲統計にも含まれていない[501].

　ありがたいことに，これを書いている時点で，現在の連邦政府は，それが約束した透明性と開放性の方針をフォローアップするようである[502]．この方針が，現時点までに何事も透明またはオープンではないカナダ水産海洋省のブリティッシュ・コロンビア支部にも届くことを願っている．ただし，これは，非政府組織コミュニティからの継続的な圧力がなければ起こりえない．そのような非政府組織にはたとえば，ブリティッシュ・コロンビアで非常に優れた仕事をしているデヴィッド・スズキ基金（David Suzuki Foundation：DSF）がある．私の元大学院生の2人がデヴィッド・スズキ基金の小規模なコンサルティングを行っており，ま

たデヴィッドの末娘であるサリカ（Sarika Cullis-Suzuki）が私の監督下で修士課程を修了したため，私がこの例を示したのにはひいき目があるかもしれない[504]．サリカと彼女の父親はカナダの北極圏の素晴らしい映画を作った[505]．

カナダ北極圏の凍結

カナダは，大西洋，太平洋，北極の3つの海に海岸があることを誇っているが，カナダのイヌイットコミュニティの圧倒的多数が沿岸にあることを考えると，北極の漁業についてはあまり語られたり書かれたりしていない．

イヌイットと海，とくに漁業との関係が研究されていないわけではない．それどころか，北極圏を担当するウィニペグのカナダ水産海洋省事務所には，ヌナブト準州のハドソン湾からノースウェスト準州のビューフォート海まで，北極圏沿岸のイヌイットコミュニティによる海洋漁業と魚の消費に関する報告が山ほどある．

問題は，これらのレポートが，カナダ北極圏からの漁獲量の包括的な時系列を構築せず，FAOに報告するために使用されなかったことだけである．したがって，2000年代半ばに，当時シー・アラウンド・アスの研究助手だったショーン・ブースに，同僚のポール・ワッツが「隠された」カナダ水産海洋省報告を知っているので，2人で協力して，イヌイットの集落から，長年にわたる様々な海水魚の消費データを見直して，北極圏カナダ全体の一貫した時系列へ作成しなおすように勧めた．

そのときの考えは，もしカナダ南部からの輸入がない場合，これらの消費量の数値が漁獲統計に取って代わる可能性があるというものだった．2007年5月6日にこの作業から得られた予備報告は，その後，まじめな科学雑誌である「Polar Biology」に掲載された．極北アラスカと東はチュクチ海から西のカラ海へのシベリア沿岸の漁業をカナダの北極圏に加えて取り上げた包括的な論文の一部となった[507]．

その記事の中で，カナダのように，ロシアと米国も彼らの「北の人々」（ロシアで使用される用語）の漁獲量をFAOに報告していないことを指摘した．したがって，（少なくとも漁業の世界）ではこれらの人々は存在していない印象を与えるが，彼らは確かに存在し，カナダでは1975年半ば以降，サケに似た種であるホッキョクイワナ（*Salvelinus alpinus*）を中心に，年間220万ポンド（約1000トン）以上の魚を漁獲していた．

この論文の受け止められ方は興味深いものだった．ほとんどのジャーナリストは，カナダでは北極圏経済のセクター全体が，ハーパー政権のように，カナダ人

が北極圏に対する主権を主張しなければならないと宣言したのと同じ政府によって無視されるべきではないということを理解した[508]．その後，ヌナブト準州環境局の官僚から，問題の論文を送るようにとの電話があった．私は論文のコピーを要求した人に送るが，なぜ彼女が Polar Biology（極地生物学雑誌）を見なかったのか疑問に思った．しかし「私たちはこの雑誌を購読していません．買う余裕がありません．」という返答には準備ができていなかった．

その科学雑誌の編集長であるゴットヒルフ・ヘンペル教授が私の博士論文の監督者だったので，私はヌナブト準州政府にジャーナルの無料購読を手配することができた．しかし，それについて考える必要があるだろう．ヌナブト準州の領土はメキシコよりも広い面積を持つのに，準州政府が対処しなければならない問題（とくに天然資源管理と気候変動）を正確に扱う科学雑誌を買う余裕がないのだろうか．

北極圏カナダの「漁獲再構築」から，さらに厄介なことがわかった．1950年代と1960年代には，ホッキョクイワナの消費量（したがって漁獲量）は，後の数十年の２〜３倍だった．その漁獲量の差は，イヌイットのそり犬に与えられた冷凍ホッキョクイワナで，明らかに優れた犬の燃料だった．

それから私は恐ろしいことに，1960〜70年にかけて，王立カナダ騎馬警察が犬を殺し，イヌイットに彼らのペレグリンを放棄させ，「適切な」集落に住み「適切な」カナダの生活むように強制したことを知った[509]．今ではこれらの設備には，必ずしも流水設備があるとは限らなかったことを知っている（漏れのある屋根を除く）．しかし，プログラムの最初の部分である犬の殺害は完了した．極北は現在，カナダの中で10代の麻薬中毒と自殺の割合が最も高い．これらの犬をすべて殺しはしなければ，少なくとも部分的にはこの状態は改善したのではないかと考える．これは，カナダの歴史における大きな問題に繋がる．

カナダの歴史への対処

カナダに溶け込んでいくということは，私には1990年代半ば以降に行ったように，カナダの歴史に対処することを意味する．私にとって，これには，漁業の歴史[510]だけでなく，イヌイットと先住民の歴史，そしてカナダの住宅学校制度で子どもたちを襲った恐怖についても考察することが含まれていた．これが，私がカナダ真実和解委員会（2008〜15）に名誉証人として参加するというありそうもない招待を受け入れた理由である[511]．この活動により，バンクーバーその他のカナダのあらゆる場所で，住宅学校制度の高齢の犠牲者がいるいくつかのイベントに参加することもできた．そこでは，この制度によって彼らが子どもとして耐え，

彼ら自身の子どもたちが耐えたことについて，灼熱の証言がなされた．ブリティッシュ・コロンビア大学キャンパスに最近建てられた和解のポールは，これらすべてを表現している[512]．また，このポールはカナダが1つの社会として，この長引く痛みに対処することへの希望を表している．

生態系，モデル，およびサケの木

　ブリティッシュ・コロンビア大学に就職したとき，ブリティッシュ・コロンビアの科学者の同僚に貢献する業績があった．私はエコパス（Ecopath）と呼ばれる生態系モデリング用のソフトウェアを共同開発していて，それまでそれは，主に熱帯に適用されていた[513]．私はブリティッシュ・コロンビア大学での最初の年，このソフトウェア自体の操作と基本原則を教えた．その後，1995年に，11月6～10日に開催された1週間のワークショップを開催し，エコパスを北東太平洋の海洋生態系，とくにブリティッシュ・コロンビア沖のジョージア海峡に適用した．ジョージア海峡は広範囲にわたって研究されてきたが，プランクトンからすべての魚類や無脊椎動物を挟んだ海洋哺乳類までの食物網全体をカバーする様々な研究のデータは研究されていなかった．

　同僚のヴィリー・クリステンセンと共同で開催したワークショップでは，「彼らの」キャリア全体を特定の動物グループ（シャチ，アザラシ，サケ，カニ，動物プランクトン）で行った科学者に，豊度と食物消費量の推定値を彼らが海にいるように，それらが互いにリンクされて共通の表現で表すよう依頼した．それは成功し，北東太平洋の生態系の最初のエコパスモデルがその週に作成された[514]．その同じ週，最初はこのモデリング演習から離れていたカール・ウォルターズは，包括的ではあるが静的な表現にすぎないエコパスがどのように機能するかを示した．生態系の変化は，動的になり，たとえば，より多くの漁業やプランクトン生産の自然な減少の結果として変化を表す可能性がある[515]．これは，生態系モデリングにおける真のブレーク・スルーだった．

　1995年後半のその魔法の週は，モデリングの大国となったブリティッシュ・コロンビア大学水産センターのベスト10年と見なされる可能性のあるものの基礎となった．同僚は海外からやって来て，Ecopath with Ecosim（EwE）として知られるようになったものを使用する方法を学んだ．これは現在，世界中の漁業学者が漁業を組み込んで生態系のダイナミクスをシミュレートするために使用する標準ソフトウェアである[516]．

　当時，水産センターは，現在は廃止されている先住民水産委員会や他の先住民グループとも良好な関係を築いており，スティーブン・ワトキンソンという先住

民の学生を指導することができた。彼の修士論文では，空間バージョンのエコパスを使用して，主にクマによる捕食を介して，ブリティッシュ・コロンビア州のセントラルコーストの森林にサケが媒介する海洋由来の窒素が広がることを研究した[517]。これは，「サケの木」という刺激的な概念に繋がった[518]。スティーブンはまた，2つの先住民族の言語（ハイダ族とツィムシャン族）でできるだけ多くの魚の名前を取得し，魚類の世界的なオンライン百科事典である FishBase を介してそれらを広める試みに参加した[520]。

十分にカナダ人になれたか？

　残念ながら，ブリティッシュ・コロンビア大学の水産センターの開花に繋がったコラボレーションとコミュニティは長続きしなかった。一部の同僚は，1999年半ばに米国の大規模な慈善団体からの資金提供を受けて開始した研究プロジェクトである Sea Around Us を通じて，熱帯／発展途上国にも取り組むという私の継続的な取り組みを批判した。

　私がブリティッシュ・コロンビア大学に雇われて留学生と協力し，海外でのカナダの漁業開発プロジェクトを支援したこと，多くのカナダの大学院生を修士号または博士号に導いたこと[521]，私たちの周りの海が数十人のカナダ人を雇用したことは気にもとめない。

　私は州立大学で働いていたので，カナダ以外の問題にあまり時間を割くべきではないと提案した同僚がいた。これらの同僚は，科学が国際的であり，水産センターの知名度と評判の高まりは，主に他の場所で開発された方法論によるものであることを理解していなかった。エコパスはハワイで最初に出現し[522]，はフィリピンでさらに開発され[523]，広く普及した。カナダの海岸に到着する前にメキシコ[524]で申請された。この状況と他の様々な問題は，ブリティッシュ・コロンビア大学の科学部長がハンマーで解決できると考えた危機に繋がった。したがって，水産センターはもはやない。

　このエッセイのタイトルに戻る：私は2016年にようやく本当のカナダの漁業学者になった。旅行が多すぎたため，私がカナダ市民になるのはかなり遅くれ，1460日（カナダでの6年間の滞在期間内で4年間）を要した[526]。その後，2016年9月，私はアメリカ水産学会のカナダ支部から「カナダ漁業科学管理の伝説」の1人に選ばれた。以前の候補者にはデイヴィッド・シンドラーやビル・リッカーなどの巨人が含まれており，これ以上の事態は望むべくもない。ここまでとする。

私の個人的オデッセイ II：海の保全倫理に向けて[527]

海洋科学者にとって奇妙な背景？

　私はパリで生まれたが，スイスのフランス語圏の小さな町，ジュラ山脈にあるラショードフォンで育った．ここでは，牛は首に鐘をつけているため，自由に歩き回っているが，それほど遠くへは行かない．私は「普通の」若者時代を送っていなかったが[528]，それでもハムスター，金魚，そして時には犬も飼っていた．しかし，有名な生物学者が楽しんだような自然との親密な関係はなかった．私は本や空想に夢中で，自然主義者ではなかった．私はデータにパターンを見る傾向があったが，生の自然に対して，それはなかった．

　16歳のとき，私は高校を中退しドイツで1年間すごしたが，ルーテル教会が運営する庇護施設で「聖具保管助手」として6か月間，さらに市立病院で6か月間働き，そして少年によく見られる宗教的妄想はまったく治癒されてしまった．代わりに，私は学校に戻る必要があることに気付き，そのようにした．4年間，私は夜の学校に週5回，午後5時から9時まで通い，塗料工場，ブラシ工場，その他の工場で低レベルの仕事をして生活を支えた．自然は私の前景にはまったくなく，人生の背景には，さらに後退していた．

　そして，1969年の春，卒業してアメリカに行き，その3年前にパリで母とその家族と再会したときと同じように，父とその家族と初めて会った．フランス人女性とアフリカ系アメリカ人G. I. の息子として，以前から自分が異人種であることを知っていた（そして，忘れないように，つねに誰かに思い出させてくれていた）が，父たちのグループの一員になる準備ができていなかった．米国で私は，公民権とその様々な影響のための戦いにまだ従事している1人（「アフリカ系アメリカ人」）に同化するようになった．私はこの経験にこれまで以上に混乱したが，どういうわけか有色人種の闘争に参加するべきだと確信した．私は勉強を終えた後は，ヨーロッパに住むことはないと決めた．したがって，キール大学で勉強を始めたとき，私は「役に立つ」何か，つまり発展途上国で働くことを可能にする何かを学ぶことを目指した．私は生物学と農学の2つの専攻を受講する許可

を得たが，改革されていない古いナチスの教授たち（比喩ではなく本物のナチスの教授たち！）が私を農学から追い出した．彼らはまた，レイチェル・カーソンと彼女の本『沈黙の春』について軽蔑し，嘘をついた．それは私が今読んだばかりで，私に大きな感銘を与えていた．

　そのかわりとなった海洋科学は有用で巧妙な科学のミックスであり，キール大学はそのための良い場所だった．19世紀後半にビクター・ハンセンとカール・モビウスがそれぞれ，プランクトン学と（底生）社会生態学を設立した．まさにその場所で古典的な水産科学と海洋生物学を学ぶことができた．受講可能なコースは，理論と実践の素晴らしい組み合わせだった．つまり，実験室と海上での作業だった．後者は，海洋領域への私の最初の本当の経験をさせてくれた．漁業に関する仕事は概念的には簡単だった．我々は資源種を研究して理解し，それらを「管理」できるようにする必要がった．我々の結果を利用して継続的に資源を最大限に活用しようとしている「マネージャー」がどこかにいた．

　勉強中に印象に残ったことが２つある．第一は，ガーナで６か月間（1971年），港湾都市テマ近くの沿岸ラグーンを勉強したことである．私は，ブラックチン・ティラピア（*Sarotherodon melanotheron*）の零細漁業を支えている小さなラグーンについてすべてを学び[529]，口の中に新しい種の寄生虫を発見した[530]．今，30年後，ラグーンはテマの中になり，ティラピアのサイズはグッピーほどになった．私が最初の日焼けをして，私がアフリカ人ではなくヨーロッパ人であることを知ったのもその時だった．第二に，私は６週間（1973年は，巨大な工場船の調査船に乗り，ニューファンドランドとラブラドール沖のタラ（タイセイヨウマダラ）を調査した．これら海域はタラ漁業の全盛期だった（20年以内に崩壊した）．我々は，フォルクスワーゲンほどの大きさの岩を持ち上げることができる底びき網で，1600フィート（約500 m）の深さで漁業をしていた．

　今，私は理解している：我々は自分たちが何をしているのか知らなかった．1974年，ドイツで修士号に相当する「Diplom」を取得し，タンザニアで働くためにドイツの国際開発機関（GTZ）に雇われた．私はフランクフルトの博物館でインド洋の魚について学び，スワヒリ語は４か月間の座学を行って簡単な会話をするのには十分だった．その後，1975年半ばに，底びき網をインドネシアに紹介するためにインドネシアに派遣された．

　インドネシアでは，開発途上国で働く外国の漁業「専門家」の標準的な仕事，つまり漁業の「発展」を支援した．これは主に，インドネシア西部の当時はほとんど利用されていなかった底魚の生物量を推定するための調査の実施と，そこにどれだけあり，どれだけ採集できるかについての報告書を書くことで構成されていた．私は後に，この情報に基づいて行動する人々が開発銀行のスタッフである

ことに気付いた．開発銀行は，「潜在的生産量」（おそらくは最大の持続可能な生産量だが，注意）の見積もりを使用して，巨大な底びき漁船を購入した国への融資を正当化した．

　マニラに本拠を置くアジア開発銀行やその他の国際開発機関は，私たちの潜在的な漁獲量の見積もり（後から考えると高すぎる）を使用して，産業漁業の開発を目的としたローンについて決定を下したが，その持続可能性（この用語は当時まだ使われていなかった）や漁業が生態系に与える影響（「生態系」は当時，漁業科学には存在していなかった）についてはあまり気にしなかった．しかし，海底を見れば，沿岸の生態系がソフトコーラルから泥底に底質が変わっていった．

　当時の多くの科学的課題のうち，3つが突出していた．（1）海を「テラフォーミング」していた（しかしそれを知らなかった），（2）小規模漁業者を無視していた（しかし気にしなかった），そして3つめが際立っていて（3）処理できる以上の種を扱っていた．

　私はこれらの問題の最後を研究課題として選んだ．インドネシアでの2年間はあっという間にすぎ，熱帯の魚資源評価を改善するためのアイデアに頭を悩ませてドイツに戻った．私はこれらの概念のいくつかを研究して博士号を取得し，さらにいくつかのより風変わりなアイデアのプログラミングを手伝ってくれた同僚とチームを組んだ．たとえば，魚の体長―頻度データからの成長の推定に使用される ELEFAN（Electronic LEngth Frequency ANalysis）と呼ばれるソフトウェアである．これはスティーブ・ジョブズとスティーブ・ウォズニアックのガレージから出てきた Apple II などのマイクロコンピューターで実行された．1979年，私は東南アジアに戻り，今回はフィリピンの国際生活水産資源管理センター（ICLARM）に職を得た．ロックフェラー財団によって2年前に設立されたこの機関の目的は，陸上で緑の革命が陸に対して成し遂げたこと（収量の増加，当時の万能の方策）を海で行うことだった．私にとって，これは，熱帯の世界全体で「エンパワーメント（能力強化）」の道具として，新しく開発した方法と概念を教えることを意味した．このようにして，私は5つの大陸の何百人もの同僚と知り合い，彼ら全員が同様の懸念を持っていることを知った．

　自分の旅行と，文化や言語を横断の経験から，他の人が違いを見たという類似点を見つけることができた．1980年代，アフリカ北西部のセネガルの零細漁業は活況を呈し，富の源であり，フィリピンの漁業はすでに深刻な問題に直面していた．しかし，多くの人類学者とは異なり，この違いは国の社会組織の違い，つまり「アジア性」と「アフリカ性」の違いによるものではなく，開発が始まったときなどの開発開始の偶然性によるものだと理解した．

　現在，セネガルの漁業はフィリピンと同じ問題を抱えている．これには理論的

な説明が必要であり，私はそれを開発しようと努力し，それが我々の最初の余談に繋がった．

余談：1980年代と1990年代の科学革命

　海洋科学が1960年代にプレートテクトニクスの理論によって変容し，多くの地質学的および生物地理学的現象を強力に説明したように，人類学は1980年代と1990年代に，私たち人類はわずか15万～20万歳で，アフリカ以外の様々な原人類（ネアンデルタール人など）に由来するものではなく，現代の種であるという認識によって革命を起こした．

　さらに，今日生きているすべての非アフリカ人が，約7万年前に現在のイエメンに渡ってアフリカを離れてアジアに向かった単一の小さな（＜1000）人間のグループの子孫であるという強い証拠がある．これらの移民の精神的設備は，彼らが徐々に全世界広がり，後には全世界を圧倒できるようなすべてが備わっていた．

　したがって，すべての人間は密接に関連しており，最近分離したばかりであるため，私たちの遺伝的親和性を文書化する多くのイニシアチブはいうまでもなく，祖先の共通言語の特徴の特定さえも想定できる[531]．

　課題として残るメッセージは，強い科学的根拠があるので，我々人類が互いに似ているため，似たような方法で似たような課題に反応すると仮定できるということである．これは明らかに，進化論的心理学[532]その他の学問的主導権が，様々な社会科学を堅実なダーウィン主義に導くための基礎である．

　さて，人々は何をしているのだろうか？　または，我々の生態的地位は何だろうか？　ブリティッシュ・コロンビア大学のビル・リースやその他の人々は，私たちの種を「区画あらし」と定義しており[533]．我々はある場所を台無しにしては，次に進む．ゾウも同様にこれを行うかもしれない．ゾウの数が多すぎると，私たちと同じように，ある場所の植生被覆と全体的な生物多様性が減少する．

　しかし，我々は象ではない．長い間，私たちの人間以前の祖先は，大型猫類その他の捕食者の生活を支える多くの獲物のうちの1つにすぎず，いうまでもなく我々はまったく持って「エコシステムの一部」だった．しかし，我々は大きな頭脳を持っており，そしてグループで物事を計画して実行し，徐々に獲物の立場ではなくなり，大型肉食動物の真剣な競争相手となった．

　人類が最初の主要な拡張ルートである海岸線に到達したとき，徐々に世界の，南北アメリカまでをも，新しい奨学金が示唆するように，ケルプハイウェイで繋げ[534]，そして最終的にポリネシアへの移住を可能にする洗練されたボートを作った．

アクセスできるすべての大きな草食動物を一掃した．オーストラリアでは到着した直後の5万年前に大型有袋類を，約2万年前のユーラシアでマンモスを，約1万1000年前の北米では40種ほどの大型哺乳類を，そしてニュージーランドでは最初のポリネシア人が到着した直後に11種のモアを滅ぼした．前記には多くの議論があるが，主な理由は，そのような破壊的な力を古代の人々が持つという概念がすべての人には受け入れられていないためである．

それから我々は間違いなく（自然の）生態系からの脱却であると私が思うことを始めた：約1万年前，我々は農業を始め，そして世界中の狩猟採集民は長い時間をかけて疎外から衰退へと進み始めた．これ以上は区画を荒らさないのか？そうではない．我々は土地から離れて大きな動物を追いかけるのではなく，土地自体を追いかけた．

ここでは，デイヴィッド・モンゴメリーの優れた本『土の文明史』[536]を参照している．これは，後続のすべての文明が，その中核地域の肥沃度，つまり土壌からその力を引き出したことを示している．私たちがバビロニア人であろうとヒッタイト人であろうと，彼らの覇権は，彼らの土壌がいつ荒廃するのにかかった限り，ほんの数百年しか続かなかった．

この悲しい話の明らかな例外は，何千年も続いた古代エジプトだが，その土壌は毎年ナイル川に置き換えられ，もちろん，取り除かれなければならなかった．さて，アスワンダムによって，我々はエジプトがバビロンの道を行くことを期待することができる．

1990年代に戻る

1990年代にICLARMで行政危機が発生し（研究機関の寿命も本質的に制限されている可能性がある），ブリティッシュ・コロンビア大学での職に就いた．しかし，それから，私は自分自身に尋ねてみた．私は魚類の個体群動態とELEFANと他の気の利いた小さなトリックを研究して教え続けるべきだろうか？　答えはいいえ，だった．その手の単純な仕事は，カナダ（洗練された混乱が起きている場所）で行うにはあまりにも洗練されていなかった．タラ（タイセイヨウマダラ）の崩壊から私が学んだのは，カナダ人は自分たちが何をしているのか，そして教えられなければ政治システムも知らず，何もしようとしないことである．結局のところ，この状況は，私が教えた大学が漁業の意思決定に影響を与えず，開発兼管理をパロディーにした開発途上国の状況と似ていることがわかった．

しかし私は，フィリピンでは，1986年にフェルディナンドとイメルダ（「あの

靴の女」）のマルコス夫妻の独裁政権を打倒したエドゥサ革命を生き抜いた．また1968年5月にパリで見た起きたことも目撃した．人々は政府とその機関に彼らがしたくないことをするように強制することができる（彼らは業界のロビイストによって捕らえられているため）．

　それで，私が新しい役職に就いた最初の漁業会議の1つで，群衆を動かす代わりに，環境非政府組織の困惑した代表者のグループにサービスを提供した[537]．これにより私は世界自然保護基金に参加することになり，海洋管理協議会（MSC）の創設につながる作業における自然保護基金（WWF）と，カナダ，米国，その他の国や大陸の隅々で行われる一連の公開講座の開始を開始した．

　これはまた，とくに判断基準の変更（「漁業のシフティング・ベースラインのシフト症候群」というタイトルのエッセイを参照）や海洋食物網と漁業について，一定の成功を収めた一連の論文を発表するのに十分幸運だった時期でもある．1997年の秋，ピュー慈善信託は私をフィラデルフィアでの1日のワークショップに招待し，海洋科学者の小グループと一緒に海の健康状態を評価する方法について話し合った．他の科学者たちは皆，「海の健全性」は科学的な概念ではなく，より多くのデータが必要だといっていた（これは，科学者が役に立たないと人々に思わせるようなものだ）．私は代わりに，国連食糧農業機関（FAO）の世界の海洋漁業統計があることを指摘し，これはほぼ50年間すべての海洋から収集され，巨大なサンプリングプログラムと見なすことができ，最初に分析する必要があることを示した．私は勝利を収めた．

　したがって，ブリティッシュ・コロンビア大学で，私は素晴らしい人々のグループ（ヴィリー・クリステンセン，ラード・スマイラ，レグ・ワトソン，デン・パロマレス，ダーク・ツェラーなど）を集め，レイチェル・カーソンの最高の名前にちなんで名づけられた Sea Around Us というプロジェクトを設計し始め，本を売り，海の状態を記録し，市民社会と協力して，ネガティブな傾向を遅らせたり逆転させたりするのを助けようとした．

　私たちの最初の目に見える結果の1つは，世界の漁獲量の傾向の分析であり，世界の漁獲量が減少していることを示した．この減少はどこでもネガティブな話から推測できるが，中国による混獲の過大報告によって何年も隠されていた[539]．この結果は，ジェレミー・ジャクソンと彼の同僚が，乱獲が何千年もの間行われてきたことを示したのとほぼ同時に示された[540]．故ランサム・マイヤーズの論文もこの時期にニュースになった[541]．

　これらの論文を合わせて，漁業は孤立した問題であり，互いに別々に失敗しているという見方が変わった．むしろ，我々は今，海との相互作用のモード全体が間違っていることに気付いた．これは，個々の銀行が失敗したとはもはや信じら

れていないが，金融システム全体が失敗していたのと同じである．

最近の傾向

　何年にもわたって，グローバルシステムとして漁業を示す地図を作成するにつれて，昔からいる区画あらしたちが３つの拡張を通じて，地球上で最大のパッチである海をほぼ完全に妨害していることに気付いた．（１）地理的に北から南へ，（２）水深が浅瀬から深海へ，（３）分類学的にこれまで食べたことのない新顔へ（「漁業における重複と無知」というタイトルのエッセイを参照）．

　また，動物の個体数を枯渇させる能力があるにもかかわらず，動物の個体数を維持する（または共存する）特定の人間のグループとして定義される，本当の持続可能性はほとんどないことに気付いた．それらの相矛盾する自己撞着的な概念「持続可能な開発」はさらに少なかった．

　漁業の世界は，いくつかの市場（欧州連合，米国，日本，中国）からの需要によって歪められており，すべてが荒廃した地元の魚類の個体数とその魚類への飽くなき欲求をかかえている．ヨーロッパや北米では，すべての魚を食べたいだけでなく，魔法の財布カードから持続可能な魚を選んで，自分自身に満足できるようにしている．MSC は，アナキン・スカイウォーカーと同様の動きで，漁獲物を魚粉または魚油に変える還元漁業を認定している．言い換えれば，完全に食用に適した魚をすりつぶして豚に食べさせることが「持続可能」と認定されている[542]．その結果，養殖サーモンのトン数は増え続けているが，餌のアンチョベータが MSC 認証を受けていれば「持続可能である」と認証できる．これが古い区画あらしで，今回は，私たちが考え，表現する言語そのものさえも破壊している．

　明らかに，我々は今，地球全体を先に進む前にあらすことができる区画と考えている．多くの SF 作家は，可能であればそれを行うことを提案している．レスター・ブラウンは，彼が「プラン B」と呼んでいるものでこれに対抗する方法の概説について，サイエンティフィック・アメリカン誌にすばらしい論文を掲載した[543]．

オペレーティングシステムの更新が必要

　それにもかかわらず，前向きな結論として，私は，コンピューターを私たちの脳（ハードウェア）のアナログとして使用して，プラン B の私のバージョンの精神的基盤について簡単に詳しく説明する．基本的に，我々人類の（先史時代の）歴史を通して，我々はコンピューター / 頭脳で３つの連続したオペレーティ

ングシステムを実行した：

OS1：We -are -part-of -the-world-around-us　我々は世界の一部である

　それらのシステムは，私たちが動物，植物，無生物と本質または精神を共有するという信念に基づいて，様々な精霊信仰の宗教で具体化されている．このシステムは，魔法によって媒介され，物，動物，人の間の自然な循環と繋がりを強調して動作するシステムだが，後継システムに簡単に打ち負かされた．

OS2：We -are -the -master-of-the –world　我々は世界の支配者である

　このシステムは明らかに宗教に具体化されており，そこではトップボス（神）が我々に地球上で責任を負わせ，私たちが死んだときにそれを去ります．我々は動物（存在する唯一の理由は私たちによって利用されること）と機能を共有しないが，神と共有し，儀式と魔法を使用してそれと通信します．妄想的でありながら非常に堅牢なシステム．

OS3：We -know-why-we -are -part-of-the -world-around-us　我々はなぜ世界の一部なのかを知っている

　このシステムは，科学的（または合理的）な世界観の始まりであり，啓蒙主義の理想（平等，人権など）と深く結びついているが，非常に壊れやすく，簡単に崩壊します（たとえば，ナチス，右翼，または様々な種類の宗教的狂信者などによって）．

　OS3の重要な機能は，理論的には異議を唱えられない一連の基本的な信念に基づいて機能することである．たとえば，地球上のすべての人々は平等であり，公正な取引を行う必要がある，とか．これは実際には真実ではないが，実際の出来事を判断するために我々が使用する共通の信念である．これは，現代の民主主義の基礎神話でもある．この基礎神話の一部は，私たちは物事を知る必要があり，知識は良いことであり，民主主義と科学の平和的な共存の基礎であるというものである．

　明らかに，私たちは民主主義と啓蒙主義自体の構造に，この惑星での私たちの継続的な存在に関連する新しい価値観（権利とも呼ばれる）を移植する必要がある．これを OS3v2.0 と呼ぼう．これには，地球の資源を公正に共有する権利が含まれている．今日，この権利は，主に企業によって，そして地球のすべての資源を食い尽くしているいくつかの国の住民によって否定されている．このシステムには，精神を閉じる信念システムに洗脳されるのではなく，世界について学ぶ権利も含まれている．

　v2.0 で何よりも重要なのは，それが本当に持続可能かどうか，つまり，化石

燃料や土壌やその他の再生不可能な資源の消費とは無関係であるかどうかを評価するために，つねに新しい冒険の実行が必要になるということである．

　そのような OS が機能しない理由はない．したがって，私は将来について完全に悲観的ではない．アップグレードすることで，現在失敗しているオペレーティングシステムを置き換えることができるオペレーティングシステムがある．手遅れになる前に，地球を完全に破壊する前に，アップグレードが行われることを願っている．

私の個人的なオデッセイⅢ：
それから地獄を科学する必要がある[544]

1970年代初期を始めよう

　1970年代は，水産学と科学者にとって，移行期だった．1950年代と1960年代に増加していた世界の海洋漁業の漁獲量だが，人口が大幅に増加したにもかかわらずこの年代の１人当たりの漁獲量が増加し，ペルーのアンチョベータ（*Engraulis ringens*）の壮大な崩壊によって中断され，ゆっくりとした増加に移行した．この一般的な傾向は，新しい漁場の必死の探求に繋がった．たとえば，産業用底びき網漁業とマグロ漁業は，以前は十分に活用されていなかった海域に拡大し，底びき網はパタゴニアとスンダの陸棚に，そしてマグロ漁業はインド洋へとそれぞれ拡大した[546]．

　過去数十年間，国際海洋探求会議（ICES）の報告書で「その他の海域」と呼ばれる海域での漁業について知られていることのほとんどは，その多くがヨーロッパ諸国のかつての植民地であり，捕獲された奇妙な魚類は分類学者の仕事，小規模漁業者の奇妙な伝統の説明は人類学者の仕事だった[548, 549]．しかし，1970年代には，この産業の拡大を後押しした国際援助プログラムと国際銀行は，ベンチャーを正当化するために何らかの評価を必要とした（たとえばアジア開発銀行は1969年に最初の漁業融資を開始し，17の開発途上国の51の漁業プロジェクトに対し1055百万米ドルの融資を行った）[550]．国連食糧農業機関（FAO）の上級科学者であるジョン・ガランドが率いる水産学はこれに応え，私の話はここから始まる．

　ドイツのキール大学で水産学、動物学、海洋学の「学位記」を修了する前から、ヨーロッパでは異人種であることが容易ではなく（今でもそうである）、また前のエッセイで概説したように、私はどういうわけか熱帯の発展途上国を「助けたい」と思ったため、そこで働くことに決めた．私の指導教官であるゴットヒルフ・ヘンペル教授の介入により、私はタンザニアで働くためにドイツの開発援助機関（GTZ）に雇われた（私はドイツの漁業専門家という履歴には当てはまら

なかったので，ヘンペル教授の介入なしではこれは起こり得なかった）．トレーニングとして，GTZはフランクフルトのゼンケンベルク博物館でインド太平洋の魚について学ぶために私を送り，ザンジバル移民の１人が私にスワヒリ語を教えるように手配された．私はこの言語に堪能になったが，1975年の春にGTZが私をインドネシアのジャカルタに送ったので，すぐにそれを忘れた．私を最初に雇ったドイツ－タンザニアのプロジェクトは実現できなかったからである．

インドネシア：1975〜76年

インドネシアは，ジャワ海から南シナ海南端にかけての地域で，我々はインドネシアに産業規模の底びき網の喜びを教える任務を持っていたが，そこは私が最初に直面した「その他の地域」で水産学が科学的課題に直面していることを最初に理解した場所であり，そういった海域では多数の漁具を使用して，多数の漁業者が多数の種を利用していた．

インドネシアにいる間，私は底びき網が引き起こす生息地の被害にほとんど気付いていなかった（当時，そのための概念的な言葉はなかった）．しかし，私たちの研究用底びき網漁船の甲板に最初の漁獲物が現れるとすぐに，甲板上の小刻みに動く斑入りの魚や無脊椎動物の種については，北部の温帯先進国における評価方法では資源を支える詳細な生物学的データを取得できないことを理解した．したがって，南シナ海南部の西カリマンタン（ボルネオ）沖のトロール調査でもっとも豊富な底魚種であるイトヨリダイ（*Nemipterus marginatus*）は，漁獲量のわずか1.2%を占めていた．明らかに，これにより，当時の人口動態の最先端である新入社員１人当たりの利回り分析が本質的に役に立たなくなった[551]．

水産学が熱帯の生物多様性に対処できるようにするためには，当時の水産学で流行していたトリックや近似を適用する以上のことが必要だと気付いた．むしろ，それは真の科学的問題であり，本章のタイトルを示している．このタイトルは，火星に残された架空の宇宙飛行士の架空の話の映画に基づいていて，主人公は救助されるまで生き残るために，排泄物を「科学をしなければならない」と気付いた．映画と原作のタイトルは The Martian（映画の邦題は『オデッセイ』，原作の邦題は『火星の人』）である[552]．

私の最初の研究計画を書く

1977年１月，キール大学の海洋学研究所に戻って，私は以下からなる研究プログラム（および博士論文，G・ヘンペル教授の下で）を開始した．

1. 体長 - 頻度データ（収集が容易）から成長と派生パラメータ（総死亡率と漁具の選択）を推定するためのコンピュータを用いる方法を開発し，当時使用されていた主観的な鉛筆と紙の方法と置き換える.

2. 十分に研究されていない種の成長パラメータを推測できるように，魚類や水生無脊椎動物の成長の基本的な推進力を理解する.

3. 公表されている魚の自然死亡率（M）のすべての推定値を収集し，それらを簡単に推定できる相関関係と組み合わせて使用して，あらゆる種，場所の M を予測する.

項目3は，本質的には用語がわからなかったときに行われたメタ分析であり，これら3つのタスクの中でもっとも簡単だった.

1978年にコペンハーゲンで開催された ICES の会議で，私は，M をそれらの成長パラメータ（漸近長と）に関連付けた広範囲の冷水および温水魚種における M の122の推定値に基づく経験式（フォン・ベルタランフィの成長方程式の成長係数）とその生息地の平均水温の最初のバージョンを心配そうに提示した[553]. 聴衆には，当時の水産学の支配的な王族の何人かが含まれていた. たとえば，ロドニー・ジョーンズ，デイヴィッド・クッシング，そして私たちの王レイ・ビバートンさえも. すべての質問は建設的で敵対的ではなかったので，私は発表を切り抜けた. その後，分析は175ケースに拡大され，キース・ブランダーの編集の助けを借りて，由緒ある科学雑誌「Journal du Conseil pour l'Exploration de la Mer」（海洋探検評議会雑誌）[554]に掲載された. これは私の最初の頻繁に引用された論文になった. また，この論文はタイのワークショップで以前会ったジョン・ガランドの注目を集めた. ジョンはそれから私を FAO で働かせようとした. 私は喜んでいたが，フランスのパスポートを持っていたので失敗した. フランスからのサポートはなかった. それにもかかわらず，しばらくの間，彼はメンターになった.

項目1はもう少し難しかった. 私は数学，統計，プログラミング（方程式でいっぱいの教科書を書いたにもかかわらず，私が平凡にすぎなかった分野）に熟練した同僚の助けを求め[555]，そして予想通り，彼は複雑なソフトウェアの概要を開発し，その要素は体長 - 頻度（LF）は正規分布であると想定され，相対年齢が割り当てられ，そして成長曲線に適合した. これにより，最小二乗偏差の合計が最小化された. このタイプのアプローチは後に成功し，MULTIFAN と呼ばれるものになり[556, 557]，実用化が見られ[558, 559]，主にマグロ向けであるようである[560]. しかし，当時，これらのアプローチは，私が考えていた利用者たちにとっては複雑すぎるようだった. さらに，それらはすべて，手元の体長 - 頻度標本が1年に1つまたは2つのコホートを表すかどうか（および，たとえば，努力量当たりの

漁獲量データから推測される相対的な強さ）についての以前の知識を前提としていた．これは，まさに熱帯の魚の個体数については知られていなかった．

したがって，私は国際水産資源管理センター（ICLARM；下記参照）で働き始めた直後に，そのような事前知識を必要としない，または体長頻度サンプルが豊度（または努力量あたりの漁獲量）によって重み付けされるノンパラメトリックアプローチを思いついた．また，新しいアプローチである ELEFAN（Electric Length Frequency Analysis：電子的体長組成解析）を当時人気のあったプログラミング言語である BASIC に翻訳したフィリピン人プログラマーのノエル・デイヴィッドを見出した[561]．

ELEFAN は，熱帯の発展途上国で働く同僚の間ですぐに成功をおさめた．その様々なバージョンが，その後利用可能になったマイクロ・コンピュータを使用して，何十年にもわたって蓄積された LF データを分析するアプローチを提供したからである．これにより，FAO は ELEFAN の包括的なバージョンをソフトウェアシリーズに追加し[562, 563]，さらには簡略化され，別のプログラミング言語である R で書き直された[564]．

一方，ELEFAN は，アプローチのノンパラメトリックな性質と正式な信頼区間の欠如を中心に，強い拒否反応を引き起こした．しかし，この反応は，ヨーロッパ，北アメリカ，オーストラリアの先進国の研究所の同僚に限定されていた．その主な理由は，ELEFAN アプローチが解決するはずの問題や，アプローチ自体についてもわざわざ知らせなかったためである．同様の極端な反応は，後で Ecopath と FishBase に対しても表現された（どちらのシステムも主流になった．以下を参照）．そうしておそらく私は，仕事の折々につねに巻き起こる批判を無視できる厚かましさを身に付けた．こんなことが起きるのは，主にデータの乏しい熱帯の状況に詳しくない（あるいは興味さえない）ことによる．私は解決策を探した．上記のリストの項目2も，魚の成長の基本的な推進要因を理解することで解決された．少なくとも私はそう思う[565, 566]．

実際，その解決策は私がこれまでに行った中で最高の科学であると思うが，他の研究ほど注目されていなかった（したがって引用もなかった）．基本的に，鰓の表面積が表す解剖学的制約（単位時間当たりに魚が取り込むことができる酸素の量を決定する）を考えると，魚の成長と最終的なサイズはほぼ完全に周囲の酸素濃度と温度に依存し，後者は，生命維持に必要な酸素を増やすことで魚の成長を抑えている[567]．

鰓の面積は，とくに特定の魚種（または地域の個体群）では体長が大きくなると制約となる．魚が生きていくためには，鰓の表面と流水が接する必要があるが，魚の体積（または体重）と同時に成長する鰓の表面積では，魚体に必要な酸

素を供給できなくなるためである．私の同僚の多くはこの点について議論しているが，そうする必要はない．これは幾何学的な事実であり[568]，経験的にも十分に文書化されている[569, 570, 571, 572, 573]．

鰓の表面積（体への酸素供給を制限する）と体重（その酸素必要量を決定する）の間の増加の不一致は，様々なアドホックな説明が提案されている多くの現象をエレガントに説明する：

- なぜ魚類や水生無脊椎動物は彼らのように（漸近的，予測可能，そして温度に依存する）成長をするのか．
- 温度やその他の環境要因によって魚が変化する場合でも，魚が最大サイズの予測可能な割合で成熟する理由．
- なぜ若齢の成魚は産卵年を「とばす」ことがあり，高齢の成魚は産卵期が長いのか．
- 魚や水生無脊椎動物の食物変換効率が温度や溶存酸素によって変化するのに，サイズによって低下するのはなぜか．
- 養殖池を曝気することで養殖魚の成長と食物変換効率が向上する理由．
- 魚類の幼生の耳石（扁平石）とイカの幼生の耳石（平衡石）に容易に識別可能な日輪のある理由[576]と，それらが成魚・成体で目立たなくなる理由．
- 若齢魚の筋肉組織が酸化酵素でいっぱいであるのに対し，高齢魚の筋肉組織は主に解糖系酵素，つまり酸素を必要としない酵素を含んでいるのはなぜか．
- 強い季節的な温度変動にさらされた冷温帯の魚類に内臓脂肪が豊富であるのに，狭い温度範囲にさらされた熱帯および極地の魚類にはそれがないのはなぜか．
- 魚類や水生無脊椎動物が現状のように空間的に分布している理由と，水温が季節的な移動をどのように形作っているのか．

従来，物理学，化学，または他の成熟した科学では，単一の仮説が多くの現象を説明する場合，その仮説が最初に定式化されたときに考慮されていなかったものも含めて，この単一の仮説は，そうでなければ場を乱雑にする複数のアドホック仮説よりも優先される[577]．明らかに，水産学ではそうではないようだ：問題の仮説（様々な裏付けがあるため，今では理論として適格だと考えられる）が，パターンと結果を説明するために一般的に進められている「局所的」説明よりも明らかに優れていても，ほとんど誰も使用することがない[578]．しかし，この理論を検討することは価値がある：それを完全に受け入れる数少ない著者の1人であるアンディ・バクーンは，たとえば，典型的なサンゴ礁の水中映像で，大きな魚は小さな魚を簡単に泳いで食べてしまえそうなのに，近くで平和に泳いでいるように一見見えるような，謎を説明するためにその仮説を使用した[579]．

しかし，気候変動によって引き起こされた海洋温暖化が世界的にも局所的にも現れるようになった今，この状況は変化している可能性があり[580]，漁場はより深い水域へ[584, 585]，そしてそれらの漁獲物の最大サイズが小さくなる傾向をたどり[586]，これらすべてが漁業に大きな影響を与えるだろう[587].

ICLARM ですごした歳月

ロックフェラー財団の当初ハワイを拠点とするプロジェクトである ICLARM は，故ジャック・マーのリーダーシップの下，1977年にフィリピンのマニラに設立された．彼はカリフォルニアのマイワシ漁業の終焉について書き，黒潮に関する高名な書籍に繋がる研究を調整し[588]，インド太平洋漁業評議会の議長を務めながら熱帯漁業についての深い知識を習得した．彼は後に大規模な FAO フィールドプロジェクトであるインド洋プログラムを立ち上げた[589]．ジャック・マーは私のインドネシアでの仕事について聞きおよんでおり，1978年の夏に ICLARM の熱帯海洋漁業に関する研究可能な問題を特定するための3か月のコンサルタント職を提供してくれた．そのコンサルタント職は本当に難しかったが，私は非常に安心して，首尾一貫した報告書の下書きを作成することができた．マーはそれを，デイヴィッド・クッシングやブライアン・ロスチャイルドを含む12人の主要な水産学者に査読のために送った．驚いたことに，それは肯定的なコメントで戻ってきて，「熱帯の複数種の資源の理論と管理：東南アジアの底魚漁業に重点を置いた再検討」というタイトルで出版され[590]，肯定的に評論され[591]，何百もの引用を受けた．それはある種の研究計画であり，結局のところ，ICLARM でのポスドクのチケットだった．

ジャック・マーは，1979年の春に私が博士課程の最後の試験の直後に再びマニラに現れたとき，すでに ICLARM を去っていた．彼の後継者である，心やさしきパレスチナ人の養殖専門家であるジアード・シェハデ（Ziad Shehadeh）は，私が定義した研究計画を実施するためのポスドクとしてそこで働かせてくれた．数か月後，彼は私を常勤の地位に昇進させた．

その後，1980年代は，私が会議を開催し，5つの大陸と4つの言語で行われた魚の個体群動態に関するコースとワークショップを立ち上げ，多数の論文，本，レポートを発表した．そのとき私の取り上げた話題は多く，養殖も含み[592]，同僚の編集で2011年に1冊の本になった[593]．今では，それについて考えるだけで眩暈がする．

このころ浮かんだ3つのテーマ

フィリピン，サンミゲル湾の多魚種漁業

フィリピン北東部のビコル県にあるサンミゲル湾の漁業は，私が深く研究した最初の多漁種漁業だった．（ガーナのサクモ・ラグーンで私が最初に研究した漁業は，本質的にはブラックチン・ティラピア Sarotherodon melanotheron の単一種漁業だった[594]．）サンミゲル湾の漁業の体系的な研究は，ICLARM の科学者とフィリピン大学の共同研究者とともに，そして重要なことに，ビコラノ語を話す地元の熱心な研究助手たちのグループで，最初から真に学際的だった．我々の研究助手は，サンミゲル湾周辺の村の漁師にインタビューするときに，漁獲量だけでなく，収入，費用，さらには子どもたちへの夢についても尋ねることができた．助手たちはこれらの同じ村々で育った．

1年間以上にわたり記録されたデータは，漁業生物学者[595]，漁業経済学者[596]，そして現地に同じく1年間以上住んでいた地方の社会学者[597, 598]によって分析され，フィリピン政府に対する堅実な管理勧告に繋がった[599]．それらは，2つの現地言語への翻訳を通じて地元住民が利用できる[600]．

我々の主な結果は，湾内の漁業が多種多様な魚の群れを大幅に減らした一方で，それらは大部分が利益を上げ続けていたことを示していた．しかし，利益の圧倒的多数は，少数の漁業船団所有者に集約しており，彼らはフィリピンの法律の抜け穴を悪用して，小規模漁業者のために予約された漁場にいわゆるヘビートローラーと呼ばれる超大型底びき船を配備することを可能にした（そして今でもそうしている）．その結果，湾の周りは広く惨めな状態となっている．

こういった不平等は，漁業に限らず，フィリピンでも世界のどこでも，まだ解決されていない[601]．しかし，フィリピンの遠隔湾の漁業に関するこの学際的で詳細な研究で，私のキャリアの早い段階で，資源評価だけでは漁業を動かしている理由を理解できないという知識を得，また，天然資源がどのように捕獲されるかを研究するとき，既得権益を守る政治的障壁につねにぶつかることを学んだ．

ペルーカタクチイワシ漁業

同じく G・ヘンペルの元学生であり，当時ペルーの GTZ で働いていたウルフ・アルンツの招待を受けて，私は，当時私の研究助手であり学生で，現在は同僚のマリア・ルルド・「デン」・パロマレスの助けを借りてペルーカタクチイワシ（*Engraulis ringens*）に関する30年間の月次体長頻度データへの ELEFAN アプローチに応募した．次に，この小魚の捕食者による漁獲量と消費量を，体長に基

づく仮想個体群分析（1980年代に流行）と組み合わせて，ペルーカタクチイワシの自然死亡率（M）の関数として毎月の生物量を再構築した．ペルーカタクチイワシの個体群サイズの（漁業からは）独立した音響推定の時系列も利用可能であり，様々な捕食者（海鳥，海棲哺乳類，大型魚）によるペルーカタクチイワシの消費量を計算できることを考えると，この間接的な方法により、Mの月次推定と，捕食者固有の構成要素への分割が可能になった．レビューの中で，当時水産学のリーダーであったデイヴィッド・クッシング[602]は，これらの結果が掲載された本を[603]「手ごわい論文集」および「ポーリー博士の勝利」と呼んだ．私に異存のあろうはずはない．

生態系モデリングと Ecopath の開発

少なくともレイモンド・リンデマンの研究[604]以来，水界生態系の構造あるいは機能のいずれかの側面を強調する表現が理解に役立つという合意があった[605]．オダムとともに[606]，様々な条件でのパターンも理解し始めた．私は長い間生態系モデルに興味を持ってきた．ガーナの沿岸ラグーンの生態に関する私の修士論文には，そのラグーンの主要な構成種を調査し，その生態学的役割を明確にした単純なグラフィカルモデルが含まれていた[607]．一部の開拓的研究者は，1970年代に広大な生態系モデルに取り組み始めたが，とくに熱帯地方では，あまりにもこれは精巧すぎて広く採用することはできなかった．

また，当時，これらのモデルのデータ要件は，北海[608]や北太平洋[609]などの世界のいくつかのよく研究された地域でしか満たすことができなかった．したがって，私が Ecopath のアプローチを知り，さらに生態系モデルを構築するソフトウェアを米国海洋大気庁（NOAA）がすでに開発していて[610]，その開発者であるジェフェリー・ポロヴィナがそれ以上の作業を計画していないことを知ったとき，私はそれを採用し，そこにロバート・ウラノヴィッチ[611]や他の理論家のアイデアを取り入れた．1987年にクウェートで拡張された Ecopath のテストケースを提示し，ジョン・ガランドの祝福を受けた後[612]，私はそれを広く普及させることを約束した．私は，1990年にデンマークの水産海洋研究所から ICLARM に参加したヴィリー・クリステンセンの支援を受けた．その後，ヴィリーは，水生生態系モデリングの厳密な説明のためにもっとも広く使用されているアプローチ／ソフトウェアとして Ecopath を確立する作業を主導した[613, 614, 615, 616, 617]．

発展途上国を含むこの成功の主な理由は，Ecopath は ELEFAN と同じように，汎用機器となったパーソナル・コンピュータで使え，さらに，広く入手可能なデータ（たとえば，これまでほとんど役に立たなかった複数の捕食物組成研究）を使用して簡単にパラメータ化でき，魚の個体群の生物量あたりの消費量を推定す

るための経験的関係[618]によって補完されることだった.

　その後，ブリティッシュ・コロンビア大学（UBC）の水産センターの同僚であるカール・ウォルターズが，状態変数間の関係を表す線形方程式が時間力学シミュレーションモデルを指定する微分方程式のシステムとして表される[619]，パラメータ化が容易なシステムを簡単に再作成できることを発見したとき，Ecopathはさらに人気を博した．この新しいルーチンは Ecosim と呼ばれ，統合されたソフトウェアが Ecopath with Ecosim または EwE だった．EwE の空間バージョンがすぐに追加された[620, 621, 622]．このパッケージは，偶然にも，私の非常に初期の研究である，ガーナのサクモ・ラグーンの最初のモデルの更新を可能にした[623].

　EwE のキャリアは継続しているが[624]，NOAA の中間評価では，過去200年の歴史の中でトップ10にはいる研究成果と見なされた[625].

1990年代：FISHBASE，影響力のある論文，そしてブリティッシュ・コロンビア大学

　公開された編集物に加えて[626]，魚の成長に関する私の以前の比較研究は，現在データベースと呼ばれるものを生み出した．これは木製の箱に入ったノートカードの形で，他の人は使用できなかった．したがって，私は ICLARM の最初の5年間の計画[627]で，これを電子的なデータに変換し，広くアクセス可能なデータベースを作成することを提案した.

　「（現在の混乱している）熱帯漁業の情報の分断は，大規模な図書館の維持，図書館間相互貸借の奨励，電子データ交換などの古典的な手段（だけ）を使用して埋めることはおそらく不可能である．むしろ，そのような古典的な活動のための資金の不足はますます問題になり，したがって，熱帯資源に取り組んでいる科学者の科学の主流および参考資料からの孤立を増大させることが予想される……．

　標準的なマイクロ・コンピュータに実装された自給自足のデータベースを開発することにより，この問題を軽減することが提案され……，それは，文献から抽出された重要な事実と情報を提供し……，それらの事実と情報には，種の識別形質，形態計測データ，各種の成長と死亡率の情報の要約，および各種の生物学的データの要約が含まれている．当初，約200の主要な種に関するデータがフロッピー・ディスクで提供し，最終的な目標を2500種とする.」

　私はライナー・フローゼ（Rainer Froese）に相談した．彼はその後，ICLARM に参加してこれらのアイデアを実現した．これは，後に魚のオンライン百科事典である FishBase になることの最初のビジョンだった（http://www.fishbase. org）．フローゼの最初の提案は，データベースは商業用の魚だけでなく，すべての魚，つまり，当時存在すると考えられていた2万種をカバーする必要がある，

というものだった.

　次に，派手なインターフェースに目がくらむのではなく，内容のエンコードに重点を置いて，魚に関する重要な情報を収容できるデータベースをテーブルごとに構築する作業に取り掛かった[628]．また，様々な意味のある提案（それをやさしくする，ユーザーからの登録を要求する，そして商業化するなど）を受け入れなかったが，さもなくば FishBase は沈没しただろう．むしろ，内容を拡大して，量を徐々に質に変えながら，ますます広がるユーザーグループにとって魅力的で便利なものを目指した.

　主に，当時ブリュッセルの欧州委員会の国際協力開発総局で働いていたヘンペル教授の元学生であるコーネリア・ナウエン博士のおかげで，FishBase を実際に利用できるようにするための一連の大規模な助成金を確保し，トレーニングコースと毎年更新される CD-ROM を通じて，委員会の ACP（アフリカ‐カリブ海‐太平洋）パートナー国の水産管理者に提供された[629]．その結果，FishBase は，1996年にオンラインになる前から，水産学者の間ではよく知られていた．また，現在含まれている３万3000種以上の魚に関心のある幅広い人々が利用できるようになった．これは，（本稿執筆時点の）月間5000万回の「検索数」で示され，30〜50万人の利用者という予想をはるかに超えている.

　FishBase の成功と，多くの利用者から魚類以外の海洋生物への拡張を求められたため，データベース設計と，エントリの迅速なコーディングと自動検証のために開発した特別なソフトウェアを，関心のある人に提供したが，残念ながら資金提供者はいなかった．そのため，2006年に，オーク基金，後にマリシア基金の支援を受けて，SeaLifeBase（http://www.sealifebase.org）を開発した．これは，FishBase に似ているが，海洋テトラポッド（つまり，海洋哺乳類，爬虫類，海鳥および無脊椎動物）を対象としている[630]．Sea-LifeBase は現在約７万5000の海洋種をカバーしており，FishBase と共同で，たとえば，後に海洋保護区として指定された多くの島の生態系の海洋生物多様性を記録するために使用されている[631, 632].

　しかし，その間，ICLARM はその管理機構が大きな危機を迎え，破綻していった．1980年代後半は，我々は順調だったため，国際農業研究協議グループ（CGIAR）に招待された．これは当時14の巨大な R&D センターのネットワークが大部分であり，そのうちのいくつかは緑の革命の背後にある研究を行っていた．その主要メンバーの１つである国際稲研究所（IRRI，現在は FishBase のホストでもある）がマニラの近くに拠点を置いていたので，我々はそれを知っていた.

　巨大な官僚主義とトップダウンの軍事スタイルの管理を備えた国際農業研究協

議グループへの参加は，一連の無能な指導者が実施したが，ICLARM を強力なものにした創造的な精神にとって致命的だった．そのため，私は1994年に，カナダのバンクーバーにあるブリティッシュ・コロンビア大学の水産センターの当時の所長であったトニー・ピッチャーからの，漁業の教授としてそこで働き始ないか，という申し出を受け入れた．

このように私の学問的地位が急上昇したのは，主に，以前の ICLARM で学術研究機関にいたかのように働いていたことが原因だった．したがって，出版のほかに，私はフィリピン大学（二十数名の修士課程の学生を受け持った），キール大学（1984年に，ヨーロッパのほとんどの大学での教育に必要な「ハビリテーション」と呼ばれる博士の上の学位をここで取得し，また最初の博士課程の学生を受け持った），その他様々な大学でコースを教えていたが，その理由は自分が行うべきことの信念として，である．また，ELEFAN，FishBase，その他のコースを様々な国で行ったコースが多数あると思う．

マニラからバンクーバーへの移動は容易ではなかった．私にはマニラ・インターナショナルスクールの上級職の妻がいて，息子（ジャカルタ生まれ）と娘（マニラ生まれ）の2人の子どもがいて，学校教育は完了していなかった．またとくに FishBase は，まだ育成が必要だった[634]．

したがって，1994〜2000年まで，私は太平洋を横断して通勤し，毎年カナダで7か月，フィリピンで5か月をすごした．

この期間はまた，海洋生態系に対する漁業の世界的な影響を扱った「Nature」と「Science」への私の最初の論文発表をしたが[635, 636, 637, 638, 639]，それらの起源，主な特徴，そして我々のなす抑制への影響は後で別々に見直された[640]．1995年から2003年までの年をカバーすることによって，これらの論文は，他の影響力のある論文にも助けられて[641, 642]，この期間の世界の漁業は，孤立した関連性のない崩壊の連続だけでなく，体系的な危機を経験していることに一般大衆の広い範囲が気付いた．

ブリティッシュ・コロンビア大学で，私は最初に生態系モデリングを教えたので，新しい同僚のカール・ウォルターズに Ecopath を紹介した．彼の優れた才気は，Ecopath を想像もしなかったレベルにまで押し上げた（上記を参照）．これが，大部分，ブリティッシュ・コロンビア大学の水産センターを海洋生態系モデリングの国際中継地点に変えた理由である．ICLARM（マレーシアに移住してからは WorldFish と呼ばれる）や他の多くの大型研究機関のように，水産センターはそれ自体の成功の犠牲者となり，より大きな組織（ブリティッシュ・コロンビア大学の理学部）に引き継がれ，海洋漁業研究所に改名し，より広く，より穏やかな使命を与えられた．

また，今までの仕事を統合することに加えて[043, 044]，海洋哺乳類に関する論文[645]，チャールズ・ダーウィンと魚に関する学術書[646]，と気まぐれなエッセイ[647]，と執筆の範囲を拡大した．そのうちの１つは『漁業の逸話とシフティング・ベースライン症候群』[648]で（本書に再掲載），かなりの成功を納めた．一部の著者は，それが歴史的生態学を明確な分野として立ち上げるのに役立つと示唆した[649]．同様なことは以下の著作にも示唆されている：J・ジャクソン，KE・アレクサンダー，E・サラ（編）『シフティング・ベースライン：海洋漁業の過去と未来』[650]，およびJ・N・キッティンジャー，L・マクレナチャン，K・B・ゲダン，L・K・ブライト『保全における海洋歴史生態学：未来を管理するために過去を適用する』[651]．一方，D・ロストによる『誤解の変化：社会学的観点から見た判断基準の変化と環境変化の認識［ドイツ語］』は[652]，判断基準の変更が，気候変動の範囲とそれによる被害を完全に理解することを妨げる可能性を示唆している．

カナダでの様々な交流の中で，1990年代半ばに，ニューファンドランドとラブラドール沖のタイセイヨウマダラ（*Gadus morhua*）の漁業の1992年の漁業停止について論議中の漁業コミュニティを経験した．私はその漁業に携わっていなかったので，ブリティッシュ・コロンビア沖の太平洋サケ・マス類の衰退に関する議論と同様，介入することはなかった．私にとって，目下の問題は，問題の資源の生物学や，それらを管理するために使用される数学的モデルの特定ではなく，会話が学会と政府の科学者に限定され，市民社会からは切り離されているように見えることだった．

そのため，世界自然保護基金（WWF）[653]から初期の海洋管理協議会（MSC）[654]まで，様々な非政府組織（NGO）との協力を模索したが，その後，「持続可能性」に大いに疑問のある漁業[655, 656]の認証が増えるにつれて私は意見を変えた．それから，ピュー慈善信託は，1997年11月10日に開催された１日のワークショップに私を招待した．

2000年代から現在まで：THE SEA AROUND US（私たちの周りの海）

当時財団（現在はNGO）であるピュー慈善信託，より正確には当時環境プログラムのディレクターであったジョシュア・ライヘルト博士は，当時，海洋の「健全性」を評価してその擁護のための科学的枠組みを提供するパートナーを探していた．そのため，５人の非常に高名な米国の科学者とともに，私はフィラデルフィアにあるピューの本部で開催された小さなワークショップに招待された．先輩たちのほとんどは，海洋生態系の「健全性」の概念について不平をいい，有用なデータを収集するのに10年を要する費用のかかるデータ収集システムを立ち

上げることを提案した．対照的に，私は，世界の既存の海洋漁業を，漁獲量の賢明な分析を通じて洞察を引き出すことができる継続的な「監視プログラム」と見なすべきであると提案した．このアプローチを実施した「海の食物網を漁獲する」というタイトルの論文[657]は，当時レビュー中だったが，私は話すことを判っていた．私は成功を収め，8人のレビューア全員が望んでいる，通常の「できない」から厚かましくも「資金を提供してください．良い仕事をします」までの判断ができる詳細な提案を提出するように招待された．その後，ライヘルト博士は大きなリスクを冒し，私の2人の科学的英雄の1人（レイチェル・カーソン，もう1人は明らかにチャールズ・ダーウィン）の2冊目の本にちなんで名付けられた Sea Around Us が1999年半ばに始まった．

Sea Around Us は，最初の科学プロジェクトの1つであり，確かに最大のものであり，ピュー慈善信託やその他の海洋や漁業に取り組む環境 NGO の擁護活動に科学に基づいた状況説明を提供することを目的としている．その使命は，「漁業が海洋生態系に与える影響を調査し，これらの影響を緩和するための政策を提案すること」だった[658]．具体的には，北大西洋（ひいては世界の海）について6つの質問をした．

1. 報告・未報告の海上で投棄を含む水揚げ量と，生態系からの漁業の総漁獲量はどれくらいか？
2. 生態系の残りの生命に対する生物量のこれらの撤退の生物学的影響は何か？
3. 現在の漁業の傾向を継続することによる生物学的および経済的影響の可能性はどのようなものか？
4. 大規模な商業漁業が拡大する前のこれらの生態系の状態は何か？
5. 現在の生態系は「健全」から「不健全」までのスケールでどのように評価されるか？
6. 現在の状況の継続的な悪化を回避し，北大西洋の生態系の「健全性」を改善するために，どのような具体的な変更と管理措置を実施する必要があるか？

これらの質問は，水産学者が通常答えるように求められるものではないことに注意してほしい．実際，水産学者は，我々の規律がよく適用され，戦術的であるという理由だけで，そのような戦略的な質問は彼らの範疇を超えている，と考えることがよくある．したがって，私の同僚のほとんどは，生物量の予測と漁獲レベルと漁獲枠の提案を直接的または間接的に任されており，多くの場合，非常に洗練されたモデルを使用している[659]．

代わりに，彼らは社会全体を代表して，たとえば漁業の組み合わせや私たちが

持つべき自然保護のレベルに関して，戦略的な質問を投げかけることができる．これは民主主義の機能の1つである．市民のグループが自分自身と子どもたちに望む環境について議論できるようにすることである．これは，自分たちが「漁業者」である，あるいは「漁業」のために働いていると見なし，他の見解を偏見や擁護を暗示していると見なす水産学者にとっては，受け入れるのが難しい場合がある．しかし，水産学者はますます，漁業者と漁業企業だけが正当な利害関係者ではないことを認めなければならないだろう．一般大衆も同様に利害関係を持っている．さらに，国民の1人ひとりは，税金によって，政府の研究に資金を提供する人々である．

Sea Around Us の最初の5年間は[660]，北大西洋に関する上記の6つの質問に暫定的に回答し，他のすべての海について同じ質問に取り組む途中であることを文書に示した．この主なステップは次のとおりである．(1)「Nature」[661]と「Science」[662]の論文は，世界の漁業の主な傾向を文書化しており，とくに，当時は増加すると思われていた世界の漁獲量が[663]，実際には減少しており，それが中国からの漁獲データ[664]によってわからないようになっている(2)北大西洋の漁業と生態系の状態に関する書籍[665]および(3)北大西洋の大型魚の生物量が産業漁業の誕生以来急激に減少したことの実証[666]．

この時期に，FAO が加盟国の貢献に基づいて維持および配布し，Sea Around Us の Web サイト（http://www.seaaroundus.org）から入手できる「漁獲量」データベースの「専門化」が世界中の多数の著者や研究グループによって，使用され始め，多くの洞察や出版物，とくに Science と Nature に掲載された多くの論文に繋がった．

前述のように，この期間の私たちの出版物は上記の6つの質問をカバーしていたが，徐々に，そしてこの傾向は過去10年間で強くなったが，質問1（「報告・未報告を併せた水揚げと海への廃棄を含めた，生態系から漁獲される量の合計はどれくらいだろうか？」）は，すべての中で最も重要だった．なぜなら，健全な管理方針の精密化を含むすべてのことは，違法な可能性のある漁業のデータを含む正確な漁獲データに依存しているからである[668]．

また，FAO によって広められ，世界中の国際漁業に従事するすべての研究者によって多かれ少なかれ無批判に使用されている「漁獲量」（実際には「水揚げ」）データには大きな偏りがあることに徐々に気付いた．これは，自主的にデータを提供している FAO 加盟国[669]は，小規模漁業（一般的には小規模ではないが[670]）をカバーしておらず，投棄された（捕獲されたあとで[671]）魚を含まず，違法で報告されていない漁獲量の推定を試みないためである．

むしろ，問題のある漁業や困難な漁業は無視され（「データなし」として扱わ

れ，漁獲量（ゼロになることはない．そうでなければ発生しない）も無視されるため，正にゼロの数値に設定される．したがって，これらのデータは，「傾向を把握するための60年間の努力」にもかかわらず，漁獲レベルとその変化を適切に反映していない[672].

Sea Around Us の初めに，私たちは公式の漁獲統計を補完し修正するために様々な試みを実行した[673, 674, 675]．しかし，この偏見の程度と体系的な方法でそれに対処する必要性を完全に理解したのは後になってからだった[676].

数年間の広範な調査の結果[677, 678]，この問題に対処する最も簡単な方法と上記の6つの質問への解決法は，ボトムアップの漁獲量「再現」によることがわかった[679]．これらが始まった2004年は西太平洋地域漁業管理委員会が正式に開始した年でもあったが，この委員会は中部太平洋の米国の漁業を監督する管理機関で，ジョンストン環礁やパルミラ環礁などのいわゆる米国太平洋の旗国の漁獲量を再現するように我々と契約した[680, 681].

漁獲量の再構築は，「漁獲時系列の再構築について」というタイトルのエッセイで提示され，後に運用化されたなどのアイデア[682]に触発された一連の手順で構成され，国のまたは，公式の漁獲統計が存在しない漁業を含む地域のすべての漁業の総漁獲量の一貫した時系列を様々なソースから導き出す．漁獲量の再構築もこれらの手順の産物である．使用している単語の再構築とその概念は，娘言語から絶滅した単語または言語を「再構築」する歴史言語学（私の趣味の1つ）に由来している[683].

ダーク・ツェラーの重要な支援により，200の異なる文書に記載されている273の漁獲量の再構築が最終的に完了した．これらの再構築は，国またはその海外（島）領域の完全な排他的経済水域（EEZ）または EEZ の一部に関係し，Sea Around Us のメンバー（スタッフ，大学院生，およびボランティア）または Sea Around Us チームのメンバーと協力して，私のキャリアの過程で作成された大規模なネットワークのメンバーである約300人の友人や同僚によって実行された[684].

その結果，すべての一貫した期間（1950〜2010）をカバーし，同じ区分の内訳（産業，伝統，自給自足，レクリエーション）を使用し，水揚げと投棄の両方を考慮した漁獲量再現の間で高度な互換性を実現できた．

したがって，これらすべての再構築の合計[685]は，とくにこれまで政策立案者によってしばしば無視されてきた小規模漁業において，様々な政策関連の推論に使用できる世界の海洋漁獲量の改善された推定値である．これは，報告されているよりもはるかに多くの魚を漁獲していることを示しており，漁業が私たちの知るよりも食料安全保障に貢献していることを示唆している．これらの再構築は，1990年代半ば以降，世界の漁獲量が急速に減少していることも示している．しか

し，これは慎重な管理のために一部の国で低い漁獲割当量を課しているためではない（漁獲割当量管理を使用している国の漁獲量を差し引くと，大幅な減少が残る）．むしろ，この世界的な漁獲量の減少は，主に世界的に過剰な漁業努力の結果であり[686]，容量を増強する巨額の補助金に支えられている[687]．ここでも，漁業管理システムが機能しているいくつかの先進国に焦点を絞ると，世界の漁業の状況について誤解を招くような結論になる[688]．

2014年半ば，15年間の実りあるコラボレーションの後，私たちは主な資金提供者としてのピュー慈善信託から，シアトルを拠点とするバルカン社を所有するポール・G・アレン・ファミリー財団に移行した．バルカン社は財団が資金を供給する慈善活動に協力している．我々の場合，供給された補強は，ソフトウェアデザイナーとプログラマーのエネルギッシュなグループによるウェブサイト（http://www.seaaroundus.org）の完全な再設計と再構築で，再構築された漁獲量の新しく開発されたデータベースの内容を利用することを計画した．

そうして，科学者，漁業管理者，NGOスタッフ，学生，および一般の人々が，国の排他的経済水域，大規模な海洋生態系，およびその他の地理的範囲によって空間化された，セクター，分類群，およびその他の基準ごとの詳細な漁獲統計を利用できるようになった．我々が提示するすべてのデータは，上記の再構築文書（Sea Around Us の Web サイトでも入手可能）に基づいており，その3分の1以上が査読済みの文献に公開されている．データベースとウェブサイトの再開発により，一方の端で入力された新しいデータ（たとえば，ユーザーが指摘した誤ったデータの修正や頻繁な更新）と出力（漁獲量の地図と時系列グラフまたは漁業状態の指標）の間のシームレスな移行が可能になる．漁業状態の指標に関しては，「資源状態プロット」[689, 690]と，海洋食物網の漁業を特徴づける平均栄養段階の降下の傾向を強調する[691]．漁業の沖合拡大を隠すマスキング効果を克服するルーチンのおかげで，後者の現象は今や遍在していることが示されており[692]，以前の批判は考慮されていなかった[693]（以下も参照：http://www.fishingdown.org）．

将来を見すえて：ピラミッドはもうない

上記の漁獲量再現作業とその結果を世界的に利用可能にする取り組みは，2016年秋に「海洋漁業のグローバルアトラス：漁獲量と生態系への影響の批判的評価」を発表したときに強調された[694]．Sea Around Us の業績から選抜されたテーマの章の他に，このアトラスには，273の1ページの章があり，それぞれが国または島の領土の排他的経済水域，または大国の排他的経済水域の一部をカバーし

ている．その年，私は70歳になった．したがって，「ピラミッド型」の性質の作業をこれ以上開始したりまたは調整したりすることができなくなることはほぼ確実である．説明させてほしい．私たちが求める目標や洞察が特定の「高さ」だとして，その高みに到達するために必要なのは様々な形の石のブロックだけであると仮定すると，そこに到達するための2つの基本的な方法がある．1つのブロックを別のブロックにすばやく積み上げ塔を構築すること，または多くの人々と協力してブロックを積み上げて，ピラミッドを構築することである．後者はゆっくりと目的の高さに到達するが（ピラミッドは鈍角である必要があるため），そこに到達すると（同僚や資金提供者が忍耐力を持っていれば），作成したものは簡単には崩れ落ちない．しかし，私は，将来的には，（小さな）塔を建設する予定で，ピラミッドはもう作らない．

　水産学や、グローバルであると主張するばかりでデータに乏しい研究[695]では無視されてきた世界の地域で使用するために設計されたツール、概念、データベースを広めることで、熱帯の開発途上国の水産学者や管理者に力を与えることに成功したことをとくにうれしく思う。その結果，私の業績の引用は熱帯の発展途上国からが多いが，さらに，データの入手可能性が良くもないことが判明した先進国からも引用されている．

　しかし，全体として，私の成功はわずか2つの要因によるだろう：(1)私に機会と同僚・友人を提供してくれた上司（ゴットヒルフ・ヘンペル，ジャック・マー，ジアード・シェハデ，トニー・ピッチャー）[696]がいて，彼ら友人・同僚多くの人が上記のピラミッドの建設を手伝ってくれたことの幸運と，(2)背が高い滑らかなエレガントな塔を建てることができなかったことを補うために，これらのピラミッドに懸命に取り組み，何十年もの間，長時間休むことなく働いたこと，である．私から送る何かアドバイスがあるとすれば，友人[697]を持って頑張れ，である．

訳注：ピラミッドは金字塔ともいう。

エピローグ：暗闇の中

だが運命なのか

　自然に降りかかった災悪を診断すると，それが私たちの海であろうと他の生態系であろうと，しばしば「悲観と破滅」の伝道者とラベル付けられ，無視される．しかし，どういうわけか，地球温暖化下のサンゴ礁の場合のように，悲惨な診断は，このような本を楽観的なメモで締めくくることになっている．

　この要望に応じる楽観主義は，ジャレド・ダイアモンドの著書『文明崩壊─滅亡と存続の命運を分けるもののように，かなり滑稽な形をとることがある[698]．本書では我々の文明がその過剰な重圧の下でどのように折り曲げられ苦悶するかを詳細に示した後，それらで文明に崩壊が起きないような様々な提案で終わる．崩壊を回避するのに役立つ可能性のある提案は，様々な程度で詳細に議論されているが，海洋漁業の場合は示された唯一の解決策は海洋管理協議会（MSC）によって持続可能と認定された魚を購入することである[699]．

　ただし，この本のいくつかのエッセイで言及されているように，ジャレド・ダイアモンドのすべての読者が彼の助言に従ったとしても，MSC は人類が海と対峙する方法を変えることはできないだろう．この文脈で MSC が言及されているという事実は，ジャレド・ダイアモンドのように知識のある著者の間でさえ，我々が直面している問題の重大さについての基本的に理解していないことを示している．

　それでも私は前向きになりたいと思う．それは，制御不能な漁業が海洋生態系に与えた病気の大部分が回復可能であることに注目することで実現できる．かつて沿岸に広がっていた豊饒の海の一部を再建するのに数十年かかるだろうが，それは可能だろう．さらに，漁獲努力の削減（したがって漁業収入の削減）などの措置は，現在，漁獲能力の増加に浪費されている補助金の一部を転用して資金を調達できる．そのような措置は，それほど高価ではなく，すぐに手当てできるだろう[700]．

　同様に，様々な研究によれば，経済に大きな影響を与えることなく地球温暖化

と戦うことができる[701]（実際，地球温暖化と戦うことは，気候変動と戦わないために生じる資源戦争よりもはるかに安価である）.

しかし，繰り返しになるが，地球温暖化は問題ではない，または自分たちの問題ではないと言う人がいて，代わりに自分たちの問題は「他人」，つまり自分たちを嫌う他人によって引き起こされていると考えることを好む.

したがって，再び悲観的で破滅的な見通しが出てくる．我々は，自然一般，とくに海洋生物多様性との相互作用の方法に深刻な問題があることを受け入れ，後退するのだろうか．

実際，我々の経済と自然との関係を変えなければ，海洋生物多様性に何が起こるかを説明する必要はない．なぜなら，持続可能な漁業など軽い問題となってしまうような干ばつ，作物の不作，飢饉，そして生存の課題が生じるからである．変化がなければ「我々」はいなくなるかもしれない．人類はやり方を変えることを余儀なくされている．

訳者あとがき

「偉大な哲学者の著作という物は，それが単に，ギリシア語で，あるいは他国語で利用されうる状態にある限り，その影響は，比較的小さな物にとどまらざるをえない」（エルダース1970）

　本書の著者，ダニエル・ポーリー氏の世界的名声は，日本では意外なほど知られていない．ポーリー氏は，水産に関する科学分野で赫々たる業績を上げている．たとえばEcopath，Ecosimは生態学者に多く利用され，FishBaseの利用者の範囲はかなり幅広い．本書はまず学生諸氏にお勧めしたい．

　本書の原著が出版されたことを知って早速購入し，一読して翻訳をしたいと考え，ポーリー氏に連絡を取った．2019年の7月のことである．ポーリー氏とは，Darwin's Fishesの翻訳以来，若干の交流がある．今回の翻訳にはご快諾をいただき，日本語版への新たな1章も付け加えられた．

　当初，翻訳はもっと早めに終わる予想だったが，氏の多文化的な面白さと教養あふれる表現を，日本語とするには相当手間取ってしまった．しかし，自分には本当に勉強になった．学術的な意義はもちろんだが，他にも，モントレーのイワシ漁業の栄枯盛衰の記念碑的な意味などは，本書の翻訳まで理解していなかった．ポンジ・スキーム（出資サギ）やポリアンナ（底抜けの楽天家）の意味も，本書の翻訳をしなければ知ることはなかっただろう．

　本書の訳者は，果たして私で良かったのであろうか，とも思う．知識や専門性からすれば，よりふさわしい方々はおられるだろう．しかし，本書の内容はときに舌鋒鋭く，諸々を忖度すれば，翻訳できない人もおられるだろう．「忠言は耳に逆らえども行いに利あり，良薬は口に苦けれど病に利あり」という言葉がある（韓非子）．そして，読んでいなければ，反論もできない．当方の訳が諸賢の論議の一助ともなれば幸いである．

2021年2月28日
東海大学海洋学部水産学科生物生産学専攻
武藤　文人

引用

レオ・エルダース（著），宮内璋（訳）　1970.「アリストテレス全集」岩波書店．日本語訳刊行を目の当たりに見て．アリストテレス全集月報14（2）: 1-3.

略語と用語集

A

acoustic fish-finder　魚群探知機　ソナー技術を使用して魚群および魚（鰾が
ある場合）の個体数を推定する装置.

aquaculture　水産養殖業　FAO によると，魚，軟体動物，甲殻類，水生植物
などの人為的繁殖のこと，定期的な飼育，給餌，捕食者からの保護など，生産
性を高めるための飼育プログラムへの何らかの介入をすること. → mariculture
海面養殖.

Arctic　北極圏　北緯66度33分44秒より北（つまり北極圏の北）に位置する地
球上の地域.

artisanal fishers　零細漁業者　魚を捕まえて主にそれらを売る小規模商業漁
業者をいう.「小規模漁業」と「大規模漁業」（商業漁業）の定義は国によって
異なり，この用語は職人的漁業者の意味だが，マレーシアでは traditional すな
わち「伝統的漁業者」，フィリピンでは municipal すなわち「都市漁業者」，フ
ランスでは petits métiers すなわち「小さな職業」と呼ばれている.

atoll　環礁　かつて火山であったものが沈み込んだ円錐の上にサンゴが成長し
てできた低い円形の島. 太平洋およびインド洋に見られる.

B

bait/baitfish　ベイト（餌）／ベイトフィッシュ（餌魚）　竿釣りや曳き縄，マ
グロの延縄釣りなど，他の魚を釣るために使用する魚.

bathymetry　測定水深　測定，または観測された水深.

benthos　ベントス　水域内の水域の近くまたは水底に生息する生物群集.

bioaccumulation　生物濃縮　殺虫剤やその他の難分解性有機汚染物質など
の物質を，生物がこれらの物質が生物によって失われる速度よりも高い速度で
吸収したときに，生物中の物質濃度が上昇すること. したがって，汚染物質の
環境レベルがそれほど高くなくても，物質の生物学的半減期が長ければ長いほ
ど，慢性中毒のリスクが高くなる.

biodiversity　生物多様性　陸生，海洋，その他の水生生物，およびそれらを
構成する生態学的複合体を含む生物の全範囲を指すために使用される.

biomass　生物量，バイオマス　魚類の「資源」や個体群，またはその構成要
素の重量. たとえば「産卵バイオマス（産卵親魚量）」は，個体群内のすべての
性成熟動物の総重量である. 集団の豊富さの指標として使用される.

bycatch　混獲　漁獲物のうち，漁具（トロールなど）が選択的でないために
「対象種」に加えて漁獲される部分. 混獲物は保持され，水揚げされ，販売また
は使用されるか，または海に投棄されることがある. → discards　投棄

C

capacity（carrying -）　環境収容力　与えられた生態系の中で生き延びること
ができる（すなわち，自給自足して生き延びることができる），与えられた種
（人間に開発されていない）の個体群の平均的な大きさ.

capacity（fleet -）　漁獲能力（漁船団の -）　与えられた漁獲量を生み出すのに

必要な最小の漁船団サイズと労力．また，燃料，漁具の量，氷，エサ，エンジン馬力，船の大きさなどの投入量を与えられた水準で漁業者や漁船団が生み出すことができる最大漁獲量．

cascade（trophic -）　カスケード（栄養段階の -）　　食物網の中の捕食者が，以下のような場合に，栄養連鎖が発生．獲物の行動を変化させて，次の獲物を捕まえることができるようにする．下層栄養段階が捕食（中間栄養段階が草食性の場合は草食性である）から解放される．たとえば大型魚が増えれば獲物である動物性プランクトンが減少し，大型の動物性プランクトンが減少する．このような考え方は，海洋生態学や海洋生物学の分野での研究を刺激し，この概念は海洋生態学と水産生物学の多くの分野での研究に寄与した．（カスケードを強いて訳せば，階段落ち，であろうか．）

catch　漁獲量　　水揚げ（統計で報告されているかどうかは問わない）された魚，海上で捨てられた魚（投棄），または流出漁具で死んだ魚（「ゴースト・フィッシング」）を含む，漁業によって捕獲または殺された魚またはその他の動物の数または重量をいう．

catch composition　漁獲組成　　異なる分類群（種，属，科）の漁業の漁獲高を構成する要素．組成が詳細であればあるほど有用である．組成がわからない場合，漁獲物には「雑魚」と表示されたり，意味不明な表示がされたりすることが多い．

catch/effort（or catch per unit of effort, CPUE）　漁獲量／努力量（または単位努力量当たりの漁獲量，CPUE）　　漁獲量を正しく理解するために必要な漁業努力の尺度で割って得られる相対的な豊度の尺度．一般に生物量に比例する．

climate change　気候変動　　数十年から数百万年におよぶ期間にわたる気象パターンの統計的分布の永続的な変化．これは，平均的な気象条件の変化，または平均的な条件の周りの気象の分布の変化（つまり，嵐や熱波などの異常気象の多かれ少なかれ），あるいはその両方である可能性がある．気候変動は地球が受ける太陽放射の変動，プレートテクトニクス，火山噴火などの要因によって引き起こされる．人間の活動による温室効果ガス（とくに二酸化炭素とメタン）の放出も，しばしば「地球温暖化」と呼ばれる最近の気候変動の原因として特定される．

cod end　コッド・エンド　　底びき網の末端部分で，魚と無脊椎動物が捕獲される．

collapse（d）　崩壊（した）　　魚の個体数（生物量）の急激な減少であり，漁獲対象の魚の数が少ないためか，まれには漁業の頻度が下がるために，一般にその魚種の漁獲量の急激がおこる．その漁業は停止される（個体群が海洋保護区で保護される場合など）か，大幅な漁獲制限が行われる（再構築を可能にするため）．多くの研究者は，特別な状況が当てはまらない限り，漁獲量が歴史的な最大値の10％を下回ると，魚の個体数が崩壊したと考える．

commercial fishery　商業漁業　　漁獲物が売られている漁業．これは，大規模漁業（または産業漁業）および小規模漁業（または零細漁業またはプティ・メティエ（仏））の両方が商業漁業であり，「商業漁業」という用語は産業漁業あるいは大規模漁業と同義とは見なされないことを意味する．

Common Fisheries Policy（CFP）　共通漁業政策（CFP）　　欧州連合（EU）の加盟国が共同で保有する970万平方マイル（2500万 km^2）の排他的経済水域における海洋漁業の管理方針．CFP は様々な活動を対象としており，その主な活動

はおそらく年間割当量の設定（国際海洋探水会議（ICES）が提案）とそれらを
海事加盟国の船団に割り当てることである．CFP の政策の成果は広く批判され
てきたが，2013年に EU 議会の法律により改革され，その結果，資源の再構築
と廃棄の段階的な禁止がより重視されるようになった．

continental shelf　　大陸棚　　→ shelf　陸棚．

D

Demersal（- **fish**）　　底物（そこもの），底魚（そこうお）　　海底のすぐ上を泳
いだり，海底に横たわったりして，通常は底生生物を食べている生物，魚．
→ benthos　ベントス

discard　　投棄　　重要な生態学的または商業的価値があるかもしれない漁獲物
の一部を船外に投げ出すこと．投棄は通常，「非対象」種または対象種の小型個
体で構成される．ハイグレーディング（高選択）とは特殊な形態の（ほとんど
場合，違法な）廃棄で，漁獲対象種を船外に投げ出して，船体のスペースをあ
け（あるいは漁獲割り当てよりも少なくなるように調整し），より新鮮な，より
大きい，あるいはより値段の高い対象魚種を漁りなおすことをいう．

distant-water fleet/fishery　　遠洋漁船団／遠洋漁業　　特定の（あるいは複数
の）他国の排他的経済水域や，自国の排他的経済水域に隣接しない公海域で漁
業を行う国の漁船団．国連海洋法条約の下では，遠洋漁業は，一般的に補償と
引き換えに，明示的な入漁協定がある場合にのみ，沿岸国の排他的経済水域で
実施することができる．

domestic waters　　国内水域　　国または地域の排他的経済水域で，領海が海岸
から12海里まで，さらに管轄区域が海岸から最大200海里までに達する．

E

Ecopath　　エコパス　　特定の時間または特定の期間における水界生態系の栄養
連鎖の物質収支モデル（定量化された表現）の直接的な構築を可能にするアプ
ローチとソフトウェアパッケージ．

Ecosim　　エコシム　　パラメータ化を使用して微分方程式のシステムを定義す
るエコパスへのアドオン．生態系全体の時系列ダイナミクスへの影響に応じ
て，たとえば漁業の戦術や環境強制の変化を評価できる．

Ecospace　　エコスペース　　エコシムへのアドオンで，シミュレートするプロ
セスを空間的に表すことを可能にする．

ecosystem　　生態系　　特定の生息地で発見され，相互作用する，植物，動物，
およびその他の生物のコミュニティと，それらの環境の非生物要素．

EEZ　　→ Exclusive Economic Zone　　排他的経済水域．

effort（**fishing** -）　　努力量（漁獲努力量）　　魚を捕まえるために配備され，定量
化できるあらゆる活動または装置．したがって，特定の期間に漁獲された日数
（通常は1年）は，一定期間に配備された特定の種類の網の数や，特定の期間に
漁船団が使用した燃料の量と同様に，努力量の尺度である．

endemic species　　固有種　　特定の地域（島，国，大陸，海など）に原生し，
それら地域に分布が限定されている種．

estuary　　河口域　　河口の汽水域で，淡水と海水の間の移行環境．

European Union（**EU**）　　欧州連合（EU）　　政府間交渉による決定と超国家的
機関（EU 議会，EU 委員会など）を通じて機能する，ヨーロッパの28ヶ国の独

自な政治経済同盟と共同関係．EU は150万平方マイル（400万 km²）以上の面積を網羅し，5億人以上の住民を抱えており，単一の市場として世界でも主要な貿易圏である．2016年，英国の有権者の過半数は，英国が EU の他の27か国を離れることを選択した．これは残念なことある．

Exclusive Economic Zone（EEZ）　排他的経済水域　一般に，国とその離島から200海里（370 km）以内のすべての海域である．距離400海里（740 km）未満に近隣諸国がある場合は例外となるが，重複部分をどう解決して実際の海上境界線を引くかは，交渉する国次第である．国連海洋法条約（UNCLOS）の下では，沿岸国は，この海域内のすべての漁業資源の開発および管理する権限，海洋資源の探査と使用に関する特別な権利を持っている．1982年まで，国連海洋法条約の採択により，200海里の排他的経済水域が正式に採択され，各国は排他的経済水域を正式に宣言する必要がある．排他的経済水域は「領海」ではないことに注意して欲しい．領海は，その国の開放海岸での潮汐基準線の向こう側の領域で，その国が外国船の無害通航を除いて完全な支配と主権を行使し，1982年の国連海洋法条約では最大で12海里と設定されている．

ex-vessel value　着船価格　桟橋や海浜に水揚げされた魚の単位重量に，この最初の販売時点での水揚げの重量を掛けたものに対して漁師が得る価格．「ファームゲート（農場出荷）」の価格・価値に対応．

F

FADs　→ FADs（ふぁっず）　集魚装置．

FAO　→ Food and Agriculture Organization of the United Nations　国連食糧農業機関．

fish　魚　厳密には，脊索動物門の脊椎動物亜門の分類学的（分類群）階級の魚類を指す．この本全体で使用されている広い意味での「魚」には，漁業が求める水生無脊椎動物も含まれる．

fish aggregating devices（FADs）　集魚装置（FADs（ふぁっず））　植物性の素材（例：ヤシの葉）または人工素材（例：プラスチック，鉄，さらにはコンクリート）でできた浮遊物．一部は海底に固定されており，浮遊物の下で集まる傾向がある浮魚類，とくにマグロを引き付ける．一部の FADs には，いつ釣りができるかを評価するためのセンサー（人工衛星にリンクされている）が装備されている．FADsは若齢魚を引き付けるため，乱獲の一因となる場合がある．

fisher　漁業者　小規模であろうと大規模であろうと，あらゆる種類の漁業で漁獲を行う人．

fisheries-independent data　漁業に依存しないデータ　漁獲量に基づかない漁業資源に関する情報や漁船の漁獲量／努力量（CPUE）などの漁獲量から得られる統計．通常，漁業に依存しないデータは，トロール網または音響調査を実施する専用の調査船から取得される．

fishery　漁業　漁獲量を生成する目的で水生資源（1つまたは複数の魚種）と相互作用する一連の人と用具．

fishing down（- of marine food webs）　フィッシングダウン，漁獲降下（海洋食物網の -）　漁業が食物網の上部にある大きな捕食性の魚を枯渇させた生態系を考えると，ますます小さな種に変わり，以前にまして小さな魚や無脊椎動物になる．→ http://www.fishingdown.org

fishing effort　漁獲効率，漁獲努力　→努力量（漁獲努力量）effort

fishmeal 魚粉 粉砕された魚を基にしたタンパク質が豊富な動物飼料製品. 原料となるカタクチイワシやマイワシなどの小さな浮魚（うきうお）は，通常は人々が直接消費する.

FMSY FMSY（えふ えむ えす わい） 長期的には最大収量を生み出す漁獲死亡率 F の値. → maximum sustainable yield（MSY） 最大持続生産量

Food and Agriculture Organization of the United Nations（FAO） 国際食糧農業機関（FAO） 人類の食料安全保障に関連する情報とプログラムの管理を担当する，ローマに拠点を置く国連技術機関（http://www.fao.org を参照）. また，毎年世界の漁業統計を収集し，加盟国の漁業管理を支援する任務を負っている世界で唯一の機関.

food chain 食物連鎖 栄養段階に応じた生物の階層的配置.

food security 食料安全保障 FAO によると，これは「すべての人々が活動的で健康的な生活のために，食事の要求と食べ物の好みを満たすため，つねに十分に安全で栄養価の高い食べ物ものを物理的かつ経済的に入手できること」. 水産食品は，動物性タンパク質と微量栄養素の代替供給源が不足している多くの国で，食料安全保障に決定的に貢献している.

food web 食物網 特定の群集内で相互作用するすべての食物連鎖.

forage fish 飼料魚 小型浮魚類で，しばしばベイトフィッシュとも呼ばれ，主要な大型の魚，海鳥，海洋哺乳類など，大型の捕食者の食料となる. 飼料魚は通常，プランクトンによる食物連鎖の基盤近くで餌を得る.

G

ghost fishing ゴーストフィッシング 紛失した漁具（トラップ，刺し網など）による魚の被害.

H

herbivory 草食性 草食動物，または陸上で葉や草を消費する動物の摂食適応. 海では，植物プランクトン（微細藻類）を餌とする動物プランクトンや，イワシなどの植物プランクトンをろ過できる魚が草食動物として生息している. ブダイなどの草食性の魚やウニなどの無脊椎動物も，厚みのある藻類や昆布を消費している.

high-grading 高選択投棄 → discards 投棄.

high sea（s） 公海 沿岸国の排他的経済水域200海里（370 km）の外側にある世界の海の領域. 公海世界の海の約60%をカバーしている.

I

ICES → International Council for the Exploration of the Sea 国際海洋探求会議.

illegal fishing （国際）違法漁業 漁業沿岸国の管轄域（すなわち，排他的経済水域内）または地域漁業管理機関（RFMO）によって規制されている公海漁業の管轄内で，漁業に関する法に違反すること. ここでの定義で「違法」とは，他国の経済水域内で明示的または暗黙的な許可，または「入漁協定」なしでの漁業で，したがって，自国の経済水域における国内船団による国内漁業法への違反（すなわち，密漁）は含まない.

individual transferable quota（ITQ） 個別譲渡可能割当 商業漁業を規制するために多くの政府によって使用されている一種の漁獲シェア. 規制当局は，

通常は重量によって，まずは特定の期間（たとえば，毎年）に，種固有の総許容漁獲量（TAC）を設定する．次に，TAC を分割したクォータシェアが，個々の漁業者または漁業団体（企業，地域社会など）に割当られる．ITQ は譲渡可能であり，つまり，通常は売買される．したがって，ITQ はしばしば金融事業者（銀行，ヘッジファンドなど）に集中することになり，その場合，漁業者は被雇用者で火の車となる．

industrial fisheries　産業漁業　商業的な市場売買または世界的な輸出のために魚を捕まえる漁業（すなわち，大規模な商業的漁業）．大規模商業漁業と小規模商業漁業（零細漁業とも呼ばれる）の違いは国によって異なることが多く，通常は船の大きさと使用する漁具の種類に関係する．

International Council for the Exploration of the Sea（ICES）　国際海洋探査委員会　1902年に設立された ICES は，海洋および水産科学に関係する世界最古の政府間組織．ICES は，欧州連合諸国および関連する協力国の海域での漁業を管理するための調査と助言を行っている．ICES はコペンハーゲンに本社を置き，20の加盟国とそれ以降の350を超える海洋研究所のネットワークで構成され，その活動は，北極圏，地中海，黒海，北太平洋にもおよんでいる．

ITQ　→ individual transferable quota　個別譲渡可能割当．

IUU　IUU　（あい ゆー ゆー）違法，報告されていない，規制されていない漁業の略語．問題のある漁業とその漁獲量を説明するための FAO の用語だが，実際には「違法」と同義になり，人々を混乱させるため，この本ではあまり使用していない．

L

lagoon　ラグーン，礁湖　海岸線あるいはサンゴ礁の小さな水域．沿岸のラグーンは，恒久的または時折（または季節的に）発生する砂州の背後に形成され，その塩分（そしてそこに住む動植物）は，川や海との水交換（砂州の断絶による）に依存する．沿岸のラグーンは，たとえばギニア湾の海岸沿いのように，非常に生産性が高い可能性がある．環礁内の浅い水域もラグーンとも呼ばれ，外部に繋がっていれば生産性も高くなる．どちらのラグーンタイプも，塩分の突然の低下に対して脆弱であり，居住生物を殺す可能性がある．

landing　水揚げ　埠頭や海浜に揚げられた漁獲物の重量．また，商業漁業者によって桟橋で荷降ろしされた，または持ち込まれた魚の数または重量．あるいは個人的な使用のために自給自足漁業者やレクリエーション漁業者によって岸に持ち込まれた魚の数または重量．水揚げは，魚が岸に運ばれた地点で報告される．漁獲量は，水揚げされた魚に投棄を加えたものに等しいことに注意する．

large marine ecosystem（LME）　大規模海洋生態系　一次生産（production 生産を参照）が一般に外洋地域よりも高い沿岸海域の大陸に隣接する広い海域（多くの場合，約7万7000平方マイルまたは20万 km² 以上）．個々の LME とその境界の区分と定義は，政治的（EEZ を参照）または経済的基準ではなく，4つの生態学的基準に基づいている．これらは，（1）深浅測量，（2）水路学，（3）生産性，および（4）栄養関係である．これらの生態学的基準に基づいて，これまでに66の異なる LME が，大西洋，太平洋，およびインド洋の沿岸縁辺の周りに区分されている．

large-scale fishery　大規模漁業　→ industrial fisheries　産業漁業．

LME → large marine ecosystem　大規模な海洋生態系.

longlining　はえ縄　1マイル以上（数 km）の長さの太い釣り糸（（太さから
いえば縄で，幹縄（みきなわ）と呼ばれる）に釣り針と餌の付いたやや細い釣
り糸（枝縄（えだなわ））を付けた仕掛けで，通常は水中に水平に設置され，タ
イ・フエダイやハタ，とくにマグロ漁業に使用される．はえ縄は海底，または
マグロの場合は様々な水深の中で数時間にわたり設定される．はえ縄の幹縄は
長さが90マイル（150 km）で，枝縄は数十万本もある．はえ縄は重りやイカリ
で固定される底はえ縄，漂流している浮きはえ縄があり，目印に旗竿付の浮き
（ボンデン）が付いている．

M

mangrove　マングローブ　主に北緯25度から南緯25度の間の熱帯および亜熱
帯の塩性沿岸堆積物生息地で成長する高木・低木．マングローブは，堆積性の
沿岸環境を特徴とする塩水性の高木林・低木林であり，高エネルギーの波の作
用から保護された領域に細かい堆積物（多くの場合，有機物含有量が高い）が
集まる．塩水条件は汽水から純粋な海水，そして蒸発によって海の海水の2倍
以上の塩分まで濃縮された水があり，様々なマングローブ種をはぐくむ．マン
グローブは，多くの漁業種にとって重要な幼魚の生息地であり，健康なサンゴ
礁のように，高エネルギーの波動の影響や熱帯低気圧による被害から海岸線を
保護する．

mariculture　海面養殖　フィヨルドや沿岸および外洋などの海水での水生生
物の養殖．塩分は一般に20%を超える．これらの生物は，ライフサイクルの初
期段階を汽水または淡水で生息する．

marine mammals　海洋哺乳類，海棲哺乳類　アザラシ，クジラ，イルカ，
ネズミイルカ，マナティー，ジュゴン，カワウソ，セイウチ，ホッキョクグマ
など，その存在を海に依存している100種をはるかに超える多様な生物群．そ
れらは生物学的に明確なグループではなく，種によって水生生態系への依存度
はかなり異なるものの，摂餌のために水生環境に依存することでまとめられて
いる．海棲哺乳類は，4つの主要なグループに分類され，鯨類（クジラ，イル
カ，カワウソ），鰭脚類（アザラシ，アシカ，セイウチ），海牛類（マナティー
とジュゴン），そして離れた指を持つ食肉目の裂脚類（ホッキョクグマと2種
類のカワウソ）がある．鯨類と海牛類は両方とも完全な海洋だけの居住者であ
る．鰭脚類は半水生で，つまり，ほとんどの時間を水中ですごすが，交尾，繁
殖，毛の抜け替わりのために陸に戻る必要がある．カワウソとホッキョクグマ
は，海洋生活に適応した変更は少ない．海洋哺乳類は陸上哺乳類に比べて少な
いが，総生物量は多い．海洋哺乳類の狩猟には，零細／自給自足型と（非常に
破壊的な）産業型の両方がある．

marine protected area（MPA）　海洋保護区　漁業やその他の採掘活動が制限
されている海域．多くの場合，漁業が許可されていない「ノーテイクエリア」
を意味するが，「海洋保全区」という用語がそのようなエリアに適している．

marine reserve　海洋保全区　漁業に対する法的保護を含む海洋保護区の形態
（つまり，「ノーテイクエリア」と呼ばれる）．つまり，すべての漁業が禁止され
ている海域である．利点は次のとおり．漁業個体群の生物多様性，豊富さ，生
物量，体の大きさ，および生殖能力の増加．

marine trophic index（MTI）　海洋栄養指数，MTI　水揚げ物の平均栄養段階．

maximum sustainable yield（MSY）　　最大持続生産量，MSY　　漁獲可能な最大量として長年にわたって採用され，漁獲もされていた．MSYは現在，目標レベルではなく，漁業管理の上限と見なされている．

MPA　　→ marine protected area　海洋保護区．

MSY　　→ maximum sustainable yield　最大持続生産量．

N

natural mortality　　自然死亡（率）　　漁業を除くすべての原因（捕食，共食い，病気，老化など）による魚の総死亡率．数式では通常は M で表される．

neritic zone　　沿岸層　　大陸棚上の650フィート（200 m）の深さまで達する表層の浅い部分．

no-take area　　禁漁区　　完全に漁業が禁止されている海洋保護区．

nutrient　　栄養素　　体の健康と成長のために生物が必要とする物質．海洋の一次生産の場合，主要な栄養素は硝酸塩，ケイ酸塩，およびリン酸塩であり，一般に潮汐と風の混合および湧昇によって供給される．

O

overfishing　　乱獲　　望ましい，持続可能な，または「安全な」個体群水準を保つのに必要な限度を超えた漁獲努力を行うこと．持続可能な最大の収量を超える生物学的乱獲，最大の経済的収量を超える経済的乱獲（成長乱獲），最大の加入当たりの収量を超える成長乱獲，最大の加入量を超える加入乱獲がある．小規模漁業の主要な傾向と題した章のマルサス式乱獲の議論も参照．

P

pelagic fish　　浮魚（うきうお）　　外洋に生息し，餌となる魚類：水域の表層または中層の水深に生息する魚類；海，海，または外洋で自由に泳ぐ魚類で，底質（底生生物）とは関連のない魚類．

pelagic zone　　表層　　湖，海，海の表層．表層は，水面から1600〜3300フィート（500〜1000 m）の深さまで達すると考えられることが多く，それ以深で中深層が始まる．

phytoplankton　　植物プランクトン　　プランクトン群集の最小形の構成要素であり，海洋および淡水生態系の重要な構成要素である微細な植物で構成されている．それらは，水生食物網を「供給する」太陽エネルギーから生物量への主要な変換器である．

plankton　　プランクトン　　生きている植物（微視的な植物プランクトン）と動物（動物プランクトン）の群集で，強力な推進器官がないため，乱流，流れ，湧昇の変動で分布水域を漂流する．

population　　個体群，集団　　同じ地理的領域に住み，交配できる同じ種の相互作用する生物のセット．水産学者が使用する資源の概念にほぼ対応する．

primary production　　一次生産　　植物（植物プランクトンや他の藻類を含む）が光エネルギーを使用して二酸化炭素と水を生物量に変換し，草食動物が餌料とできるようにする過程．生産者：生産，一次生産，植物プランクトン，動物プランクトンを参照．

production　　生産　　生態学および漁業生物学において，特定の期間における個体群の動植物のすべての成長増分の合計．その期間の終わりまで生き残ってい

ない可能性のある個体の成長を含む．海の主要な生産のはとんどは植物プランクトンによるもので，二次生産は草食性動物プランクトンによるものである．農業でいう「生産」は，水産養殖（海面養殖を含む）に適用できるだろう．漁獲物（または水揚げ）は漁業によって「生産」されるわけではないので，この用語は決して適用されるべきではない．

purse seine　巾着網（きんちゃくあみ）　浮魚（うきうお）を取り囲んで捕まえるために使用される漁網で，まき網の一種．一般に網の長さは最大2/3マイル（1km），深さは1000フィート（300m）で，カタクチイワシ，サバ，マグロなどの表面の群れ魚を囲むために使用される．ネットの一方の端は通常，移動する大きな船から繰り出され，もう一方の端は小さな船によって固定されている．回収中は，魚が逃げるのを防ぐために網の下部の一連の金属製の環に通されたワイヤーを引くことにより，ネットの底を閉じるか，すぼめる．

Q

quota　割当量　国，企業，または漁業者が特定の年に摂取できる魚の量．可変の総許容漁獲量（TAC）の一定の割合も指す．

R

rebuilding　再建　漁獲量を低く保ち，あるいは完全禁漁にして，加入と個体の成長の自然な過程により，資源（または個体群）の生物量を事前に設定された水準（たとえば，最大持続生産量（MSY））まで増加させること．

reconstruction（catch -）　再構築（漁獲量の -）　国または地域のすべての漁業について，公式の漁獲統計を必ずしも含まない，様々な情報源から一貫した一連の年間総漁獲量を導き出すために使用される一連の手順．また，これらの手順の結果．この単語と概念は，娘言語から絶滅した単語（および言語）を「再構築」する言語学の用語法から派生した．

recreational fishing　遊漁　最終的な販売のために魚を捕まえることが主な動機である商業漁業（零細漁業と産業漁業の両方）や，主に個人消費のために魚を捕まえる自給自足漁業とは対照的に，娯楽のための漁業（スポーツフィッシング）で，漁獲物は個人または家族や友人により消費される．

recruitment　加入　若齢魚（幼魚）が個体群に入る過程をいう．魚卵や仔稚魚では死亡率が高いので，通常これらの初期段階の豊度から個体群のサイズを予測することを困難なため，加入は「繁殖」という用語とは区別される．（若齢魚の数は，成魚を予測するために使用できる）．

reduction fisheries　還元漁業　漁獲物で魚粉が製造され（多くの場合，魚油が副産物として生産される），その後，動物（豚，鶏，養殖サーモンなど）の餌として使用される漁業．魚粉にほとんど「還元」される魚の例は，ペルーのアンチョベータ（*Engraulis ringens*）がある．魚粉に使用されるほとんどの魚は完全に食用になり，したがって，還元漁業は通常，漁獲物が直接人間の消費に使用される漁業と競合している．

Regional Fisheries Management Organizations　地域漁業管理機関　加盟国の利益のために海域（公海を含む）の漁業を管理する任務を負っている国際政府組織．

Regional Fishery Management Councils　地域漁業管理評議会　米国の排他的経済水域での漁業の管理を担当する米国の8つの組織．1976年にマグナソン

－スティーブンス漁業保護管理法によって設立された評議会には，連邦および州政府の役人と，州知事が非政府の利害関係者や商業漁業者などの特別利益団体を代表するために選んだ一般人が含まれる．

resilience　回復力　出力または構造に不可逆的な変更を加えることなく，悪影響を許容するシステムの能力．種や個体群では，回復力は通常，搾取に耐える能力として理解されている．

RFMC　→ Regional Fishery Management Councils　地域漁業管理評議会．

RFMO　→ Regional Fisheries Management Organizations　地域漁業管理委員会．

S

Sea Around Us（定冠詞 the をつける）　1999年7月以降，ブリティッシュ・コロンビア大学の水産センター（現在の海洋漁業研究所）で著者が主導した研究プロジェクトの名前．その結果の多くはこの本に記載されている（参照 http://www.seaaroundus.org）．Sea Around Us は，レイチェル・カーソンによる1951年のベストセラー本（邦訳：われらをめぐる海）にちなんで名づけられた．

seabirds　海鳥（うみどり）　行動や生理機能は大きく異なるが，海洋環境での生活に適応した鳥．海鳥は通常，他の種類の鳥よりも寿命が長く，繁殖が遅く，幼鳥の数が少ないが，幼鳥に多くの時間を費やす．ほとんどの海鳥はコロニーに巣を作り，毎年長い移動をする．

shelf　陸棚　海岸と大陸の周りの650フィート（200 m）の等深線の間の海底（大陸棚），およびあまり一般的ではないが，同様の島の周りの海底．陸棚は海の最も生産的な部分であり，もっとも重要な漁業を支えている．

small-scale fishery　小規模漁業　零細漁業，伝統漁業，自給自足漁業および遊漁．

sport fishing　スポーツフィッシング　→ recreational fishing　遊漁．

stock　資源　水産学者によって一般的に使用される「人口」と準同義語．狭義の「資源」とは，魚の個体群の開発された部分を指す．

stock assessment　資源評価　生活史研究，漁業に依存しない調査，漁獲統計からのデータを使用して，商業漁業の対象魚種の資源の現在および将来の豊度（または生物量）を推定する一連の数学的手順．一般的に，総許容漁獲量を設定するための基礎を形成する．

stock-status plot　資源状況プロット　漁獲量の時系列を要約して，これらの漁獲量を生成した漁業の状況の傾向を強調する方法．→ http://www.seaaroundus.org

subsidies　補助金　国の人口の一部または経済のある部門が利用できるようになった政府資金．十分に発達した漁業への補助金は，乱獲を助長する傾向がある．

subsistence fishing　自給自足漁業　小規模漁業の一種で，しばしば女性や子供が行う（例：浜辺で何か拾う）．漁獲物（多くの場合，小魚や無脊椎動物，とくに二枚貝）は，主に個人消費または家族消費のために漁獲され，あるいは他の商品に対して物々交換される．

sustainability　持続可能性　活動またはプロセスが無限に（または少なくとも長期的に）維持される能力．この定義によれば「持続可能な成長」は，撞着語．

sustainable　持続可能　→ sustainability　持続可能性．

T

TAC　　→ total allowable catch　　総許容漁獲量.

target　　ターゲット　　この用語は，漁業では２つの意味がある．１つは，特定の種類の魚を対象とする漁法や漁具で捕獲されることを意図した魚（種またはグループ）で，対照的な存在が混獲で，これは漁具が選択的でないか，選択性が不十分であるために漁獲される．もう１つの意味は，漁業管理の目標値を指す．これは，MSY の90％として定義することが多く，MSY はそれ自体は決して超えてはならない限界である．

taxon（複数形：taxa）　　分類群　　国際動物命名規約によると，関連する生物の正式な単位またはカテゴリ（種，属，科，目，クラスなど）．派生用語は，分類学者（taxonomist），分類学（taxonomy）．

threatened species　　絶滅危惧種　　絶滅の危惧がある動物，植物，菌類などの種．国際自然保護連合（IUCN）は，絶滅危惧種の第一人者であり，絶滅危惧種の程度に応じて，レッドリスト内に以下の３つのカテゴリ（「レッドリスト」内）を設けている．危急種（Vulnerable species），絶滅危惧種（Endangered species），絶滅寸前種（Critically Endangered）．評価されていない種（NE）または十分なデータがない種（Data Deficient）は，IUCN の絶滅危惧種とは見なされない．

ton（metric -)　　トン（メートルトン）　　「トン」または1000 kg（2200ポンド）に対応する重量単位．

total allowable catch（TAC（たっく））　　総許容漁獲量（TAC）　　カナダの水産海洋省などの漁業管理機関によって決定された，特定の期間（通常は１年または漁期）に特定の漁業が合法的に漁獲できる魚の量（または割当量）．

traditional fisher or fishery　　伝統的な漁業者・漁業　　一部の国では，零細漁業・漁業者の意味で使用され，誤解を招く用語．

trash fish　　トラッシュフィッシュ，ゴミ魚　　市場が特定されておらず，したがって廃棄された混獲の一部．以前からひどく誤解を受ける名称．

trawl　　トロール網，ひき網　　トロール漁船が大きな袋状のトロール網を曳航する漁法．この漁法では，様々な底魚や底生動物，または浮き魚が漁獲される．トロール網は通常，浮きの付いた（上）ロープ，おもりの付いた（下）ロープ，および網口を開いたままにするための２つの「オッター」ボードを備えている．さまざまなタイプがあり，オッターボードの代わりに水平ビーム（突っ張り棒）を使用して網を開口するビームトロール，２隻の船を使用しての巨大なネットを牽引する二そうびき網がある．底びき網は生息地を破壊してしまうことから，徐々に禁止されている．ここでは，曳網（えいもう）する船のサイズに関係なく，すべてのトロール網を産業漁業の漁具と見なす．

trophic level　　栄養段階　　食物網内の生物の相対的な「高さ」を表す数値．植物の栄養段階（TL）は１，草食動物２，捕食者３など．魚は混合食をしているため，TL 値は中程度になる傾向がある（たとえば，雑食動物が植物と草食動物を半々で食べる場合は2.5）．

tropics　　熱帯　　赤道から亜熱帯の境界まで南北に広がる気候帯で，一般に海面水温は20℃を超える．

U

UNCLOS　　→ United Nations Convention on the Law of the Sea　　国連海洋法条約．

United Nations Convention on the Law of the Sea（UNCLOS（うんくろす））
国連海洋法条約（UNCLOS）　　海洋法条約または海洋領域法とも呼ばれる．
これは，世界の海洋の使用に関する各国の権利と責任を定義する国際協定であ
る．海洋，ビジネス，環境，海洋天然資源の管理に関するガイドラインを確立
し，とりわけ，各国の EEZ を最大200海里（370 km）までと宣言した．

upwelling　　湧昇　　高密度，低温で通常は栄養分が豊富な水が海面に向かって
風によって上昇する海洋学的現象．湧昇水は，暖かく，通常は栄養分が枯渇し
た表層水と置き換わる（そして表層水は沖合に押し出される）．低温で栄養豊富
な湧昇水は，生態系の構成種（飼料魚，他の魚，海洋哺乳類）が依存する一次
生産者（主に植物プランクトン）と二次生産者（主に動物プランクトン）の成
長を刺戟する．

Y

yield　　生産量　　定められた期間（例：1 年）の漁獲重量．→最大持続生産量
MSY.

Z

zooplankton　　動物プランクトン　　プランクトン群集の小さな構成要素で，小
動物ないし微視的な動物で構成され，植物プランクトンまたは他の動物プラン
クトンのいずれかを餌とする．食物連鎖の最下層の一部で，多くの場合，中小
型の魚や無脊椎動物の主要な食料源である．

ENDNOTES

以下の注記は，おもに本書の元になった各種の寄稿での脚注，巻末注，および参照を転載している．一部の注の前には「N.N.」が付いているが，それらは原著で追加されたメモ類で，込み入った文脈や内容更新を説明している．

[1] Jackson, J.B.C., M.X. Kirby, W.H. Berger, K.A. Bjorndal, L.W. Botsford, B.J. Bourque, R. Cooke, J.A. Estes, T.P. Hughes, S. Kidwell, C.B. Lange, H.S. Lenihan, J.M. Pandolfi, C.H. Peterson, R.S. Steneck, M.J. Tegner, and R.R. Warner. 2001. "Historical overfishing and the recent collapse of coastal ecosystems." *Science* 293: 629–638.

[2] N.N. This contribution, reprinted here with permission, was originally published as Pauly, D. 2009. "Beyond duplicity and ignorance in global fisheries." *Scientia Marina* 73(2): 215–223. It acknowledged the Honorable Mr. José Montilla, President of the Generalitat of Catalonia (Spain), and the Management and Jury of the Ramon Margalef Prize for awarding me this prize. I thus had the opportunity to prepare the initial version of this essay, which, although concerned mainly with fisheries management, also deals with aquatic ecosystems. Ramon Margalef studied mainly the lower trophic levels of aquatic ecosystems, so with my account here, covering mainly their upper trophic level, we have them covered, as the phrase goes, "from end to end." My gratitude also goes to Drs. Marta Coll, Isabel Palomera, and John Celecia and to Ms. Teresa Sala Rovira, who all contributed to my sojourn in Catalonia, and to Dr. M.P. Olivar for explicitly inviting the original version of this essay, and suggesting its title.

[3] N.N. Obviously, *national* catch statistics existed long before 1930, while statistics for specific fisheries can go back centuries; see, e.g.: Ravier, C. and J.M. Fromentin. 2001. "Long-term fluctuations in the eastern Atlantic and Mediterranean bluefin tuna population." ICES *Journal of Marine Science* 58: 1299–1317.

[4] Ward, M. 2004. *Quantifying the World:* UN *Ideas and Statistics.* Bloomington: Indiana University Press.

[5] N.N. Every two years, the FAO also publishes extremely valuable analyses of trends in fisheries data, in the form of a report called the *State of Fisheries and Aquaculture,* or SOFIA, available from their website. For comments on SOFIA 2016, see: Pauly, D. and D. Zeller. 2017. "Comments on FAOs State of World Fisheries and Aquaculture (SOFIA 2016)." *Marine Policy* 77: 176–181.

[6] This observation is based on experience teaching fisheries science in four languages on five continents and interacting with hundreds of colleagues, but with a bias toward developing countries.

[7] N.N. In spite of the following paper's title, the issue of missing catches and their distorting effect on long-term trends was not addressed in Garibaldi, L. 2012. "The FAO global capture production database: A six-decade effort to catch the trend." *Marine Policy* 36: 760–768.

[8] N.N. For trends in cumulative engine power, see: Anticamara, J.A., R. Watson, A. Gelchu, and D. Pauly. 2011. "Global fishing effort (1950–2010): Trends, gaps, and implications." *Fisheries Research* 107: 131–136, and Watson, R., W.W.L. Cheung, J. Anticamara, U.R. Sumaila, D. Zeller, and D. Pauly. 2013. "Global marine yield halved as fishing intensity redoubles." *Fish and Fisheries* 14: 493–503.

[9] N.N. See: http://www.seaaroundus.org for such data, covering the years 1950 to 2004 at various scales. E.g., Countries' EEZs, Large Marine Ecosystems, FAO Major Fishing Areas.

[10] Radovich, J. 1981. "The collapse of the California sardine industry: What have we learned?" In: *Resource Management and Environmental Uncertainty,* edited by M.H. Glantz and D. Thomson, 107–136. New York: Wiley.

[11] Beverton, R.J.H. 1990. "Small pelagic fish and the threat of fishing: Are they threatened?" *Journal of Fish Biology* (Suppl. A): 5–16.

[12] Muck, P. 1989. "Major trends in the pelagic ecosystem off Peru and their implications for management." In: *The Peruvian Upwelling Ecosystem: Dynamics and Interactions,* edited by D. Pauly, P. Muck, J. Mendo, and I. Tsukayama, 386–403. ICLARM Conference Proceedings 18. Manila: International Center for Living Aquatic Resources Management.

[13] Castillo, S. and J. Mendo. 1987. "Estimation of unregistered Peruvian anchoveta (*Engraulis ringens*) in official catch statistics, 1951 to 1982." In: *The Peruvian Anchoveta and its Upwelling Ecosystem: Three Decades of Changes,* edited by D. Pauly and I. Tsukayama, 109–116. ICLARM Studies and Reviews 15. Manila: International Center for Living Aquatic Resources Management.

[14] N.N. The Castillo/Mendo estimate was confirmed by a subsequent study available on http://www.seaaroundus.org (see: Peru), and summarized in Mendo, J. and C. Wosnitza-Mendo. 2016. "Peru." In: *Global Atlas of Marine Fisheries: A Critical Appraisal of Catches and Ecosystem Impacts,* edited by D. Pauly and D. Zeller, 366. Washington, DC: Island Press.

[15] Hardin, G. 1968. "The tragedy of the commons." *Science* 162: 1243–1248.

[16] Pauly, D. 2007. "On bycatch, or how W.H.L. Allsopp coined a new word and created new insights." *Sea Around Us Project Newsletter* 44: 1–4.

[17] Pauly, D. and J. Maclean. 2003. *In a Perfect Ocean: The State of Fisheries and Ecosystems in the North Atlantic Ocean.* Washington, DC: Island Press.

[18] Rose, A. 2008. *Who Killed the Grand Banks: The Untold Story Behind the Decimation of One of the World's Greatest Natural Resources.* Mississauga, ON: John Wiley and Sons.

[19] Jackson, J.B.C., M.X. Kirby, W.H. Berger, K.A. Bjorndal, L.W. Botsford, B.J. Bourque, R. Cooke, J.A. Estes, T.P. Hughes, S. Kidwell, C.B. Lange, H.S. Lenihan, J.M. Pandolfi, C.H. Peterson, R.S. Steneck, M.J. Tegner, and R.R. Warner. 2001. "Historical overfishing and the recent collapse of coastal ecosystems." *Science* 293: 629-638.

[20] Roberts, C. 2007. *The Unnatural History of the Sea.* Washington, DC: Island Press.

[21] Bonfil, R., G. Munro, U.R. Sumaila, H. Valtysson, M. Wright, T. Pitcher, D. Preikshot, N. Haggan, and D. Pauly. 1998. "Impacts of distant water fleets: An ecological, economic and social assessment." In: *The Footprint of Distant Water Fleets on World Fisheries,* Endangered Seas Campaign, WWF International, 11-111. Godalming, Surrey: WWF International. (Also issued separately as Bonfil et al., eds. 1998. "The footprint of distant water fleets on world fisheries." *Fisheries Centre Research Reports* 6(6). Vancouver, BC: University of British Columbia.)

[22] Pauly, D. 1986. "Problems of tropical inshore fisheries: Fishery research on tropical soft-bottom communities and the evolution of its conceptual base." In: *Ocean Yearbook 1986,* edited by E.M. Borgese and N. Ginsburg, 29-37. Chicago: University of Chicago Press. See also: Alder, J. and U.R. Sumaila. 2004. "Western Africa: A fish basket of Europe past and present." *Journal of Environment and Development* 13: 156-178.

[23] N.N. I wrote the foreword to a book that gives a fascinating account of the cod and turbot conflicts. The latter was largely engineered by an ambitious Canadian politician to blame Spain and to get elected as leader of a province, both of which he succeeded in doing (Pauly, D. 2003. "Foreword/Avant-propos." In: *Une taupe chez les morues: Halieuscopie d'un conflit*, by De Saint Pélissac, 5–9. Bleus Marines I. Mississauga, ON: AnthropoMare.)

[24] Ainley, D. and D. Pauly. 2013. "Fishing down the food web of the Antarctic continental shelf and slope." *Polar Record*, 50: 92-107.

[25] Pauly, D., J. Alder, A. Bakun, S. Heileman, K.H.S. Kock, P. Mace, W. Perrin, K.I. Stergiou, U.R. Sumaila, M. Vierros, K.M.F. Freire, Y. Sadovy, V. Christensen, K. Kaschner, M.L.D. Palomares, P. Tyedmers, C. Wabnitz, R. Watson, and B. Worm. 2005. "Marine Fisheries Systems." In: *Ecosystems and Human Well-being: Current States and Trends*, Vol. I, edited by R. Hassan, R. Scholes, N. Ash, 477–511. Washington, DC: Millennium Ecosystem Assessment and Island Press.

[26] Swartz, W., E. Sala, R. Watson, and D. Pauly. 2010. "The spatial expansion and ecological footprint of fisheries (1950 to present)." PLOS ONE 5(12): e15143.

[27] N.N. Gelchu, A. and D. Pauly. 2007. "Growth and distribution of port-based fishing effort within countries' EEZs from 1970 to 1995." *Fisheries Centre Research Reports* 15(4). Vancouver, BC: University of British Columbia.

[28] Clarke, S.C., M.K. McAllister, E.J. Milner-Gulland, G.P. Kirkwood, C.G.J. Michielsens, D.J. Agnew, E.D. Pikitch, H. Nakano, and M.S. Shivji. 2006. "Global estimates of shark catches using trade records from commercial markets." *Ecological Letters* 9: 1115–1126. See also: Biery, L., and D. Pauly. 2012. "A global review of species-specific shark-fin-to-body-mass ratios and relevant legislation." *Journal of Fish Biology* 80: 1643–1677.

[29] Myers, R.A. and B. Worm. 2003. "Rapid worldwide depletion of predatory fish communities." *Nature* 423: 280–283.

[30] Floyd, J. and D. Pauly. 1984. "Smaller size tuna around the Philippines: Can fish aggregating devices be blamed?" *Infofish Marketing Digest* 5: 25–27.

[31] N.N. The increase of the depth of operations of fishing vessels was underestimated by Morato, T., R. Watson, T. Pitcher, and D. Pauly. 2006. "Fishing down the deep." *Fish and Fisheries* 7(I): 24–34. This was corrected in Watson, R.A. and T. Morato. 2013. "Fishing down the deep: Accounting for within-species changes in depth of fishing." *Fisheries Research* 140: 63–65. The latter method is incorporated in the derivation of Sea Around Us catch maps.

[32] Pauly, D., J. Alder, E. Bennett, V. Christensen, P. Tyedmers, and R. Watson. 2003. "The future for fisheries." *Science* 302: 1359–1361.

33 Morato, T. R. Watson, T.J. Pitcher, and D. Pauly. 2006. "Fishing down the deep." *Fish and Fisheries* 7(1): 24–34.

34 N.N. See also: Norse, E.A., S. Brooke, W.W.L. Cheung, M.R. Clark, I. Ekeland, R. Froese, K.M. Gjerde, R.L. Haedrich, S. S. Heppell, T. Morato, L.E. Morgan, D. Pauly, U.R. Sumaila, and R. Watson. 2012. "Sustainability of deep-sea fisheries." *Marine Policy* 36: 307–320.

35 N.N. This makes the certification, in late 2016, of the New Zealand orange roughy fishery as "sustainable" by the Marine Stewardship Council particularly outrageous. Orange roughy (*Hoplostethus atlanticus*) fisheries, targeting a deep-water, long-lived fish, not only destroy habitats, but are heavily subsidized and generally resemble desperate mining operations; see, e.g.: Foley, N.S., T.M. van Rensburg, and C.W. Armstrong. 2011. "The rise and fall of the Irish orange roughy fishery: An economic analysis." *Marine Policy* 35: 756–763.

36 Stergiou, K.I. 2002. "Overfishing, tropicalization of fish stocks, uncertainty and ecosystem management: Re-sharpening Ockham's razor." *Fisheries Research* 55: 1–9.

37 Pauly, D. and R. Watson. 2005. "Background and interpretation of the 'Marine Trophic Index' as a measure of biodiversity." *Philosophical Transactions of the Royal Society B: Biological Sciences* 360: 415–423.

38 N.N. The original version of this contribution had a caveat stating that the decline of MTI applied only to "fish above trophic levels of 3.5" (as shown in figure 2 of Branch et al. 2010, *Nature*, doi: 10.1038/nature09528), but this caveat turned out to be superfluous, as mean trophic levels, globally, do show a decline, even when low-trophic-level fish and invertebrates are included (http://www.seaaroundus.org and http://www.fishing.org).

39 Pauly, D., V. Christensen, J. Dalsgaard, R. Froese, and F.C. Torres. 1998. "Fishing down marine food webs." *Science* 279: 860–863.

40 Pauly, D., J. Alder, E. Bennett, V. Christensen, P. Tyedmers, and R. Watson. 2003. "The future for fisheries." *Science* 302: 1359–1361.

41 Jacquet, J. and D. Pauly. 2008. "Trade secrets: Renaming and mislabeling of seafood." *Marine Policy* 32: 309–318.

42 Jacquet, J. and D. Pauly. 2007. "The rise of seafood awareness campaigns in an era of collapsing fisheries." *Marine Policy* 31: 308–313.

43 N.N. For example, the misleading of consumers by the Marine Stewardship Council, or MSC, is getting quite brazen, with the mining of the accumulated biomass of long-lived fishes such as orange roughy (*Hoplostethus atlanticus*) by New Zealand trawlers being certified as

"sustainable." Indeed, even the World Wide Fund for Nature (WWF), which helped create the MSC, now questions its very mode of operation and incentive structure, as evidenced in a draft report leaked in December 2016. See also previous note.

[44] Bonfil, R., G. Munro, U.R. Sumaila, H. Valtysson, M. Wright, T.J.M. Pitcher, D. Preikshot, N. Haggan, and D. Pauly. 1998. "Impacts of distant water fleets: An ecological, economic and social assessment." In: *The Footprint of Distant Water Fleets on World Fisheries*, Endangered Seas Campaign, WWF International, 11–111. Godalming, Surrey: World Wide Fund for Nature.

[45] N.N. This is well documented, for the United States, by Weber, M.L. 2002. *From Abundance to Scarcity: A History of US Marine Fisheries Policy.* Washington, DC: Island Press.

[46] Kaczyinski, V.M. and D.L. Fluharty. 2002. "European policies in West Africa: Who benefits from fisheries agreements?" *Marine Policy* 26: 75–93.

[47] N.N. See, e.g.: Belhabib, D., A. Mendy, Y. Subah, N. T Broh, A.S Jueseah, N. Nipey, N. Willemse, D. Zeller, and D. Pauly. 2016. "Fisheries catch under-reporting in The Gambia, Liberia and Namibia and the three Large Marine Ecosystems which they represent." *Environmental Development* 17: 157–174.

[48] N.N. See: Belhabib D., U.R. Sumaila, V.W.Y. Lam., D. Zeller, P. Le Billon, E.A. Kane, and D. Pauly. 2015. "Euro vs. Yuan: Comparing European and Chinese fishing access in West Africa." PLOS ONE 10(3): e0118351.

[49] N.N. See online supporting material of: Pauly, D., D. Belhabib, R. Blomeyer, W.W.L. Cheung, A. Cisneros-Montemayor, D. Copeland, S. Harper, V.W.Y. Lam, Y. Mai, F. Le Manach, H. Österblom, K.M. Mok, L. van der Meer, A. Sanz, S. Shon, U.R. Sumaila, W. Swartz, R. Watson, Y. Zhai, and D. Zeller. 2014. "China's distant-water fisheries in the 21st century." *Fish and Fisheries* 15: 474–488.

[50] Komatsu, M. and S. Misaki. 2003. *Whales and the Japanese: How We Have Come to Live in Harmony with the Bounty of the Sea.* Tokyo: The Institute of Cetacean Research.

[51] Chavance, P., M. Ba, D. Gascuel, M. Vakily, and D. Pauly, eds. 2004. *Marine Fisheries, Ecosystems and Society in West Africa: Half a Century of Change/ Pêcheries Maritimes, Écosystèmes et Sociétés en Afrique de l'Ouest: Un Demi-siècle de Changement.* Actes du symposium international, Dakar-Sénégal, 24–28 juin 2002. Office des publications officielles des communautés européennes, XXXVI, collection des rapports de recherche halieutique

ACP-UE 15. (All chapters, whether in French or English, have abstracts and figure and table captions in both languages.)

[52] Gerber, L., L. Morissette, K. Kaschner, and D. Pauly. 2009. "Should whales be culled to increase fishery yields?" *Science* 323: 880–881.

[53] Swartz, W. and D. Pauly. 2008. *Who's Eating All the Fish? The Food Security Rationale for Culling Cetaceans.* Washington, DC: Humane Society of the United States. (Available from: http://www.hsus.org/marine_mammals/save_whales_not_whaling/.)

[54] Mace, P.M. 1997. "Developing and sustaining world fisheries resources: The state of science and management." In: *Developing and Sustaining World Fisheries Resources: The State of Science and Management, Proceedings of Second World Fisheries Congress, Brisbane, Australia,* edited by D.H. Hancock, D.C. Smith, A. Grant, and J.P. Beumer, 1–20. Collingwood, Australia: CSIRO Publishing.

[55] Pauly, D., V. Christensen, S. Guénette, T.J. Pitcher, U.R. Sumaila, C.J. Walters, R. Watson, and D. Zeller. 2002. "Towards sustainability in world fisheries." *Nature* 418: 689–695.

[56] Anticamara, J.A., R. Watson, A. Gelchu, and D. Pauly. 2011. "Global fishing effort (1950–2010): Trends, gaps, and implications." *Fisheries Research* 107: 131–136.

[57] Pauly, D. and M.L.D. Palomares. 2010. "An empirical equation to predict annual increases in fishing efficiency." Fisheries Centre Working Paper #2010-07. (Available from: http://oceans.ubc.ca/publications/working-papers/.)

[58] Myers, R.A. and B. Worm. 2003. "Rapid worldwide depletion of predatory fish communities." *Nature* 423: 280–283.

[59] Christensen V., S. Guénette, J.J. Heymans, C.J. Walters, R. Watson, D. Zeller, and D. Pauly. 2003. "Hundred year decline of north Atlantic predatory fishes." *Fish and Fisheries* 4: 1–24.

[60] Roberts, C. 2007. *The Unnatural History of the Sea.* Washington, DC: Island Press.

[61] Rosenberg, A.A., W.J. Bolster, K.E. Alexander, W.B. Leavenworth, A.B. Cooper, and M.G. McKenzie. 2005. "The history of ocean resources: Modeling cod biomass using historical records." *Frontiers in Ecology and Evolution* 3(2): 84–90.

[62] Thurstan, R.H., S. Brockington, and C. Roberts. 2010. "The effects of 118 years of industrial fishing on UK bottom trawl fisheries." *Nature Communications* 1. doi:10.1038/ncomms1013.

[63] Sáenz-Arroyo, A., C.M. Roberts, J. Torre, M. Cariño-Olvera, and R. Enríquez-Andrade. 2005. "Rapidly shifting environmental baselines among fishers of the Gulf of California." *Philosophical Transactions of the Royal Society B: Biological Sciences* 272: 1957–1962.

[64] Alder, J., B. Campbell, V. Karpouzi, K. Kaschner, and D. Pauly. 2008. "Forage fish: From ecosystems to markets." *Annual Reviews of Environment and Resources* 33: 153–166; and Alder, J. and D. Pauly, eds. 2006. *On the Multiple Uses of Forage Fish: From Ecosystem to Markets.* Fisheries Centre Research Reports 14(3). Vancouver, BC: University of British Columbia.

[65] N.N. Cashion, T., F. Le Manach, D. Zeller, and D. Pauly. 2017. "Most fish destined for fishmeal production are food-grade fish." *Fish and Fisheries* 18. doi: 10.1111/faf.12209.

[66] Hites, R.A., J.A. Foran, D.O. Carpenter, M.C. Hamilton, B.A. Knuth, and S.J. Schwager. 2004. "Global assessment of organic contaminants in farmed salmon." *Science* 303: 225–229.

[67] N.N. Christensen, V., C. Piroddi, M. Coll, J. Steenbeek, J. Buszowski, and D. Pauly. 2014. "A century of fish biomass decline in the ocean." *Marine Ecology Progress Series* 512: 155–166.

[68] Stergiou, K.I., A.C. Tsikliras, and D. Pauly. 2009. "Farming up the Mediterranean food webs." *Conservation Biology* 23(1): 230–232.

[69] Bearzi, G.E., E. Politi, S. Agazzi, and A. Azzelino. 2006. "Prey depletion caused by overfishing and the decline of marine megafauna in eastern Ionian Sea coastal waters (central Mediterranean)." *Biological Conservation* 127: 373–382.

[70] FAO. 2010. *The State of World Aquaculture and Fisheries.* Rome: Food and Agriculture Organization of the United Nations.

[71] Kent, G. 2003. "Fish trade, food security, and the human right to adequate food." In: *Report of the Expert Consultation on International Fish Trade and Food Security.* FAO Fisheries Report 708, 49–70. Casablanca, Morocco, January 27–30, 2003. Rome: Food and Agriculture Organization of the United Nations.

[72] Alder, J. and U.R. Sumaila. 2004. "Western Africa: A fish basket of Europe past and present." *Journal of Environment and Development* 13: 156–178.

[73] Swartz, W., U.R. Sumaila, R. Watson, and D. Pauly. 2010. "Sourcing seafood from three major markets: The EU, Japan and the USA." *Marine Policy* 34(6): 1366–1373.

[74] Jacquet, J. and D. Pauly. 2007. "The rise of seafood awareness campaigns in an era of collapsing fisheries." *Marine Policy* 31: 308–313.

[75] Jacquet, J. and D. Pauly. 2008. "Trade secrets: Renaming and mislabeling of seafood." *Marine Policy* 32: 309–318.

[76] Jacquet, J., D. Pauly, D. Ainley, S. Holt, P. Dayton, and J.B.C. Jackson. 2010. "Seafood stewardship in crisis." *Nature* 467: 28–29.

[77] Jacquet, J. 2011. "Beyond food: Fish in the twenty-first century." In *Ecosystem Approaches to Fisheries: A Global Perspective*, edited by V. Christensen and J. Maclean, 120–127. Cambridge, UK: Cambridge University Press.

[78] Sumaila, U.R., A. Khan, A.J. Dyck, R. Watson, G. Munro, P. Tyedmers, and D. Pauly. 2010. "A bottom-up re-estimation of global fisheries subsidies." *Journal of Bioeconomics* 12: 201–225.

[79] N.N. The upper limit of the range, 35 billion USD, is a recent estimate, which does not differ much from the estimates documented in the contribution cited in the preceding note, once inflation is taken into account. See: Sumaila, U.R., V.W.I. Lam, F. Le Manach, W. Swartz, and D. Pauly. 2016. "Global fisheries subsidies: An updated estimate." *Marine Policy* 69: 189–193. doi: 1016/j.marpol.2015.12.026.

[80] Milazzo, M. 1998. *Subsidies in World Fisheries: A Re-examination*. World Bank Technical Paper 406. Fisheries Series. Washington, DC: The World Bank.

[81] Sumaila, U.R. and D. Pauly. 2007. "All fishing nations must unite to cut subsidies." *Nature* 450: 945.

[82] Pauly, D., J. Alder, E. Bennett, V. Christensen, P. Tyedmers, and R. Watson. 2003. "The future for fisheries." *Science* 302: 1359–1361.

[83] Watson, R. and D. Pauly. 2001. "Systematic distortions in world fisheries catch trends." *Nature* 414: 534–536.

[84] Pang, L. and D. Pauly. 2001. "Chinese marine capture fisheries from 1950 to the late 1990s: The hopes, the plans and the data." In: *The Marine Fisheries of China: Development and Reported Catches*, edited by R. Watson, L. Pang, and D. Pauly, 1–27. *Fisheries Centre Research Reports* 9(2). Vancouver, BC: University of British Columbia

[85] Batson, A. 2010. "Chinese data 'man-made.'" *Wall Street Journal*, World News: Asia, December 7.

[86] FAO. 2010. *The State of World Aquaculture and Fisheries*. Rome: Food and Agriculture Organization of the United Nations.

[87] N.N. See: Pauly, D. and D. Zeller. 2016. "Catch reconstructions reveal that global marine fisheries catches are higher than reported and declining." *Nature Communications* 7. doi: 10.1038/ncomms10244.

[88] N.N. This was masterfully explained in Oreskes N. and E.M. Conway. 2014. *The Collapse of Western Civilization: A View from the Future.* New York: Columbia University Press.

[89] Ludwig, D., R. Hilborn, and C.J. Walters. 1993. "Uncertainty, resource exploitation and conservation: Lessons from history." *Science* 260: 17 and 36.

[90] Friel, H. 2011. *The Lomborg Deception: Setting the Record Straight about Global Warming.* New Haven: Yale University Press.

[91] Oreskes, N. and E.M. Conway. 2010. *Merchants of Doubt: How a Handful of Scientists Obscured the Truth on Issues from Tobacco Smoke to Global Warming.* New York: Bloomsbury Press.

[92] Pauly, D. 2006. "Major trends in small-scale marine fisheries, with emphasis on developing countries, and some implications for the social sciences." *Maritime Studies* (MAST) 4(2): 7–22.

[93] N.N. See one-page summary accounts from "Albania" to "Yemen." In: Pauly, D. and D. Zeller, eds. 2016. *Global Atlas of Marine Fisheries: A Critical Appraisal of Catches and Ecosystem Impacts.* Washington, DC: Island Press.

[94] Jacquet, J.L., H. Fox, H. Motta, A. Ngusaru, and D. Zeller. 2010. "Few data, but many fish: Marine small-scale fisheries catches for Mozambique and Tanzania." *African Journal of Marine Science* 32: 197–206.

[95] Zeller, D., S. Booth, and D. Pauly. 2007. "Fisheries contribution to GDP: Underestimating small-scale fisheries in the Pacific." *Marine Resources Economics* 21: 355–374.

[96] The Sea Around Us is the research initiative at the University of British Columbia in Vancouver, Canada, of which I am the Principal Investigator. See: Pauly, D. 2007. "The *Sea Around Us* project: Documenting and communicating global fisheries impacts on marine ecosystems." AMBIO: *A Journal of the Human Environment* 34(4): 290–295.

[97] N.N. Pauly, D. and D. Zeller. 2016. "Catch reconstructions reveal that global marine fisheries catches are higher than reported and declining." *Nature Communications,* 7. doi: 10.1038/ncomms10244.

[98] N.N. See the essay titled "On Reconstructing Catch Time Series."

[99] Pikitch, E.K., C. Santora, E.A. Babcock, A. Bakun, R. Bonfil, D.O. Conover, P. Dayton, and P. Doukakis. 2004. "Ecosystem-based fishery management." *Science* 305: 346–347.

[100] Cury, P.M., Y.J. Shin, B. Planque, J.M. Durant, J.M. Fromentin, S. Kramer-Schadt, N.C. Stenseth, M. Travers, and V. Grimm. 2008. "Ecosystem

oceanography for global change in fisheries." *Trends in Ecology and Evolution* 23: 338–346.

[101] Pauly, D., J. Alder, E. Bennett, V. Christensen, P. Tyedmers, and R. Watson. 2003. "The future for fisheries." *Science* 302: 1359–1361.

[102] Cheung, W.W.L., V.W.Y. Lam, J.L. Sarmiento, K. Kearney, R. Watson, D. Zeller, and D. Pauly. 2010. "Large-scale redistribution of maximum fisheries catch potential in the global ocean under climate change." *Global Change Biology* 16: 24–35.

[103] Cheung, W.W.L., J. Dunne, J. Sarmiento, and D. Pauly. 2011. "Integrating eco-physiology and plankton dynamics into projected changes in maximum fisheries catch potential under climate change." *ICES Journal of Marine Science* 68: 1008–1018.

[104] Pauly, D. 2010. *Gasping Fish and Panting Squids: Oxygen, Temperature and the Growth of Water-Breathing Animals*. Excellence in Ecology. Book 22. Oldendorf/Luhe, Germany: International Ecology Institute.

[105] Pauly, D. 1995. "Anecdotes and the shifting baseline syndrome of fisheries." *Trends in Ecology and Evolution* 10(10): 430.

[106] Gladwell, M. 2000. *The Tipping Point: How Little Things Can Make a Big Difference*. New York: Little, Brown and Company.

[107] Pauly. D. 1998. "Beyond our original horizons: The tropicalization of Beverton and Holt." *Reviews in Fish Biology and Fisheries* 8(3): 307–334.

[108] N.N. The Chinese government now views the high sea as its "blue granary." (E.g., see: Hongzhou, Z. "China's growing appetite for fish and fishing disputes in the South China Sea." *All China Review*, November 8, 2016. http://www.allchinareview.com/chinas-growing-appetite-for-fish-and-fishing-disputes-in-the-south-china-sea/.)

[109] Jackson, J.B.C., M.X. Kirby, W.H. Berger, K.A. Bjorndal, L.W. Botsford, B.J. Bourque, R. Cooke, J.A. Estes, T.P. Hughes, S. Kidwell, C.B. Lange, H.S. Lenihan, J.M. Pandolfi, C.H. Peterson, R.S. Steneck, M.J. Tegner, and R.R. Warner. 2001. "Historical overfishing and the recent collapse of coastal ecosystems." *Science* 293: 629–638.

[110] Costello, C., S.D. Gaines, and J. Lynham. 2008. "Can catch shares prevent fisheries collapses?" *Science* 321: 1678–1681.

[111] Pauly, D. 2008. "Agreeing with Daniel Bromley." *Maritime Studies* (MAST) 6(2): 27–28.

[112] Macinko, S. and D.W. Bromley. 2002. *Who Owns America's Fisheries?* Washington, DC: Island Press.

[113] Macinko, S. and D.W. Bromley. 2004. "Property and fisheries for the twenty-first century: Seeking coherence from legal and economic doctrine." *Vermont Law Review* 28: 623–661.

[114] Pauly, D., W. Graham, S. Libralato, L. Morissette, and M.L.D. Palomares. 2009. "Jellyfish in ecosystems, online databases, and ecosystem models." *Hydrobiologia* 616(1): 67–85.

[115] N.N. A wonderful example of how a marine ecosystem can recover, via a marine reserve, from the devastating impact of a polluting industry (the canning of sardines) into a rich ecosystem providing a range of services to various industries (fishing, whale-watching, other forms of non-extractive tourism) is given in: Palumbi, S.R. and S. Sotka. 2011. *The Death and Life of Monterey Bay: A Story of Revival*. Washington, DC: Island Press.

[116] Wood, L, L. Fish, J. Laughren, and D. Pauly. 2008. "Assessing progress towards global marine protection targets: Shortfalls in information and action." *Oryx* 42(3): 340–351.

[117] N.N. Boonzaier, L. and D. Pauly. 2016. "Marine protection targets: An updated assessment of global progress." *Oryx* 50(1): 27–35. See also: http://www.pewtrusts.org/en/projects/global-ocean-legacy.

[118] N.N. Essentially, all countries but the U.S. are members of the Montreal-based Convention on Biological Diversity.

[119] N.N. It may be important to note here that marine reserves not only protect the sedentary fish living within their limits, but also are highly likely to lead to the emergence of more sedentary habits among a subset of highly migratory fishes. See: Mee, J.A., S. Otto, and D. Pauly. 2017. "Evolution of movement rate increases the effectiveness of large marine reserves for the conservation of pelagic fishes." *Evolutionary Applications* 10. doi: 10.1111/eva.12460.

[120] Margalef, R. 1968. *Perspectives in Ecological Theory*. Chicago: University of Chicago Press.

[121] While some readers clearly liked the title of this contribution (originally published by *The New Republic* on October 7, 2009, and reprinted here with permission), some colleagues have been turned off by its alarmist tone. Thus, I use this opportunity to clarify something that only scientists who write for nonscientific journals and magazines know from experience: the authors of articles do not choose their titles, editors do. Thus, you may love or hate the word "Aquacalypse," but I had nothing to do with it.

The then-editor of *The New Republic*, Franklin Foer, had solicited this contribution, possibly because shortly before, I had been interviewed by his brother Jonathan Safran Foer, who at the time was working on his book titled *Eating Animals*.

[122] N.N. This essay was written in 2009, in the year that the swindler Bernard L. Madoff was tried, which renewed interest in Ponzi-like pyramid schemes.

[123] N.N. See: Jacquet, J. and D. Pauly. 2008. "Trade secrets: Renaming and mislabeling of seafood." *Marine Policy* 32: 309–318.

[124] N.N. The scientific name of this fish is *Hoplostethus atlanticus*; see: http://www.fishbase.org.

[125] N.N. The scientific name of this fish is *Dissostichus eleginoides*; see: http://www.fishbase.org.

[126] N.N. The scientific name of this fish is *Macruronus novaezelandiae*; see: http://www.fishbase.org.

[127] N.N. See: Weber, M.L. 2002. *From Abundance to Scarcity: A History of US Marine Fisheries Policy*. Washington, DC: Island Press.

[128] N.N. Sumaila, U.R., V.W.Y. Lam, F. Le Manach, W. Schwartz, and D. Pauly. 2016. "Global fisheries subsidies: An updated estimate." *Marine Policy* 69: 189–193. doi: 1016/j.marpol.2015.12.026.

[129] N.N. The almost 90-million-ton peak in 1996 was the sum of nominal catches reported to FAO by its member countries; the actual catch in 1996 was higher, almost 140 million tons, and has also been declining since. See: http://www.seaaroundus.org and Pauly, D. and D. Zeller. 2016. "Catch reconstructions reveal that global marine fisheries catches are higher than reported and declining." *Nature Communications* 7. doi: 10.1038/ncomms10244.

[130] N.N. The study was that of Worm, B., E.B. Barbier, N. Beaumont, J.E. Duffy, C. Folke, B.S. Halpern, J.B.C. Jackson, H.K. Lotze, F. Micheli, S.R. Palumbi, E.E. Sala, K.A. Selkoe, J.J. Stachowicz, and R. Watson. 2006. "Impacts of biodiversity loss on ocean ecosystem services." *Science* 314: 787–790, and, although it garnered an extremely wide press coverage, most of it was misleading. This article projected that all fish exploited by commercial fisheries would be "collapsed" by the mid-21st century, meaning, in the context of that article, *that their populations would be yielding catches equal to or less than 10 percent of their historic maximum*, which is already the case for many, if not most of traditionally exploited populations (e.g., cod off New England). Yet, the press understood the species in question would go extinct, which is nonsense, and which allowed the detractors of the study to score points in the ensuing debate.

[131] Assume that 6 of the 12 fish populations that are being monitored in a given area are in "good shape." Now assume that 4 fish populations that have disappeared in the past were also counted: it would increase the denominator from 12 to 16, but not the numerator (because populations that have disappeared are not in good shape). The fraction of populations in good shape would then be 6/16, which is lower than 6/12.

[132] N.N. See the essay titled "The Shifting Baseline Syndrome of Fisheries" for an elaboration of this concept.

[133] N.N. This description certainly applies to me, although I was trained as a fisheries scientist (see the final three essays in this book).

[134] N.N. I do not recall, in late 2016, the World Bank document that I read in 2009 (perhaps it was the *Sunken Billions* study of 2009). However, I did find a more recent World Bank document whose summary says, among other things, that "[s]mall-scale fishing communities are among the poorest and most afflicted with social ills and may be further marginalized by a failure to recognize the importance of fisheries"; see: World Bank. 2012. *Hidden Harvest: The Global Contribution of Capture Fisheries*. Washington, DC: The World Bank.

[135] N.N. A rigorous documentation of the global increase of gelatinous zooplankton is provided in Brotz, L., W.W.L. Cheung, K. Kleisner, E. Pakhomov, and D. Pauly. 2012. "Increasing jellyfish populations: Trends in large marine ecosystems." *Hydrobiologia* 690(1): 3–20.

[136] N.N. See: Richardson, A.J., A. Bakun, G.C. Hays, and M.J. Gibbons. 2009. "The jellyfish joyride: Causes, consequences and management responses to a more gelatinous future." *Trends in Ecology & Evolution*, 24: 312–322.

[137] N.N. See, e.g.: Diaz, R.J. and R. Rosenberg. 2008. "Spreading dead zones and consequences for marine ecosystems." *Science* 15:926–929.

[138] N.N. Notably, individual fish that survive are expected to shrink (see: Cheung, W.W.L., J.L. Sarmiento, J. Dunne, T.L. Frölicher, V. Lam, M.L.D. Palomares, R. Watson, and D. Pauly. 2013. "Shrinking of fishes exacerbates impacts of global ocean changes on marine ecosystems." *Nature Climate Change* 3: 254–258) and fisheries to decline (see: Cheung, W.W.L., V.W.Y. Lam, J.L. Sarmiento, K. Kearney, R. Watson, D. Zeller, and D. Pauly. 2010. "Large-scale redistribution of maximum fisheries catch potential in the global ocean under climate change." *Global Change Biology* 16: 24–35).

[139] N.N. This is because marine fish have been shown to precipitate carbonates within their gut and then to excrete calcium carbonate, which tends to buffer acidification; hence high fish biomass would, at least in part,

mitigate ocean acidification; see: Wilson, R.W., F.J. Millero, J.R. Taylor, P.J. Walsh, V. Christensen, S. Jennings, and M. Grosell. 2009. "Contribution of fish to the marine inorganic carbon cycle." *Science* 323: 359–362.

[140] N.N. Lam, M. and D. Pauly. 2010. "Who is right to fish? Evolving a social contract for ethical fisheries." *Ecology and Society* 15: 16. http://www.ecologyandsociety.org/vol15/iss3/art16/.

[141] N.N. See: Cashion, T., F. Le Manach, D. Zeller, and D. Pauly. 2017. "Most fish destined for fishmeal production are food-grade fish." *Fish and Fisheries* 18. doi: 10.1111/faf.12209.

[142] N.N. Unfortunately, nothing has occurred in the years since this was originally written that would soften this assessment. Indeed, the MSC has become quite shameless; see: Jacquet, J., D. Pauly, D. Ainley, S. Holt, P. Dayton, and J. Jackson. 2010. "Seafood stewardship in crisis." *Nature* 467: 28–29.

[143] N.N. See: Jacquet, J. and D. Pauly. 2007. "The rise of seafood awareness campaigns in an era of collapsing fisheries. *Marine Policy* 31: 308–313.

[144] N.N. According to the UNCLOS, the vessels of foreign countries can fish in one's Exclusive Economic Zone, but this requires an explicit "access agreement" and the payment of an access fee.

[145] NN. This contribution, reprinted here with permission, was originally published as Pauly, D. 2006. "Major trends in small-scale marine fisheries, with emphasis on developing countries, and some implications for the social sciences." *Maritime Studies* (MAST) 4(2): 7–22. It was based on the keynote address given on July 7, 2005, at the conference on "People and the Seas III: New Directions in Coastal and Maritime Studies," held at the Centre for Maritime Research of the University of Amsterdam, and acknowledged the many colleagues and friends from the social sciences, notably the late Bob Johannes and Ken Ruddle, who introduced me to subtleties not accessible through the quantitative models of fisheries "stock assessments," and Derek Johnson, for inviting this contribution. I also thanked Deng Palomares for her help in the preparation of this paper, and Dirk Zeller, Jackie Alder, Rashid Sumaila, and two anonymous reviewers for critical comments.

[146] Pauly, D., V. Christensen, S. Guénette, T.J. Pitcher, U.R. Sumaila, C.J. Walters, R. Watson, and D. Zeller. 2002. "Towards sustainability in world fisheries." *Nature* 418: 689–695.

[147] Mace, P.M. 1997. "Developing and sustaining world fisheries resources: The state of science and management." In: *Developing and Sustaining World Fisheries Resources: The State of Science and Management*, edited by

D.H. Hancock, D.C. Smith, A. Grant, and J.P. Beumer, 1–20. Proceedings of Second World Fisheries Congress, Brisbane, Australia. Collingwood, Australia: CSIRO Publishing.

[148] Thompson, D. and FAO. 1988. "The world's two marine fishing industries—How they compare." *Naga, the ICLARM Quarterly* 11(3): 17.

[149] Pauly, D. 1997. "Small-scale fisheries in the tropics: Marginality, marginalization and some implications for fisheries management." In: *Global Trends: Fisheries Management*, edited by E.K. Pikitch, D.D. Huppert, and M.P. Sissenwine, 40–49. Proceedings from American Fisheries Society Symposium 20. Bethesda, MD: American Fisheries Society.

[150] Allison, E.H. and F. Ellis. 2001. "The livelihood approach and management of small-scale fisheries." *Marine Policy* 25: 377–388.

[151] Béné, C. 2003. "When fishery rhymes with poverty: A first step beyond the old paradigm on poverty in small-scale fisheries." *World Development* 31: 949–975.

[152] Pauly, D. 1997. "Small-scale fisheries in the tropics: Marginality, marginalization and some implications for fisheries management." In: *Global Trends: Fisheries Management*, edited by E.K. Pikitch, D.D. Huppert, and M.P. Sissenwine, 40–49. Proceedings from American Fisheries Society Symposium 20. Bethesda, MD: American Fisheries Society.

[153] Longhurst, A.R. and D. Pauly. 1987. *Ecology of Tropical Oceans*. San Diego: Academic Press.

[154] N.N. The Google Scholar records reported here were obtained shortly before the People and the Sea III conference was held (i.e., in June 2005). I redid the counts in late December 2016. The key result was the same: although the total number of records had increased by one order of magnitude, similar ratios were found for fisheries+ecology and fisheries+economics *vs.* fisheries+anthropology and fisheries+sociology.

[155] Pauly, D. 1994. *On the Sex of Fish and the Gender of Scientists: Essays in Fisheries Science*. London: Chapman & Hall.

[156] Jackson, J.B.C., M.X. Kirby, W.H. Berger, K.A. Bjorndal, L.W. Botsford, B.J. Bourque, R. Cooke, J.A. Estes, T.P. Hughes, S. Kidwell, C.B. Lange, H.S. Lenihan, J.M. Pandolfi, C.H. Peterson, R.S. Steneck, M.J. Tegner, and R.R. Warner. 2001. "Historical overfishing and the recent collapse of coastal ecosystems." *Science* 293: 629–638.

[157] Colonial Office. 1961. *Colonial Research, 1960–1961*. London: Her Majesty's Stationery Office.

[158] Butcher, J.G. 2004. *The Closing of the Frontier: A History of the Marine Fisheries of Southeast Asia c. 1850–2000.* Singapore: Institute of Southeast Asian Studies.

[159] Pauly, D. and J. Maclean. 2003. *In a Perfect Ocean: The State of Fisheries and Ecosystems in the North Atlantic Ocean.* Washington, DC: Island Press.

[160] Grainger, R.J.R. and S. Garcia. 1996. *Chronicles of Marine Fishery Landings (1950–1994): Trend Analysis and Fisheries Potential.* FAO Fisheries Technical Paper 359. Rome: Food and Agriculture Organization of the United Nations.

[161] Pauly, D., J. Alder, A. Bakun, S. Heileman, K.H.S. Kock, P. Mace, W. Perrin, K.I. Stergiou, U.R. Sumaila, M. Vierros, K.M.F. Freire, Y. Sadovy, V. Christensen, K. Kaschner, M.L.D. Palomares, P. Tyedmers, C. Wabnitz, R. Watson, and B. Worm. 2005. "Marine Fisheries Systems." In: *Ecosystems and Human Well-being: Current States and Trends,* Vol. 1., edited by R. Hassan, R. Scholes, and N. Ash, 477–511. Washington, DC: Millennium Ecosystem Assessment and Island Press.

[162] Bonfil, R., G. Munro, U.R. Sumaila, H. Valtysson, M. Wright, T.J.M. Pitcher, D. Preikshot, N. Haggan, and D. Pauly. 1998. "Impacts of distant water fleets: An ecological, economic and social assessment." In: *The Footprint of Distant Water Fleets on World Fisheries,* Endangered Seas Campaign, WWF International, II–III. Godalming, Surrey: WWF International.

[163] Alder, J. and U.R. Sumaila. 2004. "Western Africa: A fish basket of Europe past and present." *Journal of Environment & Development* 13: 156–178.

[164] N.N. East-West, in the period alluded to, meant the Soviet Union and its allies, notably in Eastern Europe *vs.* the U.S. and its allies, notably in Western Europe; China was isolated, if nominally part of the "Eastern Bloc."

[165] Firth, R. 1946. *Malay Fishermen: Their Peasant Economy.* London: Keagan.

[166] Ruddle, K. and R.E. Johannes, eds. 1985. *The Traditional Knowledge and Management of Coastal Systems in Asia and the Pacific.* Jakarta: UNESCO.

[167] Dyer, C.L. and R.M. McGoodwin, eds. 1994. *Folk Management in the World's Fisheries: Lessons for Modern Fisheries Management.* Niwot: University Press of Colorado.

[168] Butcher, J.G. 2004. *The Closing of the Frontier: A History of the Marine Fisheries of Southeast Asia c. 1850–2000.* Singapore: Institute of Southeast Asian Studies.

[169] Pauly, D. 1996. "Biodiversity and the retrospective analysis of demersal trawl surveys: A programmatic approach." In: *Baseline Studies in Biodiversity: The Fish Resources of Western Indonesia,* edited by D. Pauly and P. Martosubroto, 1–6. ICLARM Studies and Reviews 23. Manila: International Center for Living Aquatic Resources Management.

[170] Panayotou, T. and S. Jetanavarich. 1987. *The Economics and Management of Thai Marine Fisheries.* ICLARM Studies and Reviews 14. Manila: International Center for Living Aquatic Resources Management.

[171] Butcher, J.G. 2002. "Getting into trouble: The diaspora of Thai trawlers, 1975–2002." *International Journal of Maritime History* 14(2): 85–121.

[172] Lawson, R. and E. Kwei.1974. *African Entrepreneurship and Economic Growth: A Case Study of the Fishing Industry of Ghana.* Accra: Ghana Universities Press.

[173] Atta-Mills, J., J. Alder, and U.R. Sumaila. 2004. "The decline of a regional fishing nation: The case of Ghana in West Africa." *Natural Resources Forum* 28: 13–21.

[174] Aguëro, M., ed. 1992. *Contribuciones para el Studio de la Pesca Artesanal en América Latina.* ICLARM Conference Proceedings 35. Manila: International Center for Living Aquatic Resources Management.

[175] Hersoug, B. 2004. "Exporting fish, importing institutions: Fisheries development in the Third World." In *Fisheries Development: The Institutional Challenge,* edited by B. Hersoug, S. Jentoft, and P. Degnbol, 21–92. Delft: Eburon.

[176] Alverson, D.L., M. Freeberg, S.A. Murawski, and J.G. Pope. 1994. *A Global Assessment of Fisheries Bycatch and Discards.* FAO Fisheries Technical Paper 339. Rome: Food and Agriculture Organization of the United Nations.

[177] Kelleher, K. 2005. *Discards in the World's Marine Fisheries: An Update.* FAO Fisheries Technical Paper 470. Rome: Food and Agriculture Organization of the United Nations.

[178] Zeller, D. and D. Pauly. 2005. "Good news, bad news: Global fisheries discards are declining, but so are total catches." *Fish and Fisheries* 6: 156–159.

[179] Pauly, D., V. Christensen, S. Guénette, T.J. Pitcher, U.R. Sumaila, C.J. Walters, R. Watson, and D. Zeller. 2002. "Towards sustainability in world fisheries." *Nature* 418: 689–695.

[180] Zeller, D., S. Booth, P. Craig, and D. Pauly. 2006. "Reconstruction of coral reef fisheries catches in American Samoa, 1950–2002." *Coral Reefs* 25: 144–152.

[181] Chuenpagdee, R. and D. Pauly. 2006. "Small is beautiful? A database approach for global assessment of small-scale fisheries: Preliminary results and hypotheses." In: *Proceedings of the 4th World Fisheries Congress,* May 2004, Vancouver, Canada, edited by J. Nielsen, J.J. Dodson, K. Friedland, T.R. Hamon, J. Musick, and E. Verspoor, 587–595. Bethesda, MD: American Fisheries Society.

[182] Anonymous. 1997. *The Pacific's Tuna: The Challenge of Investing in Growth.* Manila: Office of Pacific Operations, Asian Development Bank.

[183] Gillett, R., L. McCoy, J. Rodwell, and J. Tamate. 2001. *Tuna: A Key Economic Resource in the Pacific.* Pacific Studies Series. Manila: Asian Development Bank, Forum Fisheries Agency.

[184] Dalzell, P., T.J.H. Adams, and N.V.C. Polunin. 1996. "Coastal fisheries in the Pacific Islands." *Oceanographic Marine Biology Annual Review* 34: 395–531.

[185] Chapman, M.D. 1987. "Women fishing in Oceana." *Human Ecology* 15: 267–288.

[186] Dalzell, P., T.J.H. Adams, and N.V.C. Polunin. 1996. "Coastal fisheries in the Pacific Islands." *Oceanographic Marine Biology Annual Review* 34: 395–531.

[187] Johannes, R.E. 1981. *Words of the Lagoon: Fishing and Marine Lore in the Palau District of Micronesia.* Berkeley: University of California Press.

[188] Gillett, R. and C. Lightfoot. 2002. *The Contribution of Fisheries to the Economies of Pacific Island Countries.* Pacific Study Series. Manila: Asian Development Bank.

[189] Zeller, D., S. Booth, P. Craig, and D. Pauly. 2006. "Reconstruction of coral reef fisheries catches in American Samoa, 1950–2002." *Coral Reefs* 25: 144–152.

[190] N.N. See: Zeller, D., S. Harper, K. Zylich, and D. Pauly. 2015. "Synthesis of under-reported small-scale fisheries catch in Pacific-island waters." *Coral Reefs* 34(1): 25–39.

[191] N.N. Just for information: The word "Spam" is derived from "spicy ham," canned meat that was part of the food supply of U.S. soldiers in WWII and that became very popular in the Pacific Islands.

[192] Pauly, D. 1997. "Small-scale fisheries in the tropics: Marginality, marginalization and some implications for fisheries management." In: *Global Trends: Fisheries Management*, edited by E.K. Pikitch, D.D. Huppert, and M.P. Sissenwine, 40–49. American Fisheries Society Symposium 20. Bethesda, MD: American Fisheries Society.

[193] Pauly, D. 2005. "Rebuilding fisheries will add to Asia's problems (Correspondence)." *Nature* 433: 457.

[194] Pearson, H. 2005. "Scientists seek action to fix Asia's ravaged ecosystems." *Nature* 433: 94.

[195] Longhurst, A.R. and D. Pauly. 1987. *Ecology of Tropical Oceans.* San Diego: Academic Press.

[196] Sarjono, I. 1980. "Trawlers banned in Indonesia." ICLARM Newsletter 3(4): 3.

[197] Pauly, D. 1997. "Small-scale fisheries in the tropics: Marginality, marginalization and some implications for fisheries management." In: *Global Trends: Fisheries Management*, edited by E.K. Pikitch, D.D. Huppert, and M.P. Sissenwine, 40–49. American Fisheries Society Symposium 20. Bethesda, MD: American Fisheries Society.

[198] Bailey, C. 1982. *Small-Scale Fisheries of San Miguel Bay, Philippines: Occupational and Geographic Mobility.* ICLARM Technical Report 10. Manila: International Center for Living Aquatic Resources Management.

[199] Baldauf, S. 2005. "Boat-building boom threatens Aceh fisheries." *Christian Science Monitor*, January 11. (Available from: https://www.csmonitor.com.)

[200] Chuenpagdee, R. 2005. "Business as usual for tsunami-affected communities in Thailand." *Sea Around Us Newsletter* (30): 1–3. (Available from: http://www.seaaroundus.org.)

[201] Erdmann, M. 2005. "Rebuilding Aceh's fishing fleets: Anecdotal field observations of an ill-conceived concept gone predictably astray." *Sea Around Us Newsletter* (31): 6. (Available from: http://www.seaaroundus.org.)

[202] Smith, I.R. 1981. "Improving fishing incomes when resources are overfished." *Marine Policy* 5(1): 17–22.

[203] Pauly, D., V. Christensen, S. Guénette, T.J. Pitcher, U.R. Sumaila, C.J. Walters, R. Watson, and D. Zeller. 2002. "Towards sustainability in world fisheries." *Nature* 418: 689–695.

[204] Pauly, D. 1997. "Small-scale fisheries in the tropics: Marginality, marginalization and some implications for fisheries management." In: *Global Trends: Fisheries Management*, edited by E.K. Pikitch, D.D. Huppert, and M.P. Sissenwine, 40–49. American Fisheries Society Symposium 20. Bethesda, MD: American Fisheries Society.

[205] This 1997 contribution, as of January 2017, has been cited 210 times, but overwhelmingly by biologists.

[206] Kaczynski, V.M. 2005. Presentation at the Liu Centre for Global Issues, University of British Columbia, Vancouver, May 2005.

[207] McManus, J.W., C.L. Nañola Jr., R.B. Reyes, and K.N. Kesner. 1992. "Resource Ecology of the Bolinao Coral Reef System." ICLARM Studies and Reviews 22. Manila: International Center for Living Aquatic Resources Management.

[208] Pauly, D. 1988. "Some definitions of overfishing relevant to coastal zone management in Southeast Asia." *Tropical Coastal Area Management* 3(1): 14–15.

[209] N.N. Zeller, D., S. Booth, and D. Pauly. 2007. "Fisheries contributions to gross domestic products: Underestimating small-scale fisheries in the Pacific." *Marine Resources Economics* 21: 355–374.

[210] Geertz, C. 1985. *Local Knowledge: Further Essays in Interpretive Anthropology.* New York: Basic Books.

[211] Chapman, M.D. 1987. "Women fishing in Oceana." *Human Ecology* 15: 267–288.

[212] Christensen V., S. Guénette, J.J. Heymans, C.J. Walters, R. Watson, D. Zeller, and D. Pauly. 2003. "Hundred year decline of north Atlantic predatory fishes." *Fish and Fisheries* 4: 1–24.

[213] Pauly, D. and R. Watson. 2005. "Background and interpretation of the 'Marine Trophic Index' as a measure of biodiversity." *Philosophical Transactions of the Royal Society B: Biological Sciences* 360: 415–423.

[214] Pauly, D., J. Alder, E. Bennett, V. Christensen, P. Tyedmers, and R. Watson. 2003. "The future for fisheries." *Science* 302: 1359–1361.

[215] N.N. See: Pauly, D. 2018. "A vision of marine fisheries in a global blue economy." *Marine Policy* 87: 371–374.

[216] N.N. I reprint here, with permission, a brief comment (Pauly, D. and A. Charles. 2015. "Counting on small-scale fisheries." *Science* 347: 242–243) in which one major constraint to policy making pertinent to artisanal fisheries was brought to the attention of the FAO and other relevant bodies:

"On 10 June 2014, the member States of the Food and Agriculture Organization of the United Nations (FAO) adopted the *Voluntary Guidelines for Securing Sustainable Small-Scale Fisheries in the Context of Food Security and Poverty Eradication* (1). To make these Guidelines effective, it is crucial that the FAO, governments, and civil society have access to data to help understand small-scale fisheries. Currently, catches from these fisheries are not collected separately, but are lumped in with industrial catches, even though they represent about one-quarter of global catches, and the majority of catches in many developing countries. To promote the transparency needed for good governance (2, 3), the FAO ought to request from member countries a report of catch data that distinguishes between industrial and small-scale fisheries. Many decades of debate have failed to produce one, agreed-upon definition of a 'small-scale fishery', but the modest variations in definitions between countries do not preclude efforts to gather global statistics. Just as the Guidelines do not impose a single definition of small-scale fisheries, each of the FAO's member States could define their own small-scale fisheries, reflecting local realities. These changes would help to highlight the importance of small-scale fisheries and may also help governments that still treat these fisheries as a solution to demographic pressure and rural landlessness (4) to focus instead on their inherent value."

References for the quoted passage:

1. FAO. 2014. "Voluntary Guidelines for Securing Sustainable Small-scale Fisheries in the Context of Food Security and Poverty Eradication." Rome: Food and Agriculture Organization of the United Nations.

2. Charles, A.T. 2011. "Small-scale fisheries: On rights, trade and subsidies." *Maritime Studies* (MAST) 10: 85–94.

3. Charles, A.T. 2013. "Governance of tenure in small-scale fisheries: Key considerations." *Land Tenure Journal* 1: 9–37.

4. Pauly, D. 2006. "Major trends in small-scale marine fisheries, with emphasis on developing countries, and some implications for the social sciences." *Maritime Studies* (MAST) 4: 7–22.

This comment was also communicated to a high-ranking official at FAO, who gracefully acknowledged its receipt and indicated that the issue it raised would be examined. We heard later that the official in question had retired, and moreover, that FAO, as a "technical organiza-tion" of the United Nations, is not permitted to collect statistics about entities whose definitions vary between countries. Thus, it is likely that the Sea Around Us catch database, presented here in the essay "A Global Community-Driven Catch Database," which relies on (not very) variable national definitions, will remain the only source of global marine small-scale fishery catch data.

[217] N.N. This contribution, reprinted here with permission, was originally published with the same title in *Reviews in Fish Biology and Fisheries* (1996; 6: 109–112). It was written to comment on four other contribu-tions dealing with individual transferable quotas in the same journal issue. The articles' references are given in the notes below. It acknowl-edged Trevor Hutton for reading the draft and for suggestions that much improved it.

[218] Grafton, R.Q. 1996. "Individual transferable quotas: Theory and practice." *Reviews in Fish Biology and Fisheries* 6: 5–20.

[219] N.N. Nowadays, it requires no fantasy at all, as it has happened; see, e.g.: Pinkerton, E. and D.N. Edwards. 2009. "The elephant in the room: The hidden costs of leasing individual transferable fishing quotas." *Marine Policy*, 33(4): 707–713.

[220] Grafton, R.Q. 1996. "Individual transferable quotas: Theory and practice." *Reviews in Fish Biology and Fisheries* 6: 5–20.

[221] Amason, R. 1996. "On the ITQ fisheries management system of Iceland." *Reviews in Fish Biology and Fisheries* 6: 63–90.

[222] N.N. Ragnar Amason was wrong in this, as he was in many other things: the Icelandic ITQs were quickly concentrated in a few bankers' hands, then, as expected, they disappeared in the financial meltdown of 2008; see: Benediktsson K. and A. Karlsdóttir. 2011. "Iceland crisis and regional development: Thanks for all the fish?" *European Urban and Regional Studies* 18(2): 228–235.

[223] Annala, J.H. 1996. "New Zealand's ITQ system: Have the first eight years been a success or a failure?" *Reviews in Fish Biology and Fisheries* 6: 43–62.

[224] Walters, C.J. and R. H. Pearse. 1996. "Stock information requirements for quota management systems in commercial fisheries." *Reviews in Fish Biology and Fisheries* 6: 21–42.

[225] N.N. I can't resist mentioning that high-grading has recently been demonstrated to be as rampant in the ITQ fisheries of New Zealand as human rights abuses. (For the latter, see: Simmons, G. and C. Stringer 2014. "New Zealand's fisheries management system: Forced labour an ignored or overlooked dimension?" *Marine Policy* 50: 74–80.) The uncovering of massive high-grading (in: Simmons, G., G. Bremner, C. Stringer, B. Torkington, L.C.L. Teh, K. Zylich, D. Zeller, D. Pauly, and H. Whittaker. 2015. "Reconstruction of marine fisheries catches for New Zealand [1950–2010]." Fisheries Centre Working Paper #2015-87, Vancouver, BC: University of British Columbia) led to a whole series of other management failures (and a few environmental crimes) being uncovered (see, e.g.: Pala, C. 2017. "New Zealand fishing industry accused of driving world's rarest dolphin to extinction." *Earth Island Journal* Available from: http://www.earthisland.org/journal/index.php/elist/eListRead/new_zealand_fishing_industry_driving_maui_hectors_dolphin_to_extinction/).

[226] Warren, B. 1995. "Bycatch strategies: Success stories, promising approaches and role of the third sector." In: *Bycatches in Fisheries and Their Impact on the Ecosystem*, edited by T.J. Pitcher and R. Chuenpagdee. *Fisheries Centre Research Reports* 2(1): 61–64. Vancouver, BC: University of British Columbia.

[227] Amason, R. 1996. "On the ITQ fisheries management system of Iceland." *Reviews in Fish Biology and Fisheries* 6: 63–90.

[228] Ibid.

[229] Christy, F.T., Jr. 1982. *Territorial Use Rights in Fisheries: Definitions and Conditions.* FAO Fisheries Technical Paper 227. Rome: Food and Agriculture Organization of the United Nations.

[230] N.N. This contribution, reprinted here with permission of the publisher, is based on a book chapter: Pauly, D. 1999. "Fisheries management:

Putting our future in places." In: *Fishing Places, Fishing People: Traditions and Issues in Canadian Small-Scale Fisheries*, edited by D. Newell and R. Ommer, 355–362. Toronto: University of Toronto Press. It acknowledged Dr. Anthony Davis for detailed and helpful comments on the structure and draft of that chapter.

[231] Annala, J. 1996. "New Zealand's ITQ system: Have the first eight years been a success or a failure?" *Reviews in Fishery Biology and Fisheries* 6: 43–62.

[232] Munro, G.R. and T.J. Pitcher, eds. 1996. "Individual transferable quotas." Special issue. *Reviews in Fishery Biology and Fisheries* 6: 1–116.

[233] N.N. Not to mention their inherent unfairness; see: Bromley, D.W. 2009. "Abdicating responsibility: The deceits of fisheries policy." *Fisheries* 34(6) 280–290.

[234] Pauly, D. 1980. "On the interrelationships between natural mortality, growth parameters and mean environmental temperature in 175 fish stocks." *Journal du Conseil International pour l'Exploration de la Mer* 39: 175–192.

[235] Walters, C. and P.H. Pearse. 1996. "Stock information requirements for quota management systems in commercial fisheries." *Reviews in Fishery Biology and Fisheries* 6: 21–42.

[236] Bohnsack, J.A., subcommittee chair. 1990. "The potential of marine fisheries reserves for reef fish management in the U.S. southern Atlantic." Snapper–Grouper Development Team Report to the South Atlantic Fishery Management Council. NOAA *Technical Memorandum* NMFS-SEFC-261.

[237] Hutchings, J.A. and R.A. Myers. 1994. "What can be learned from the collapse of a renewable resource? Atlantic cod, *Gadus morhua*, for Newfoundland and Labrador." *Canadian Journal of Fisheries and Aquatic Science* 51: 2126–2146.

[238] Myers, R.A., N.J. Barrowman, and K.R. Thompson. 1995. "Synchrony of recruitment across the North Atlantic: An update. (Or, 'now you see it, now you don't!')." ICES *Journal of Marine Science* 52: 103–110.

[239] This is because of the population growth of fish, which is suppressed when a fish population is very abundant, but increases when it is moderately fished, as first documented by Baranov, F.I. 1927; translation: F.I. Baranov. 1977. "More about the poor catch of roach." In: *Selected Works on Fishing Gears: Theory of Fishing*, Vol. 3, 62–64. Jerusalem: Israel Program for Scientific Translations.

[240] See, for a case study: Pauly, D. 1988. "Fisheries research and the demersal fisheries of Southeast Asia." In: *Fish Population Dynamics*, 2nd ed.,

edited by J.A. Gulland, 329–348. Chichester and New York: Wiley InterScience.

[241] See, for an attempt at a consensus statement: Roberts, C., W.J. Ballantine, C.D. Buxton, P. Dayton, L.B. Crowder, W. Milon, M.K. Orbach, D. Pauly, and J. Trexler. 1995. "Review of the use of marine fishery reserves in the U.S. Southeastern Atlantic." NOAA Technical Memorandum NMFS-SEFSC-376.

[242] See pages 365–368 of: Beverton, R.J.H. and S.J. Holt. 1957. *On the Dynamics of Exploited Fish Populations*. Fisheries Investigations, Series 11. London: Ministry of Agriculture, Fisheries, and Food.

[243] Pauly, D. 1993. "Foreword." In Beverton, R.J.H. and S.J. Holt. *On the Dynamics of Exploited Fish Populations*. Reprint of the 1957 edition. London: Chapman & Hall.

[244] N.N. This essay, reprinted here with permission of the publisher, was originally published as Pauly, D. 1999. "Fisheries management: Putting our future in places." In: *Fishing Places, Fishing People: Traditions and Issues in Canadian Small-Scale Fisheries*, edited by D. Newell and R. Ommer, 355–362. Toronto: University of Toronto Press. It acknowledged Dr. Anthony Davis for detailed and helpful comments on the structure and content of the draft.

[245] Pauly, D. 1997. "Small scale fisheries in the tropics: Marginality, marginalization and some implications for fisheries management." In: *Global Trends in Fisheries Management*, edited by E. Pikitch, D.D. Hubert, and M. Sissenwine, 40–49. American Fisheries Society Symposium 20. Bethesda, MD: American Fisheries Society.

[246] Charles, A.T. 1995. "The Atlantic Canadian ground fishery: Roots of a collapse. *Dalhousie Law Journal* 18(1): 65–83.

[247] McGuire. T. 1991. "Science and the destruction of a shrimp fleet." *Maritime Anthropological Studies* 4(1): 32–55.

[248] Hutchings, J.A. and R.A. Myers. 1994. "What can be learned from the collapse of a renewable resource? Atlantic cod, *Gadus morhua*, for Newfoundland and Labrador." *Canadian Journal of Fisheries and Aquatic Sciences* 51: 2126–2146.

[249] Alverson, D.L., M.H. Freeberg, S.A. Murawski, and J.G. Pope. 1994. *A Global Assessment of Fisheries Bycatch and Discards*. FAO Fisheries Technical Paper 339. Rome: Food and Agriculture Organization of the United Nations.

[250] Finlayson, A.C. 1994. *Fishing for Truth: A Sociological Analysis of Northern Cod Assessments for 1977 to 1990*. St. John's, NL: The Institute of Social and Economic Research.

[251] Walters. C. 1994. *Fish on the Line: The Future of Canada's Pacific Fisheries.* Vancouver, British Columbia: David Suzuki Foundation.

[252] Pauly, D. 1995. "Anecdotes and the shifting baseline syndrome of fisheries." *Trends in Ecology and Evolution* 10(10): 430.

[253] Roy, D.J., B.E. Wynne, and R.W. Old, eds. 1991. *Bioscience ⇔ Society.* Chichester: John Wiley and Sons.

[254] Clark, C.W. 1990. *Mathematical Bioeconomics: The Optimal Management of Renewable Resources.* 2nd ed. New York: Wiley InterScience.

[255] Garcia, S. and C. Newton. 1997. "Current situation, trends, and prospects in world capture fisheries." In: *Global Trends in Fisheries Management*, edited by E. Pikitch, D.D. Hubert, and M. Sissenwine, 3–27. American Fisheries Society Symposium 20. Bethesda, MD: American Fisheries Society.

[256] Pauly, D. 1997. "Small scale fisheries in the tropics: Marginality, marginalization and some implications for fisheries management." In: *Global Trends in Fisheries Management*, edited by E. Pikitch, D.D. Hubert, and M. Sissenwine, 40–49. American Fisheries Society Symposium 20. Bethesda, MD: American Fisheries Society.

[257] Davis, A. 1996. "Barbed wire and bandwagons: A comment on ITQ fisheries management." *Reviews in Fish Biology and Fisheries* 6(1): 97–197.

[258] Amason, R. 1996. "On the ITQ fisheries management system in Iceland." *Reviews in Fish Biology and Fisheries* 6(1): 63–90.

[259] McCay, B.J. and J.M. Acheson, eds. 1987. *The Question of the Commons: The Culture and Ecology of Communal Resources.* Tucson: University of Arizona Press.

[260] Ruddle, K. and R.E. Johannes, eds. 1985. *The Traditional Knowledge and Management of Coastal Systems in Asia and the Pacific.* Jakarta: UNESCO Regional Office for Science and Technology.

[261] Pauly, D. 1988. "Fisheries research and the demersal fisheries of Southeast Asia." In: *Fish Population Dynamics*, 2nd ed., edited by J.A. Gulland, 329–348. Chichester and New York: Wiley InterScience.

[262] Finlayson, A.C. 1994. *Fishing for Truth: A Sociological Analysis of Northern Cod Assessments for 1977 to 1990.* St. John's, NL: The Institute of Social and Economic Research.

[263] Charles, A.T. 1995. "The Atlantic Canadian ground fishery: Roots of a collapse." *Dalhousie Law Journal* 18(1): 65–83.

[264] Pinkerton, E., ed. 1989. *Co-operative Management of Local Fisheries: New Directions for Improved Management and Community Development.* Vancouver, BC: UBC Press.

[265] Pinkerton, E. and M. Weinstein, eds. 1995. *Fisheries That Work: Sustainability through Community-Based Management.* Vancouver, BC: David Suzuki Foundation.

[266] Neis, B. 1999. "Familial and social patriarchy in the Newfoundland fishing industry." In: *Fishing Places, Fishing People: Traditions and Issues in Canadian Small-Scale Fisheries*, edited by D. Newell and R. Ommer, 32–54. Toronto, ON: University of Toronto Press.

[267] Kooiman, J., ed. 1992. *Modern Governance: New Government –Society Interactions.* London: Sage Publications.

[268] Baranov, F.I. 1977. *Selected Works on Fishing Gears: Theory of Fishing*, Vol. 3. Jerusalem: Israel Program for Scientific Translations.

[269] Beverton, R.J.H. and S.J. Holt. 1957. *On the Dynamics of Exploited Fish Populations.* Fisheries Investigations. Series II. London: Ministry of Agriculture, Fisheries, and Food.

[270] Cadigan, S.T. 1999. "Failed proposals for fisheries management and conservation in Newfoundland, 1855–1880." In: *Fishing Places, Fishing People: Traditions and Issues in Canadian Small-Scale Fisheries*, edited by D. Newell and R. Ommer, 147–169. Toronto, ON: University of Toronto Press.

[271] Bohnsack. 1994. "Marine reserves: They enhance fisheries, reduce conflicts, and protect resources." *Naga, the ICLARM Quarterly* 17(3): 4–7.

[272] Roberts. C., W.J. Ballantine, C.D. Buxton, P. Dayton, L.B. Crowder, W. Milon, M.K. Orbach, D. Pauly, and J. Trexler. 1995. "Review of the use of marine fishery reserves in the U.S. Southeastern Atlantic." *NOAA Technical Memorandum*, NMFS-SEFSC-376.

[273] Russ, G. and A. Alcala. 1994. "Sumilon Island Reserve: Twenty years of hopes and frustrations." *Naga, the ICLARM Quarterly* 17(3): 8–12.

[274] Ballantine, W.J. 1991. *Marine Reserves for New Zealand.* Leigh Laboratory Bulletin 25. University of Auckland.

[275] Shackell, Nancy L. and J.H. Willison. 1995. *Marine Protected Areas and Sustainable Fisheries.* Wolfville, NS: Science and Management of Protected Areas Association.

[276] Clark, A.T. 1996. "Refugia." Paper presented at the National Academy of Sciences International Conference on Ecosystem Management for Sustainable Marine Fisheries. February 19–24. Monterey, California.

[277] Ludwig, D.R., R. Hilborn, and C. Walters. 1993. "Uncertainty, resource exploitation, and conservation: Lessons from history." *Science* 260: 17 and 36.

[278] Parfit, M. and R. Kendrick. 1995. "Diminishing returns." *National Geographic* 188(5): 2–37.

[279] Safina, C. 1995. "The world's imperiled fish." *Scientific American* 273(5): 46–53.

[280] N.N. As originally published in the *New York Times* (Pauly, D. 2014. "Fishing more, catching less." *New York Times*, March 26). As was the case with the "Aquacalypse" article, the title is not one I have chosen; however, I kept it, as it pithily summarizes the fisheries issues of our time.

[281] N.N. See: Belhabib D., U.R. Sumaila, V.W.Y. Lam., D. Zeller, P. Le Billon, E.A. Kane, and D. Pauly. 2015. "Euro vs. Yuan: Comparing European and Chinese fishing access in West Africa." *PLOS One* 10(3): e0118351, and references therein.

[282] N.N. See: Pauly, D. and D. Zeller. 2016. "Catch reconstructions reveal that global marine fisheries catches are higher than reported and declining." *Nature Communications* 7. doi: 10.1038/ncomms10244.

[283] N.N. This contribution was originally published as Pauly, D. 1996. "Fleet-operational, economic, and cultural determinants of bycatch uses in Southeast Asia." In: *Solving Bycatch: Considerations for Today and Tomorrow*, 285–288. Sea Grant College Program, Report No. 96-03. University of Alaska Fairbanks and NOAA Fisheries. It acknowledged Sandra Gayosa (Philippines), Eny A. Buchary (Indonesia), Ratana Chuenpagdee (Thailand), and Alida Bundy (UK and Canada) for reading a draft and the improvements that ensued.

[284] Alverson, D.L., M. Freeberg, S.A. Murawski, and J.G. Pope. 1994. *A Global Assessment of Fisheries Bycatch and Discards.* FAO Fisheries Technical Paper 339. Rome: Food and Agriculture Organization of the United Nations.

[285] Dennett, D.C. 1995. *Darwin's Dangerous Idea: Evolution and the Meaning of Life.* New York: Simon & Schuster.

[286] Shindo, S. 1973. *A General Review of the Trawl Fishery and the Demersal Fish Stocks in the South China Sea.* FAO Fisheries Technical Paper 120. Rome: Food and Agriculture Organization of the United Nations.

[287] Pauly, D. and Chua Thia Eng. 1988. "The overfishing of marine resources: Socioeconomic background in Southeast Asia." *AMBIO: A Journal of Human Environment* 17(3): 200–206.

[288] Pauly, D. 1988. "Fisheries research and the demersal fisheries of Southeast Asia." In: *Fish Population Dynamics*, 2nd ed., edited by J.A. Gulland, 329–348. Chichester and New York: Wiley InterScience.

[289] Longhurst, A.R. and D. Pauly. 1987. *Ecology of Tropical Oceans.* San Diego: Academic Press.

[290] Sinoda, M., S.M. Tan, Y. Wanatabe, and Y. Meemeskul. 1979. "A method for estimating the best cod end mesh size in the South China Sea area." *Bulletin of the Choshi Marine Laboratory* 11: 65-80.

[291] Azhar, T. 1980. "Some preliminary notes on the bycatch of prawn trawlers off the west coast of Peninsular Malaysia." In: *Report of the Workshop on the Biology and Resources of Penaeid Shrimps in the South China Sea Area*, June 30-July 5, Part I, 64-69. Kota Kinabalu, Sabah, Malaysia.

[292] Sarjono, I. 1980. "Trawlers banned in Indonesia." ICLARM *Newsletter* 3(4): 3.

[293] Butcher, J.G. 1996. "The marine fisheries of the Western Archipelago: Toward an economic history." In: *Baseline Studies of Biodiversity: The Fish Resources of Western Indonesia*, edited by D. Pauly and P. Martosubroto. ICLARM Studies and Reviews 23.

[294] Mizutani, T., A. Kimizuka, K. Ruddle, and N. Ishige. 1987. "A chemical analysis of fermented fish products and discussion of fermented flavors in Asian cuisines." *Bulletin of the National Museum of Ethnology* 12(3): 801-864.

[295] Ruddle, K. 1986. "The supply of marine fish species for fermentation in Southeast Asia." *Bulletin of the National Museum of Ethnology* 11(4): 997-1036.

[296] N.N. The original reference for this statement was Alverson, D.L., M. Freeberg, S.A. Murawski, and J.G. Pope. 1994. *A Global Assessment of Fisheries Bycatch and Discards.* FAO Fisheries Technical Paper 339, Rome: Food and Agriculture Organization of the United Nations. This contribution, however, overestimated the extent of discarding; see: Pauly, D. and D. Zeller. 2016. "Catch reconstructions reveal that global marine fisheries catches are higher than reported and declining." *Nature Communications* 7. doi: 10.1038/ncomms10244.

[297] Pauly, D. 1988. "Fisheries research and the demersal fisheries of Southeast Asia." In: *Fish Population Dynamics*, 2nd ed., edited by J.A. Gulland, 329-348. Chichester and New York: Wiley InterScience.

[298] N.N. This contribution, reprinted here with permission, was originally published as Pauly, D. 1998. "Rationale for reconstructing catch time series." EC *Fisheries Cooperation Bulletin* 11(2): 4-7. It acknowledged the participants of the ACP-EU Course on Fisheries and Biodiversity Management, held in Port of Spain, Trinidad and Tobago, May 21-June 3, 1998, for their interest in the discussions that led to a draft and for their comments on it.

[299] N.N. Obviously, an update must here mention Google Earth, which can be used to count fishing boats, but also fishing installations such as weirs; see: Al-Abdulrazzak, D. and D. Pauly. 2013. "Managing fisheries from space: Google Earth improves estimates of distant fish catches." ICES *Journal of Marine Science*. doi:10.1093/icesjms/fst178.

[300] N.N. For an example of the kind of quite reliable information that can be elicited from old fishers see: Tesfamichael, D., T.J. Pitcher, and D. Pauly. 2014. "Assessing changes in fisheries using fishers' knowledge to generate long time series of catch rates: A case study from the Red Sea." *Ecology and Society* 19 (1): 18.

[301] N.N. A number of approximations of catch composition of the sort illustrated here can be averaged into a representative set of percentages, which can be applied to the catches of the relevant period. These percent catch compositions can be interpolated in time. E.g., for 1950–1954 with a composition of 40% groupers, 20% snappers, 10% grunts, and 30% other fish, and for these same groups in 1960–1964, a composition of 10%, 10%, 20%, and 60% respectively, the values for the intermediate period (1955–1959) can then be interpolated as 25% groupers, 15% snappers, 15% grunts, and 45% other fish.

[302] Kenny, J.S. 1955. "Statistics of the Port-of-Spain wholesale fish market." *Journal of the Agricultural Society* (June 1955): 267–272.

[303] King-Webster, W.A. and H.D. Rajkumar. 1958. A *Preliminary Survey of the Fisheries of the Island of Tobago.* Unpublished MS, 19 p. Port of Spain, Trinidad and Tobago: Caribbean Commission Central Secretariat.

[304] N.N. This contribution was originally published on June 8, 2016, with the title "A global, community-driven marine fisheries catch database," as part of a series produced by the *Huffington Post* in partnership with Ocean Unite, an initiative to unite and activate powerful voices for ocean-conservation action. The series was produced to coincide with World Ocean Day (June 8), as part of HuffPost's "What's Working" initiative, putting a spotlight on initiatives around the world that are solutions oriented.

[305] The data underlying all interactive graphic displays can be downloaded for further analysis.

[306] N.N. Therein, the definitions of large-scale ("industrial," often mislabeled "commercial") and small-scale (often mislabeled "traditional") are those prevailing in each maritime country. Governments tend to favor industrial fisheries, although it is the small-scale fisheries that meet most of the sustainability criteria.

[307] N.N. Pauly, D. and D. Zeller. 2016. "Catch reconstructions reveal that global marine fisheries catches are higher than reported and declining." *Nature Communications*, 7. doi: 10.1038/ncomms10244.

[308] N.N. This contribution is based on an essay solicited by Ms. Lucy Odling-Smee, a journalist working for *Nature*, who asked me "Why do we need

to know fisheries catches?" You never say no to a journalist working for *Nature*. However, I didn't know that my contribution (Pauly, D. 2013. "Does catch reflect abundance? Yes, it is a crucial signal." *Nature* 494: 303–306) would be part of a "debate" where someone would have the nerve to argue that we don't need to know fisheries catches. I wouldn't have bothered writing the essay then for the same reason that I don't debate creationists or climate denialists. Life is short, and there are much better ways to spend one's time and energy.

[309] Grainger, R.J.R. and S. Garcia. 1996. *Chronicles of Marine Fisheries Landings (1950–1994): Trend Analysis and Fisheries Potential.* FAO Fisheries Technical Paper 339. Rome: Food and Agriculture Organization of the United Nations.

[310] N.N. Froese, R. and K. Kesner-Reyes. 2002. *Impact of Fishing on the Abundance of Marine Species.* ICES CM 2002/L: 12. Copenhagen: International Council for the Exploration of the Sea.

[311] Worm, B., E.B. Barbier, N. Beaumont, J. Emmett Duffy, C. Folkes, B.S. Halpern, J.B.C. Jackson, H.K. Lotze, F. Micheli, S.R. Palumbi, E. Sala, A. Selkoe, J.J. Stachowicz, and R. Watson. 2006. "Impacts of biodiversity loss on ocean ecosystem services." *Science* 314: 787–790.

[312] N.N. See: Pauly, D. and D. Zeller. 2016. "Catch reconstructions reveal that global marine fisheries catches are higher than reported and declining." *Nature Communications,* 7. doi: 10.1038/ncomms10244.

[313] Kleisner, K., R. Froese, D. Zeller, and D. Pauly. 2013. "Using global catch data for inferences on the world's marine fisheries." *Fish and Fisheries* 14: 293–311.

[314] Froese, R., K. Kleisner, D. Zeller, and D. Pauly. 2012. "What catch data can tell us about the status of global fisheries." *Marine Biology* 159: 1283–1292.

[315] Walters, C.J. and J.J. Maguire. 1996. "Lessons for stock assessments from the northern cod collapse." *Reviews in Fish Biology and Fisheries* 6: 125–137.

[316] N.N. This work is now completed; it covered the Exclusive Economic Zone of 273 maritime countries (or part thereof) and their overseas territories, as well as the high seas; see: Pauly, D. and D. Zeller, eds. 2016. *Global Atlas of Marine Fisheries: A Critical Appraisal of Catches and Ecosystem Impacts.* Washington, DC: Island Press. While the fisheries catch data and derived indicators therein cover the years 1950 to 2010, updated versions of the data in this Atlas can be downloaded from http://www.seaaroundus.org.

[317] Zeller, D., S. Booth, G. Davis, and D. Pauly. 2007. "Re-estimation of small-scale fishery catches for U.S. flag-associated islands in the western Pacific: The last 50 years." *Fishery Bulletin* US 105: 266–277.

[318] Zeller, D., P. Rossing, S. Harper, L. Persson, S. Booth, and D. Pauly. 2011. "The Baltic Sea: Estimates of total fisheries removals 1950–2007." *Fisheries Research* 108: 356–363.

[319] N.N. This contribution, reprinted here with permission, was originally titled "Anecdotes and the shifting baseline syndrome of fisheries," and published as a one-page "Postscript" in *Trends in Ecology and Evolution* (1995, 10: 430). It was solicited by Robert May, who urgently needed some prose to complete the October 1995 issue of TREE. I quickly wrote a text based on some ideas that were buzzing in my head at the time, and Bob May was happy. Neither of us anticipated the success of this one-page article, which has garnered 1,676 citations on Google Scholar as of this writing (February 2018) and over 231,000 views of the corresponding TED Talk (see: http://www.ted.com/talks/daniel_pauly_the_ocean_s_shifting_baseline). More importantly, the paper may have inspired the founding of a new (sub)discipline—historical ecology—as documented, e.g., in the work of Sáenz-Arroyo, A., C. Robert, J. Torre, M. Cariño-Olvera, and R. Enríquez-Andrade. 2005. "Rapidly shifting environmental baselines among fishers of the Gulf of California." *Proceedings of the Royal Society of London B: Biological Sciences*, 272: 1957–1962, and especially in the following books: J.B.C. Jackson, K.E. Alexander, and E. Sala, eds. 2011. *Shifting Baselines: The Past and Future of Ocean Fisheries*. Washington, DC: Island Press; J.N. Kittinger, L. McClenachan, K.B. Gedan, and L.K. Blight, eds. 2014. *Marine Historical Ecology in Conservation: Applying the Past to Manage for the Future*. Berkeley: University of California Press; and D. Rost. 2014. *Wandel (v)erkennen: Shifting Baselines und die Wahrnehmung umwelrelevanter Veränderungen aus wissenssoziologischer Sicht*. Wiesbaden: Springer VS.

[320] The original version of this essay cited here an overestimate (30 million metric tons per year) based on the work of Alverson, D.L., M.H. Freeberg, J.G. Pope, and S.A. Murawski. 1994. *A Global Assessment of Fisheries Bycatch and Discards*. FAO Fisheries Technical Paper 339. Rome: Food and Agriculture Organization of the United Nations. This was deleted in view of the current estimate being lower (see: Zeller, D., T. Cashion, D.L.D. Palomares, and D. Pauly. 2018. "Global marine fisheries discards: A synthesis of reconstructed data." *Fish and Fisheries* 19(1): 30–39).

[321] The high estimate of 150 million metric tons was based on the approximate method that produced Figure 1 of Pauly, D., V. Christensen, S. Guénette, T.J. Pitcher, U.R. Sumaila, C.J. Walters, R. Watson, and D. Zeller. 2002. "Towards sustainability in world fisheries." *Nature* 418: 689–695. A much better estimate is 135 million metric tons (in 1996; see: http://www.seaaroundus.org), which is also well past previously

published estimates of global potential; see: Pauly, D. 1996. "One hundred million tonnes of fish, and fisheries research." *Fisheries Research* 25(1): 25–38.

[322] Smith, T.D. 1994. *Scaling Fisheries*. Cambridge: Cambridge University Press.

[323] Chapman, M.D. 1987. "Women fishing in Oceana." *Human Ecology* 15: 267–288.

[324] N.N. See: Zeller, D., S. Harper, K. Zylich, and D. Pauly. 2015. "Synthesis of under-reported small-scale fisheries catch in Pacific-island waters." *Coral Reefs* 34: 25–39.

[325] MacIntyre, F., K.W. Estep, and T.T. Noji. 1995. "Is it deforestation or desertification when we do it to the ocean?" *Naga, the ICLARM* Quarterly 18(3): 7–8.

[326] Mowat, F. 1984. *Sea of Slaughter*. Atlantic Monthly Press, USA.

[327] This contribution, reprinted here with permission, was originally published as Pauly, D. 2011. "On baselines that need shifting." *Solutions—for a Sustainable and Desirable Future* 2(1): 14. (Available from: http://www.thesolutionsjournal.com.)

[328] N.N. The 48 contiguous states of the continental U.S.A.

[329] N.N. The law in question is the Magnuson-Stevens Act, which, in the United States, mandates rebuilding of overexploited fish populations within 10 years to the level corresponding with "maximum sustainable yield." However, this requires assuming a population size (i.e., biomass level) that corresponds to the carrying capacity of the ecosystem (which is itself badly approximated by the size of an exploited population).

[330] N.N. As the U.S. election of November 2016 demonstrated, fringe characters can be elected to the highest office, but whether they will remain there is an open question.

[331] This contribution, reprinted here with permission, was originally published as Pauly, D. 2001. "Importance of the historical dimension in policy and management of natural resource systems." In: *Proceedings of the INCO-DEV International Workshop on Information Systems for Policy and Technical Support in Fisheries and Aquaculture*, edited by E. Feoli and C.E. Nauen, 5–10. ACP-EU Fisheries Research Report No. 8. It acknowledged Dr. Kim Bell, I.B.L. Smith Institute of Ichthyology, Grahamstown, South Africa, for his close reading of the draft and suggestions on how best to get its message across.

[332] In science, theories are not guesses, as they are in common usage of the word. On the contrary, theories, such as the Theory of Evolution by Natural Selection in biology, the Theory of Relativity in physics or the Plate Tectonic Theory in geology, are comprehensive articulations of the best, most reliable facts in a given discipline, together with their various interrelationships. New theories emerge slowly, but when they do, they allow a wide variety of disparate facts to be explained.

[333] Kuhn, T. 1962. *The Structure of Scientific Revolutions*. Chicago: University of Chicago Press.

[334] Gross, P.R. and N. Levitt. 1994. *Higher Superstition: The Academic Left and Its Quarrels with Science*. Baltimore: John Hopkins University Press.

[335] See contributions in: Pullin, R.S.V., R. Froese, and C.M.V. Casal, eds. 1999. *Proceedings of the Conference on Sustainable Use of Aquatic Biodiversity: Data, Tools and Cooperation*. Lisbon, Portugal, September 3–5, 1998. ACP-EU Fisheries Research Report No. 6.

[336] Pauly, D. 1996. "Biodiversity and the retrospective analysis of demersal trawl surveys: A programmatic approach." In *Baseline Studies in Biodiversity: The Fish Resources of Western Indonesia*, edited by D. Pauly and P. Martosubroto, 1–6. ICLARM Studies and Reviews 23.

[337] Froese, R. and D. Pauly, eds. 2000. *FishBase 2000: Concepts, Design and Data Sources*. Los Baños, Philippines: International Center for Living Aquatic Resources Management. (See also: http://www.fishbase.org.)

[338] N.N. Despite the enormous success of FishBase, which in early 2017 received 50 million "hits" per month (from half a million individual users), no specialist for groups other than fish followed our lead, even though we freely offered our advice, design, and software. Thus, with initial support from the Oak Foundation, we created SeaLifeBase (http://www.sealifebase.org), covering all multicellular marine organisms.

[339] N.N. Colléter, M., A. Valls, J. Guitton, D. Gascuel, D. Pauly, and V. Christensen. 2015. "Global overview of the applications of the Ecopath with Ecosim modeling approach using the EcoBase models repository." *Ecological Modelling* 24: 42–53. See: http://www.ecopath.org and http://sirs.agrocampus-ouest.fr/EcoBase/.

[340] N.N. Hoover, C., T.J. Pitcher, and V. Christensen. 2013. "Effects of hunting, fishing and climate change on the Hudson Bay marine ecosystem: I. Re-creating past changes 1970–2009." *Ecological Modelling* 24: 130–142.

[341] N.N. Sumaila, U.R., V.W.Y. Lam, F. Le Manach, W. Schwartz. and D. Pauly. 2016. "Global fisheries subsidies: An updated estimate." *Marine Policy* 69: 189–193. doi: 1016/j.marpol.2015.12.026.

[342] N.N. Since this was originally written, my positive impression of the potential of the Census of Marine Life was replaced by a sense that an excellent opportunity was, if not wasted, then strongly underutilized, as the Census ended up as a disparate assemblage of uncoordinated projects (fortunately costing far less than US$10 billion), leading in the aggregate to nothing resembling a "census"; see: Pauly, D. and R. Froese. 2010. "Account in the dark." *Nature Geoscience* 3(10): 662–663.

[343] N.N. This essay is reprinted here, with permission from the publisher, from Pauly, D. 2002. "Consilience in oceanographic and fishery research: A concept and some digressions." In: *The Gulf of Guinea Large Marine Ecosystem: Environmental Forcing and Sustainable Development of Marine Resources*, edited by J. McGlade, P. Cury, K.A. Koranteng, and N.J. Hardman-Mountford, 41–46. Amsterdam: Elsevier Science. It was based on a summary I gave of the workshop that led to the edited volume in which it was published. At the workshop held in Accra, Ghana, on July 27–29, 1998, in addition to presenting a case study on a Ghanaian coastal lagoon, I attempted to show the interrelationships between the multidisciplinary contributions presented at that workshop. I acknowledged Dr. Cornelia Nauen for discussions after this workshop, which was funded by the European Commission.

[344] Simonton, D.K. 1988. *Scientific Genius: A Psychology of Science.* Cambridge: Cambridge University Press.

[345] Pauly, D. 1994. "Resharpening Ockham's Razor." *Naga, the* ICLARM *Quarterly* 17(2): 7–8.

[346] Wilson, E.O. 1998. *Consilience: The Unity of Knowledge.* New York: Alfred A. Knopf.

[347] Alvarez, L.W., W. Alvarez, F. Asaro, and H.V. Michel. 1980. "Extraterrestrial cause for the Cretaceous-Tertiary extinction." *Science* 208: 1095–1106.

[348] Raup, D.M.1986. *The Nemesis Affair: A Story of the Death of Dinosaurs and the Ways of Science.* New York: W.W. Norton.

[349] Gould, S.J. 1995. *Dinosaurs in a Haystack: Reflections in Natural History.* New York: Harmony Books. (The quote is on p. 152.)

[350] N.N. The resolution of this ancient conflict was essentially that evolution occurs when organisms are subjected to processes acting slowly and more or less uniformly over long periods, and that occasional catastrophes, such as a monster meteor slamming into Earth 65 million years ago, by annihilating huge fractions of ancient flora and fauna also had a major structuring role on the composition of the surviving flora and fauna, and hence on evolution's outcomes.

[351] N.N. Since this was written, I discovered that several countries have research groups and/or agencies to do just this.

[352] Cavalli-Sforza, L.L., A. Piazza, P. Menozzi, and J. Mountain. 1988. "Reconstruction of human evolution: Bringing together genetic, archaeological and linguistic data." *Proceedings of the National Academy of Science* 85(16): 6002–6006.

[353] Tort, P. 1996. "Sir William Thompson, Lord Kelvin, 1824–1907." In: *Dictionnaire du Darwinisme et de l'Evolution*, edited by P. Tort, 4281–4283. Paris: Presse Universitaire de France.

[354] Gilmont, R. 1959. *Thermodynamic Principles for Chemical Engineers.* New York: Prentice Hall. (The quote is on p. 146.)

[355] Sverdrup, H.U., M.W. Johnson, and R.H. Fleming. 1942. *The Oceans: Their Physics, Chemistry and General Biology.* New York: Prentice Hall.

[356] Bakun, A. 1996. *Patterns in the Ocean: Ocean Processes and Marine Population Dynamics.* California Sea Grant, La Jolla, California, and Centro de Investigaciones Biológicas del Noroeste, La Paz, Baja California Sur.

[357] Schrödinger, E. 1992. *What Is Life?* Cambridge: Cambridge University Press.

[358] Laevastu, T. and F. Favorite. 1977. *Preliminary Report on a Dynamic Numerical Marine Ecosystem Model (DYNUMES) for the Eastern Bering Sea.* U.S. National Marine Fisheries/Northwest and Alaska Fisheries Center, Seattle.

[359] Laevastu, T. and H.L. Larkins. 1981. *Marine Fisheries Ecosystems: Quantitative Evaluation and Management.* Farnham, Surrey: Fishing News Books.

[360] Polovina, J.J. 1984. "Model of a coral reef ecosystem I. The ECOPATH model and its application to French Frigate Shoals." *Coral Reefs* 3 (1): 1–11.

[361] Polovina, J.J. 1985. "An approach to estimating an ecosystem box model." *U.S. Fishery Bulletin* 83(3): 457–460.

[362] Christensen, V. and D. Pauly, eds. 1993. *Trophic Models of Aquatic Ecosystems.* ICLARM Conference Proceedings 26. Manila: International Center for Living Aquatic Resources Management.

[363] Pauly, D. 2002. "Spatial modelling of trophic interactions and fisheries impacts in coastal ecosystems: A case study of Sakumo Lagoon, Ghana." In: *The Gulf of Guinea Large Marine Ecosystem: Environmental Forcing and Sustainable Development of Marine Resources*, edited by J. McGlade, P. Cury, K.A. Koranteng, and N.J. Hardman-Mountford, xxxv and 289–296. Amsterdam: Elsevier Science.

[364] N.N. See: Okey, T. and D. Pauly. 1999. "A mass-balance trophic model of trophic flows in Prince William Sound: Decompartmentalizing ecosystem knowledge." In: *Ecosystem Approaches for Fisheries Management*, edited by S. Keller, 621–635. University of Alaska, Fairbanks.

[365] Hardman-Mountford, N.J. and J.M. McGlade. 2002. "Defining ecosystem structure from natural resource variability: Application of principal components analysis to remotely sensed sea surface temperatures." In: *The Gulf of Guinea Large Marine Ecosystem: Environmental Forcing and Sustainable Development of Marine Resources*, edited by J. McGlade, P. Cury, K.A. Koranteng, and N.J. Hardman-Mountford, 67–82. Amsterdam: Elsevier Science.

[366] Roy, C., P. Cury, P. Freon, and H. Demarq. 2002. "Environmental and resource variability off Northwest Africa." In: *The Gulf of Guinea Large Marine Ecosystem: Environmental Forcing and Sustainable Development of Marine Resources*, edited by J. McGlade, P. Cury, K.A. Koranteng, and N.J. Hardman-Mountford, 121–140. Amsterdam: Elsevier Science.

[367] Longhurst, A.R. 1998. *Ecological Geography of the Sea*. San Diego: Academic Press.

[368] Longhurst, A., R.S. Sathyendranath, T. Platt, and C.M. Caverhill. 1995. "An estimate of global primary production in the ocean from satellite radiometer data." *Journal of Plankton Research* 17: 1245–1271.

[369] Pauly, D. and V. Christensen. 1995. "Primary production required to sustain global fisheries." *Nature* 374: 255–257.

[370] Trites, A., V. Christensen, and D. Pauly. 1997. "Competition between fisheries and marine mammals for prey and primary production in the Pacific Ocean." *Journal of Northwest Atlantic Fishery Science* 22: 173–187.

[371] Pauly, D. 1995. "Anecdotes and the shifting baseline syndrome of fisheries." *Trends in Ecology and Evolution* 10(10): 430.

[372] Pauly, D. 1996. "Biodiversity and the retrospective analysis of demersal trawl surveys: A programmatic approach." In: *Baseline Studies in Biodiversity: The Fish Resources of Western Indonesia*, edited by D. Pauly and M. Martosubroto, 1–6. ICLARM Studies and Reviews 23. Manila: International Center for Living Aquatic Resources Management.

[373] Hilborn, R. and C.J. Walters. 1992. *Quantitative Fisheries Stock Assessment: Choice, Dynamics and Uncertainty*. New York: Chapman & Hall.

[374] Medawar, P.B. 1967. *The Art of the Soluble*. London: Methuen & Co.

[375] Gayet, M. 1996. "Humboldt, Friedrich Wilhelm Heinrich, Alexander von, 1769–1859." In: *Dictionnaire du Darwinisme et de l'Evolution*, edited by P. Tort, 2284–2287. Paris: Presse Universitaire de France.

[376] Conway, G.R. 1985. "Agroecosystem analysis." *Agricultural Administration* 20: 31–55.

[377] Note, incidentally that agroecosystems can also straightforwardly be described by trophic mass–balance models; see, e.g.: Dalsgaard, J.P.T. and R.T. Oficial. 1997. "A quantitative approach for assessing the productive performance and ecological contribution of smallholder farms." *Agricultural Systems* 55(4): 503–533.

[378] Pauly, D. and C. Lightfoot. 1992. "A new approach for analyzing and comparing coastal resource systems." *Naga, the* ICLARM *Quarterly* 15(3): 7–10.

[379] Nauen, C. "How can collaborative research be most useful to fisheries management in developing countries?" In: *The Gulf of Guinea Large Marine Ecosystem: Environmental Forcing and Sustainable Development of Marine Resources,* edited by J. McGlade, P. Cury, K.A. Koranteng, and N.J. Hardman-Mountford, 357–364. Amsterdam: Elsevier Science.

[380] N.N. Since this was originally written, coastal area management as described here has largely been replaced by conservation planning using formal software tools such as Marxan; see: Ball I.R, H.P. Possingham, and M. Watts. 2009. "Marxan and relatives: Software for spatial conservation prioritization." In: *Spatial Conservation Prioritization: Quantitative Methods and Computational Tools,* edited by A. Moilanen, K.A. Wilson, and H.P. Possingham, 185–195. Oxford: Oxford University Press, and other publications by Hugh P. Possingham and his associates.

[381] Eschmeyer, W.N., ed. 1998. *Catalog of Fishes.* Special publication, 3 volumes. San Francisco: California Academy of Sciences.

[382] Froese, R. and D. Pauly, eds. 1998. *FishBase 98: Concepts, Design and Data Sources.* Manila: International Center for Living Aquatic Resources Management. (See: http://www.fishbase.org for updates.)

[383] As might have been noted, several of my examples (Ecopath, SimCoast, FishBase) are products of projects (initially) supported by the European Commission, particularly by its (former) Directorate General concerned with development (i.e., VIII and XII INCO/DC), but not run by committees or university consortia. Perhaps this indicates that such projects, providing support to participants only if they buy into the strong concept underlying such ventures, are more effective than the usual collaborative projects, where the partners agree only to share the available funds.

[384] N.N. This contribution, reprinted here with permission, was originally published as Pauly, D. 2011. "Focusing one's microscope." *The Science Chronicles*

(The Nature Conservancy), January, 4–7. It was a quick response to an article suggesting that the phenomenon now widely known as "fishing down marine food webs," and documented by a multitude of authors in a multitude of cases throughout the world's oceans and in freshwaters in fact does not exist and is a figment of my imagination.

[385] Pauly, D. 2010. *5 Easy Pieces: The Impact of Fisheries on Marine Ecosystems.* Washington, DC: Island Press.

[386] Branch, T.A., R. Watson, E.A. Fulton, S. Jennings, C.R. McGilliard, G.T. Pablico, D. Ricard, and S.R. Tracey. 2010. "The trophic fingerprint of marine fisheries." *Nature* 468: 431–435.

[387] N.N. See: Swartz, W., E. Sala, R. Watson, and D. Pauly. 2010. "The spatial expansion and ecological footprint of fisheries (1950 to present)." PLOS ONE 5(12): e15143. doi: 10.1371/journal.pone.0015143.

[388] N.N. See: Kleisner, K., H. Mansour, and D. Pauly. 2014. "Region-based MTI: Resolving geographic expansion in the Marine Trophic Index." *Marine Ecology Progress Series* 512: 185–199.

[389] Liang, C. and D. Pauly. 2017. "Fisheries impacts on China's coastal ecosystems: Unmasking a pervasive 'fishing down' effect." PLOS ONE 12(3): e0173296. doi:10.1371/journal.pone.0173296.

[390] N.N. This contribution (Pauly, D. 2014. "Homo sapiens: Cancer or parasite?" *Ethics in Science and Environmental Politics* 14(1): 7–10), perhaps born out of frustration with the continued devastation of the natural world, was originally part of a collection of essays in "Theme Section: The Ethics of Human Impacts and the Future of the Earth's Ecosystems," edited by D. Pauly and K. Stergiou. *Ethics in Science and Environmental Politics* 14(1). It is reprinted here with permission.

[391] Pauly, D., V. Christensen, S. Guénette, T.J. Pitcher, U.R. Sumaila, C.J. Walters, R. Watson, and D. Zeller. 2002. "Towards sustainability in world fisheries." *Nature* 418: 689–695.

[392] Pauly, D. 2009. "Aquacalypse now: The end of fish." *The New Republic*, October 7: 24–27.

[393] Pauly, D. 2009. "Beyond duplicity and ignorance in global fisheries." *Scientia Marina* 73: 215–223.

[394] Pauly, D. 2012. "Diagnosing and solving the global crisis of fisheries: Obstacles and rewards." *Cybium* 36: 499–504.

[395] Rapport, D.J. 2000. "Ecological footprints and ecosystem health: Complementary approaches to a sustainable future." *Ecological Economics* 32: 367–370.

[396] Pavlikakis, G.E. and V.A. Tsihrintzis. 2003. "Integrating humans in eco-system management using multi-criteria decision making." *Journal of the American Water Resource Association* 39: 277–288.

[397] Hern, W.M. 1993. "Has the human species become a cancer on the planet? A theoretical view of population growth as a sign of pathology." *Current World Leaders* 36: 1089–1124.

[398] MacDougall, A.K. 1996. "Human as cancer." *Wild Earth* 1996: 81–88.

[399] Charles, A.T. 1995. "Fishery science: The study of fishery systems." *Aquatic Living Resources* 8: 233–239.

[400] Berkes, F. 2004. "Rethinking community-based conservation." *Conservation Biology* 18: 621–630.

[401] Jones, P.J.S. 2008. "Fishing industry and related perspectives on the issues raised by no-take marine protected area proposals." *Marine Policy* 32: 749–758.

[402] Wells, S. 2004. *The Journey of Man: A Genetic Odyssey*. New York: Random House.

[403] Stringer, C. 2011. *The Origin of Our Species*. London: Penguin Books.

[404] Tattersall, I. 2009. "Human origins: Out of Africa." *Proceedings of the National Academy of Sciences* USA 106: 16018–16021.

[405] Mellars, P. 2006. "Why did modern human populations disperse from Africa ca. 60,000 years ago? A new model." *Proceedings of the National Academy of Sciences* USA 103: 9381–9386.

[406] Pinker, S. 2011. *The Better Angels of Our Nature: Why Violence Has Declined*. Penguin Books, London.

[407] Wells, S. 2004. *The Journey of Man: A Genetic Odyssey*. Random House, New York.

[408] Mellars, P. 2006. "Why did modern human populations disperse from Africa ca. 60,000 years ago? A new model." *Proceedings of the National Academy of Sciences* USA 103: 9381–9386.

[409] Stringer, C. 2011. *The Origin of Our Species*. London: Penguin Books.

[410] Oppenheimer, S. and M. Richards. 2001. "Fast trains, slow boats, and the ancestry of the Polynesian islanders." *Science Progress* 84: 157–181.

[411] Alroy, J. 2001. "A multispecies overkill simulation of the end: Pleistocene megafaunal mass extinction." *Science* 292: 1893–1896.

[412] Holdaway, R.N. and C. Jacomb. 2000. "Rapid extinction of the moas (Aves: Dinornithiformes): model, test, and implications." *Science* 287: 2250–2254.

[413] Zimov, S.A. 2005. "Pleistocene park: Return of the mammoth's ecosystem." *Science* 308: 796–798.

[414] Flannery, T. 2002. *The Future Eaters: An Ecological History of the Australasian Lands and People.* New York: Grove Press.

[415] Montgomery, D.R. 2007. *Dirt: The Erosion of Civilizations.* Berkeley: University of California Press.

[416] Liebenberg, L. 2013. *The Origin of Science: The Evolutionary Roots of Scientific Reasoning and Its Implications for Citizen Science.* Cape Town: CyberTracker. (Available from: www. cybertracker.org/downloads/tracking/ Liebenberg-2013-The-Origin-of-Science.pdf.)

[417] Purugganan, M.D. and D.Q. Fuller. 2009. "The nature of selection during plant domestication." *Nature* 457: 843–848.

[418] Davidson, D.J., J. Andrews, and D. Pauly. 2014. "The effort factor: Evaluating the increasing marginal impact of resource extraction over time." *Global Environmental Change* 25: 63–68.

[419] Ehrlich, P.R. 2014. "Human impact: The ethics of I=PAT." *Ethics in Science and Environmental Politics* 14: 11–18.

[420] Grimm, K.A. 2003. "Is earth a living system?" Geological Society of America *Abstracts with Programs* 35(6): 313. (Available from: https://gsa. confex.com/gsa/2003AM/finalprogram/abstract_62123.htm.)

[421] Tattersall, I. 2009. "Human origins: Out of Africa." *Proceedings of the National Academy of Sciences USA* 106: 16018–16021.

[422] Liebenberg, L. 2013. *The Origin of Science: The Evolutionary Roots of Scientific Reasoning and Its Implications for Citizen Science.* Cape Town: CyberTracker. (Available from: www. cybertracker.org/downloads/tracking/ Liebenberg-2013-The-Origin-of-Science.pdf.)

[423] Murchison, E.P., C. Tovar, A. Hsu, H.S. Bender, P. Kheradpour, C.A. Rebbeck, D. Obendorf, C. Conlan, M. Bahlo, C.A. Blizzard, S. Pyecroft, A. Kreiss, M. Kellis, A. Stark, T.T. Harkins, J.A. Marshall Graves, G.M. Woods, G.J. Hannon, and A.T. Papenfuss. 2010. "The Tasmanian devil transcriptome reveals Schwann cell origins of a clonally transmissible cancer." *Science* 327: 84–87.

[424] Haldane, J.B.S. 1949. "Disease and evolution." *La Ricerca Scientifica* (Supplement) 19: 68–76.

[425] Hanski, I. 2014. "Biodiversity, microbes and human well-being." *Ethics in Science and Environmental Politics* 14: 19–25.

[426] Piketty, T. 2014. *Capital in the Twenty-first Century.* Cambridge, MA: Harvard University Press.

[427] Morowitz, H.J. 1992. *The Thermodynamics of Pizza: Essays on Science and Everyday Life.* New Brunswick, NJ: Rutgers University Press.

[428] Basu, K. 2014. "The whole economy is rife with Ponzi schemes." *Scientific American* 310: 70–75. (See also the essay titled "Aquacalypse Now: The End of Fish.")

[429] Sumaila, U.R. and C.J. Walters. 2005. "Intergenerational discounting: A new intuitive approach." *Ecological Economics* 52:135–142.

[430] Clark, C.W. 1973. "Profit maximization and the extinction of animal species." *Journal of Political Economy* 81: 950–961.

[431] Wikipedia, s.v. "Bernard Madoff." Accessed June 6, 2014, http://en. wikipedia.org/wiki/Bernard_Madoff.

[432] Ramankutty, N., L. Graumlich, F. Achard, D. Alves, A. Chhabra, B. DeFries, J. Foley, H. Geist, R. Houghton, K. Klein Goldewijk, E. Lambin, A. Millington, K. Rasmussen, R. Reid, and B.L. Turner. 2006. "Global land-cover change: Recent progress, remaining challenges." In *Land-Use and Land-Cover Change*, edited by E.F. Lambin and H. Geist, 9–39. Berlin: Springer.

[433] Pauly, D. 2009. "Aquacalypse now: The end of fish." *The New Republic*, October 7: 24–27.

[434] Toon, O.B., A. Robock, R.P. Turco, C. Bardeen, L. Oman, and G.L. Stenchikov. 2007. "Consequences of regional-scale nuclear conflicts." *Science* 315: 1224–1225.

[435] N.N. This contribution (based on Pauly, D. 2015. "Tenure, the Canadian tar sands and 'ethical oil.'" *Ethics in Science and Environmental Politics* 15(1): 55–57) was originally published in a collection of essays, "Academic freedom and tenure," edited by K.I. Stergiou and S. Somarakis. *Ethics in Science and Environmental Politics* 15(1). It is reprinted here with permission.

[436] Viens, A.M. and J. Savulescu. 2004. "Introduction to the Olivieri Symposium." *Journal of Medical Ethics* 30: 1–7.

[437] Hutchings, J.A., C.J. Walters, and R.L. Haedrich. 1997. "Is scientific inquiry incompatible with government control?" *Canadian Journal of Fisheries and Aquatic Science* 54: 1198–1210.

[438] Pannozzo, L. 2013. *The Devil and the Deep Blue Sea: An Investigation into the Scapegoating of Canada's Grey Seal*. Black Point, NS, and Winnipeg, MB: Fernwood Publishing.

[439] Walters, C.J. and J.J. Maguire. 1996. "Lessons for stock assessments from the northern cod collapse." *Reviews in Fish Biology and Fisheries* 6: 125–137.

[440] Hutchings, J.A., I.M. Côté, J.J. Dodson, I.A. Fleming, S. Jennings, N.J. Mantua, R.M. Peterman, B.E. Riddell, A.J. Weaver, and D.L.

VanderZwaag. 2012. *Sustaining Canadian Marine Biodiversity: Responding to the Challenges Posed by Climate Change, Fisheries, and Aquaculture.* RSC expert panel report prepared for the Royal Society of Canada, Ottawa.

[441] Pauly, D. 2007. "Obituary: Ransom Aldrich Myers (1954–2007)." *Nature* 447: 160.

[442] Government of Canada. 2006. *Communications Policy of the Government of Canada.* (Available from: https://www.tbs-sct.gc.ca/pol/doc-eng.aspx?id=12316.)

[443] O'Hara, K. 2010. "Canada must free scientists to talk to journalists." *Nature* 467: 501.

[444] Jones, N. 2013. "Canada to investigate muzzling of scientists." *Newsblog, Nature*, April 2. (Available from: http://blogs.nature.com/news/2013/04/canada-to-investigate-muzzling-of-scientists.html.)

[445] Turner, C. 2013. *The War on Science: Muzzled Scientists and Willful Blindness in Stephen Harper's Canada.* Vancouver, BC: Greystone Books.

[446] *The Globe and Mail.* 2013. "Editorial: Closing of research stations belies Ottawa's claim that it is protecting the environment." March 19.

[447] Bolen, M. 2014. "Tories accused of banning meteorologists from discussing climate change." *Huffington Post Canada*, May 30. (Available from: https://www.huffingtonpost.ca/2014/05/30/canadian-scientists-muzzled_n_5420607.html?utm_hp_ref=ca-harper-climate-change.)

[448] Bolen, M. 2014. "Mercer: Tories don't even understand the science they silence." *Huffington Post Canada*, November 20. (Available from: https://www.huffingtonpost.ca/2014/11/20/rick-mercer-science-conservatives-video_n_6192852.html.)

[449] Miller, K.M., S. Li, K.H. Kaukinen, N. Ginther, E. Hammill, J.M. Curtis, D.A. Patterson, T. Sierocinski, L. Donnison, P. Pavlidis, S.G. Hinch, K.A. Hruska, S.J. Cooke, K.K. English, and A.P. Farrell. 2011. "Genomic signatures predict migration and spawning failure in wild Canadian salmon." *Science* 331: 214–217.

[450] Morton, A., R. Routledge, and M. Krkosek. 2008. "Sea louse infestation in wild juvenile salmon and Pacific herring associated with fish farms off the east-central coast of Vancouver Island, British Columbia." *North American Journal of Fisheries Management* 28: 523–532.

[451] N.N. This is now shown to be the case: Di Cicco, E., H.W. Ferguson, A.D. Schulze, K.H. Kaukinen, S. Li, R. Vanderstichel, Ø. Wessel, E. Rimstad, I.A. Gardner, K.L. Hammel, and K.M. Miller. 2017. "Heart and skeletal muscle inflammation (HSMI) disease diagnosed on a British Columbia salmon farm through a longitudinal farm study." PLOS ONE 12(2):

e017471. doi: 10.1371/journal.pone.0171471. See also: Morton, A. 2017. "Mystery solved: This farm salmon disease is in BC." (Available from: http://alexandramorton.typepad.com/alexandra_morton/2017/02/mystery-solved-this-farm-salmon-disease-is-in-bc.html.)

[452] As evidenced in the film available from http://www.salmonconfidential.ca.

[453] Ecojustice. 2013. "Legal backgrounder: Fisheries Act." http://www.ecojustice.ca.

[454] Hutchings, J.A. and J.R. Post. 2013. "Gutting Canada's Fisheries Act: No fishery, no fish habitat protection." *Fisheries* 38: 497–501.

[455] Oreskes, N. and E.M. Conway. 2010. *Merchants of Doubt: How a Handful of Scientists Obscured the Truth on Issues from Tobacco Smoke to Global Warming.* New York: Bloomsbury Press.

[456] Oreskes, N. and E.M. Conway. 2014. *The Collapse of Western Civilization: A View from the Future.* New York: Columbia University Press.

[457] Stergiou, K.I. and A.C. Tsikliras, eds. 2013. "Global university rankings uncovered." *Ethics in Science and Environmental Politics* 13: 59–213.

[458] N.N. See: Boothe, P. 2015. "A word of advice for newly un-muzzled federal scientists." *Maclean's*, November 11. (Available from: www.macleans.ca/politics/ottawa/a-word-of-advice-for-canadas-newly-un-muzzled-federal-scientists/.)

[459] N.N. See: Owen, B. 2016. "Canada's government scientists get anti-muzzling clause in contract." *Science* 354: 358.

[460] N.N. This contribution was originally published as Pauly, D. 2008. "Worrying about whales instead of managing fisheries: A personal account of a meeting in Senegal." *Sea Around Us Project Newsletter*, May–June (47): 1–4.

[461] Kaczynski, V.M. and Fluharty, D.L. 2002. "European policies in West Africa: Who benefits from fisheries agreements?" *Marine Policy* 26: 75–93.

[462] Chavance, P., M. Ba, D. Gascuel, M. Vakily, and D. Pauly, eds. 2004. *Pêcheries Maritimes, Écosystèmes et Sociétés en Afrique de l'Ouest: Un Demi-siècle de Changement.* Actes du symposium international, Dakar, Sénégal, 24–28 juin, 2002. Office des Publications Officielles des Communautés Européennes, XXXVI, Collection des rapports de recherche halieutique ACP-UE 15.

[463] Alder, J. and U.R. Sumaila. 2004. "Western Africa: A fish basket of Europe past and present." *Journal of Environment and Development* 13: 156–178.

[464] N.N. Both had been PhD students of mine, and I was rather proud of their performance.

[465] N.N. This work, which built on earlier publications (Kaschner, K. and Pauly, D. 2005. "Competition between marine mammals and fisheries: Food for thought." In: *The State of Animals* III: 2005, edited by D.J. Salem and A.N. Rowan, 95–117. Washington, DC: Humane Society Press; and Swartz, W. and D. Pauly. 2008. "Who's eating all the fish? The food security rationale for culling cetaceans." Washington, DC: Humane Society of the United States), was subsequently summarized in Gerber, L., L. Morissette, K. Kaschner, and D. Pauly. 2009. "Should whales be culled to increase fishery yields?" *Science* 323: 880–881, with more detailed accounts in Morissette, L., V. Christensen, and D. Pauly. 2012. "Marine mammal impacts in exploited ecosystems: Would large-scale culling benefit fisheries?" PLOS ONE 7(9): e43966.

[466] N.N. Whale watching is also a vibrant industry along the coast of British Columbia, bringing more (and sustained) benefits that its earlier, particularly murderous, whaling industry ever did.

[467] I thank Dirk Zeller for reading and commenting on this new essay.

[468] Bourque B.J., B.J. Johnson, and R.S. Steneck. 2008. "Possible prehistoric fishing effects on coastal marine food webs in the Gulf of Maine." *Human Impacts on Ancient Marine Ecosystems: A Global Perspective*, edited by R. Torben and J.M. Erlanson, 165–185. Berkeley: University of California Press.

[469] Alexander K.E., W.B. Leavenworth, J. Cournane, A.B. Cooper, S. Claesson, S. Brennan, G. Smith, L. Rains, K. Magness, R. Dunn, and T.K. Law. 2009. "Gulf of Maine cod in 1861: Historical analysis of fishery logbooks, with ecosystem implications." *Fish and Fisheries* 10: 428–449.

[470] Pauly, D. 1986. "Problems of tropical inshore fisheries: Fishery research on tropical soft-bottom communities and the evolution of its conceptual base." In: *Ocean Yearbook* 1986, edited by E.M. Borgese and N. Ginsburg, 29–37. Chicago: University of Chicago Press.

[471] See: Finley, C. 2011. *All the Fish in the Sea: Maximum Sustainable Yield and the Failure of Fisheries Management.* Chicago: University of Chicago Press.

[472] It was published, instead in the house publication of the State Department; see: Chapman, W.M. 1949. *United States Policy on High Seas Fisheries.* Bulletin 20: 67–80. Washington, DC: Department of State.

[473] The relevant publications are (1) Schaefer, M.B. 1954. "Some aspects of the dynamics of populations important to the management of the commercial marine fisheries." *Bulletin of the Inter-American Tropical Tuna Commission* 1: 27–56; and (2) Schaefer, M.B. 1957. "A study of the

dynamics of populations of the fishery for yellowfin tuna in the eastern tropical Pacific Ocean." *Bulletin of the Inter-American Tropical Tuna Commission* 2: 227–268. It is a pity that the many scientists, historians of science, and fisheries pundits, always ready to criticize the MSY concept, hardly ever get that there was and still is a huge difference between the fakery that W.M. Chapman invented and the MSY and related concepts that M.B. Schaefer derived. Schaefer's MSY is based on the principle of density-dependent growth, one of the fundamental concepts of ecology, and also an essential component of evolution through natural selection, as proposed by Charles Darwin.

[474] Finley, C. 2017. *All the Boats in the Oceans: How Government Subsidies Led to Global Overfishing*. Chicago: University of Chicago Press.

[475] Weber, M.L. 2002. *From Abundance to Scarcity: A History of US Marine Fisheries Policy*. Washington, DC: Island Press.

[476] Interestingly, the members of these Regional Fishery Management Councils are exempted from conflict-of-interest regulations, which comes in handy since they are stacked with folks who have conflicts of interest; see: Okey, T.A. 2003. "Membership of the eight Regional Fishery Management Councils in the United States: Are special interests over-represented?" *Marine Policy* 27(3): 193–206.

[477] This section is adapted from Pauly, D. 2009. "Fish as food: A love affair, issues included." *Huffington Post*, November 12. (Available from: http://www.huffingtonpost.com/dr-daniel-pauly/fish-as-food-a-love-affai_b_354399.html.)

[478] Jenkins, D.J.A., J.L. Sievenpiper, D. Pauly, U.R. Sumaila, C.W.C. Kendall, and F.M. Mowat. 2009. "Are dietary recommendations for the use of fish oils sustainable?" *Canadian Medical Association Journal* 180(6): 633–637.

[479] See, e.g.: Burger, J. and M. Gochfeld. 2004. "Mercury in canned tuna: White versus light and temporal variation." *Environmental Research* 96: 239–249.

[480] See, e.g.: Hites R.A., J.A. Foran, D.O. Carpenter, M.C. Hamilton, B.A. Knuth, and S.J. Schwager. 2004. "Global assessment of organic contaminants in farmed salmon." *Science* 303: 226–229.

[481] See: (1) Jacquet, J. and D. Pauly. 2008. "Trade secrets: Renaming and mislabeling of seafood." *Marine Policy* 32: 309–318; (2) Cline, E. 2012. "Marketplace substitution of Atlantic salmon for Pacific salmon in Washington State detected by DNA barcoding." *Food Research International* 45: 388–393; and (3) Upton, H.F. 2015. "Seafood fraud." In: *Report for Congress*, April 7. Congressional Research Service.

[482] Pauly, D. and D. Zeller. 2016. "Catch reconstructions reveal that global marine fisheries catches are higher than reported and declining." *Nature Communications* 7. doi: 10.1038/ncomms10244.

[483] See: Jacquet, J., D. Pauly, D. Ainley, S. Holt, P. Dayton, and J. Jackson. 2010. "Seafood stewardship in crisis." *Nature* 467: 28–29.

[484] Because corporations are not people, contrary to various assertions to the contrary. Indeed, if they were people, they would be psychopaths, and their immediate institutionalization would be necessary to protect the public; see: Bakan, J. 2006. *The Corporation: The Pathological Pursuit of Profit and Power.* New York: Simon & Schuster.

[485] This is well documented in Jacquet, J. 2015. *Is Shame Necessary? New Uses for an Old Tool.* New York: Pantheon Books.

[486] See: Boonzaier, L. and D. Pauly. 2016. "Marine protection targets: An updated assessment of global progress." *Oryx, the International Journal of Conservation* 50: 27–35.

[487] Pala, C. 2017. "Four Pacific marine national monuments face threat under Trump order." *Earth Island Journal*, August 14. (Available from: http://www.earthisland.org/journal/index.php/elist/eListRead/four_marine_national_monuments_pacific_face_threat_trump/.)

[488] I thank Dirk Zeller for reading and commenting on this new essay.

[489] This account is adapted from Pauly, D. 2003. "Foreword/Avant-propos." In: *Une Taupe Chez les Morues: Halieuscopie d'un Conflit, Bleus Marines Vol. I,* by De Saint Pélissac, 5–9. Mississauga, ON: AnthropoMare.

[490] Indeed, one of my first papers was on the aquaculture of catfish in the southeastern United States (Pauly, D. 1974. "Report on the U.S. catfish industry: Development, research, production units, marketing and associated industries." In: *Neue Erkenntnisse auf dem Gebiet der Aquakultur,* edited by K. Tiews, 154–167. Arbeiten des Deutschen Fischereiverbandes, Heft 16. [In German]), and my master's thesis was about the aquaculture potential of blackchin tilapia, *Sarotherodon melanotheron,* in Ghana (Pauly, D. 1976. "The biology, fishery and potential for aquaculture of *Tilapia melanotheron* in a small West African lagoon." *Aquaculture* 7(1): 33–49). I also developed a method for the study of aquaculture operations (see, e.g.: van Dam, A.A. and D. Pauly. 1995. "Simulation of the effects of oxygen on food consumption and growth of Nile tilapia, *Oreochromis niloticus* (L.)." *Aquaculture Research* 26: 427–440), and I constantly monitored developments in aquaculture (see, e.g.: Stergiou, K.I., A.C. Tsikliras, and D. Pauly. 2009. "Farming up the Mediterranean food webs." *Conservation Biology* 23(1): 230–232).

491 Morton, A. 2002. *Listening to Whales: What the Orcas Have Taught Us.* New York: Ballantine Books.

492 I have even written about this; see: Pauly, D. 1987. "On using other people's data." *Naga, the* ICLARM *Quarterly* 11(1): 6–7. (Reprinted in: D. Pauly. 1994. *On the Sex of Fish and the Gender of Scientists: Essays in Fisheries Science.* Essay no. 19, 145–150. London: Chapman & Hall.)

493 One of her earliest documentations of this expertise is Morton, A., R. Routledge, C. Peet, and A. Ladwig. 2004. "Sea lice (*Lepeophtheirus salmonis*) infection rates on juvenile pink (*Oncorhynchus gorbuscha*) and chum (*Oncorhynchus keta*) salmon in the nearshore marine environment of British Columbia, Canada." *Canadian Journal of Fisheries and Aquatic Sciences* 61(2): 147–157.

494 See: Dill, L.M. and D. Pauly. 2004. "The [truth about the] science of fish lice." *Georgia Straight*, Dec. 16. Here, I put the words "truth about the" in square brackets because they were not part of the title of our submission to the *Georgia Straight*. Scientists don't argue about the "truth." Rather, they propose hypotheses, and then confront them with evidence, which then confirms or refutes the hypotheses.

495 Miller, K.M., S. Li, K.H. Kaukinen, N. Ginther, E. Hammill, J.M. Curtis, D.A. Patterson, K. Sierocinski, L. Donnison, P. Pavlidis, and S.G. Hinch. 2011. "Genomic signatures predict migration and spawning failure in wild Canadian salmon." *Science* 331: 214–217.

496 I deal with this episode, and generally with the muzzling of Canadian government scientists during the eight long years of the Harper government in: Pauly, D. 2015. "Tenure, the Canadian tar sands and 'ethical oil.'" *Ethics in Science and Environmental Politics* 15: 55–57 (see the essay titled "Academics in Public Policy Debates").

497 This was presumably due to a previously published paper showing that since 1900, the catches of the fisheries of British Columbia increasingly consist of smaller fishes, lower in the food web, i.e., that "fishing down" occurs in BC. See: Pauly, D., M.L.D. Palomares, R. Froese, P. Sa-a, M. Vakily, D. Preikshot, and S. Wallace 2001. "Fishing down Canadian aquatic food webs." *Canadian Journal of Fisheries and Aquatic Science* 58: 51–62.

498 Wallace, S. 1999. *Fisheries Impacts on Marine Ecosystems and Biological Diversity: The Role for Marine Protected Areas in British Columbia.* PhD thesis, Resource Management and Environmental Studies, University of British Columbia. Scott later documented the DFO's war of extermination against harmless basking sharks (see: Wallace, S. and Gisborne, B. 2006. *Basking Sharks: The Slaughter of BC's Gentle Giants.* Vancouver: Transmontanus) and now is a senior research scientist with the David Suzuki Foundation. In fact, lots of my ex-students work

in environmental NGOs. Note that this is not a "bug," and that their careers went astray: it is a feature.

[499] Dr. Cameron Ainsworth is now an associate professor at the University of South Florida.

[500] Ainsworth C. 2015. "British Columbia marine fisheries catch reconstruction, 1873 to 2011." *British Columbia Studies* 188: 81–89, 163.

[501] Incidentally, the same applies to Canada's arctic fisheries catches (mainly non-commercial), which are also ignored in federal data systems, and hence missing from Canada's FAO data; see: Zeller, D., S. Booth, E. Pakhomov, W. Swartz, and D. Pauly. 2011. "Arctic fisheries catches in Russia, USA and Canada: Baselines for neglected ecosystems." *Polar Biology* 34: 955–973.

[502] See: Government of Canada. "Open government." https://www.canada.ca/en/transparency/open.html.

[503] The results of these small consultancies were written up in Watkinson, S. and D. Pauly. 1999. *Changes in the Ecosystem of Rivers Inlet, British Columbia: 1950 vs. the Present.* A report to the David Suzuki Foundation, Vancouver, and in a master's thesis that studied the feasibility of setting up a marine protected area in Hecate Strait, BC, i.e., Beattie, A. 2002. *Optimal Size and Placement of Marine Protected Areas.* MSc thesis, Resource Management and Environmental Studies, University of British Columbia.

[504] Sarika was very productive; one of the most-cited papers emanating from her thesis evaluated the performance of the world's 18 Regional Fisheries Management Organizations (many of which have Canada as a member state); see: Cullis-Suzuki, S. and D. Pauly. 2010. "Failing the high seas: A global evaluation of regional fisheries management organizations." *Marine Policy* 34(5): 1036–1042.

[505] This was called the "Suzuki Diaries: Coastal Canada," directed by Caroline Underwood, and aired by the CBC, November 2009.

[506] Booth, S. and Paul Watts. 2007. "Canada's Arctic marine fish catch." In: *Reconstruction of Marine Fisheries Catches for Key Countries and Regions (1950–2005)*, edited by Zeller, D. and D. Pauly, 3–15. *Fisheries Centre Research Reports* 15(2). Vancouver, BC: University of British Columbia.

[507] Zeller, D., S. Booth, E. Pakhomov, W. Swartz, and D. Pauly. 2011. "Arctic fisheries catches in Russia, USA and Canada: Baselines for neglected ecosystems." *Polar Biology* 34(7): 955–973.

[508] See, e.g.: "Battle for the Arctic heats up." CBC News, February 27, 2009. (Available from: http://www.cbc.ca/news/canada/battle-for-the-arctic-heats-up-1.796010.)

509 The RCMP claims that it killed the dogs for "health and safety" reasons, but they would say that, wouldn't they? (Here, I admit to paraphrasing the irresistible phrase spoken by the famous Mandy Rice-Davis.)

510 Cheung, W.W.L., D. Pauly, and U.R. Sumaila. 2017. "Canadian fisheries and the world: The last 150 years." In: *Reflections of Canada: Illuminating our Possibilities and Challenges at 150 Years*, edited by P. Nemetz and M. Young, 237–243. Vancouver, BC: Peter Wall Institute for Advanced Students.

511 See: Truth and Reconciliation Commission of Canada. 2015. *Honouring the Truth, Reconciling for the Future: Summary of the Final Report of the Truth and Reconciliation Commission of Canada.* (Available from: http://nctr.ca/reports.php.)

512 Pauly, D. 2017. "Thoughts on UBC's Reconciliation Totem Pole." Sea Around Us Blog, April 13. (Available from: http://www.seaaroundus. org/thoughts-on-ubcs-reconciliation-totem-pole/.)

513 Christensen, V. and D. Pauly. 1992. "The ECOPATH II: A software for balancing steady-state ecosystem models and calculating network characteristics." *Ecological Modelling* 61: 169–185.

514 This is documented in: Pauly, D. and V. Christensen, eds. 1996. *Mass-Balance Models of North-Eastern Pacific Ecosystems. Fisheries Centre Research Reports* 4(1). Vancouver, BC: University of British Columbia.

515 Walters, C., V. Christensen, and D. Pauly. 1997. "Structuring dynamic models of exploited ecosystems from trophic mass-balance assessments." *Reviews in Fish Biology and Fisheries* 7(2): 139–172.

516 Pauly, D., V. Christensen, and C. Walters. 2000. "Ecopath, Ecosim and Ecospace as tools for evaluating ecosystem impact of fisheries." ICES *Journal of Marine Science* 57: 697–706.

517 See: Watkinson, S. 2001. *Life after Death: The Importance of Salmon Carcasses in Watershed Function.* MSc thesis, Resource Management and Environmental Studies, University of British Columbia, Vancouver, BC.

518 See the article by Nancy Baron. 2015. "Salmon Trees." *Hakai Magazine*, April 22. (Available from: https://www.hakaimagazine.com/features/ salmon-trees/.) A more rigorous account can be found in: Reimchen, T.E., D.D. Mathewson, M.D. Hocking, J. Moran, and D. Harris. 2003. "Isotopic evidence for enrichment of salmon-derived nutrients in vegetation, soil, and insects in riparian zones in coastal British Columbia." In: *Nutrients in Salmonid Ecosystems: Sustaining Production and Biodiversity*, edited by J. Stockner, 59–70. American Fisheries Society Symposium 34. Bethesda, MD: American Fisheries Society.

519 Jones, R., S. Watkinson, and D. Pauly. 2001. "Accessing traditional eco-logical knowledge of First Nations in British Columbia through local common names in FishBase." *Aboriginal Fisheries Journal/Newsletter of the BC Aboriginal Fish Commission* 7(1): Insert.

520 See: http://www.fishbase.org. Incidentally, FishBase got a real boost from British Columbia, as the fish collection held by UBC's Zoology Department and now in the Beaty Biodiversity Museum was the first to be (electronically) incorporated in FishBase.

521 Of the 50 graduate students whose MSc or PhD I supervised at UBC, two-thirds were or became Canadians.

522 Polovina, J.J. 1984. "Model of a coral reef ecosystem." *Coral Reefs* 3(1): 1–11.

523 Christensen, V. and D. Pauly. 1992. "The ECOPATH II: A software for balancing steady-state ecosystem models and calculating network characteristics." *Ecological Modelling* 61: 169–185.

524 See, e.g.: Vega-Cendejas, M.E, F. Arreguin-Sanchez, and M. Hernández. 1993. "Trophic fluxes on the Campeche Bank, Mexico." In: *Trophic Models of Aquatic Ecosystems*, edited by V. Christensen and D. Pauly, 206–213. ICLARM Conference Proceedings 26. Manila: International Center for Living Aquatic Resources Management.

525 But I retained my French citizenship…

526 However, I had to demonstrate that when I went abroad, I did not always return to the same place. This required tracking ten years' worth of travels and hotel bills. Fortunately, I had kept those…

527 N.N. I thank Dirk Zeller for reading and commenting on this essay, which owes its existence to two colleagues. The first, Jennifer Jacquet, argued that I shouldn't "waste" the opportunity of being invited as keynote speaker of the Marine Conservation Congress to be held in Washington, DC, in May 2009, by giving a conventional presentation with slides "that everybody knew." Rather, I should talk from the heart and tell why and how I related to ocean conservation. I followed that advice, and my presentation of May 20, given at the Smithsonian Institution in Washington, DC, was a huge success, if I may say so myself. The second colleague was Su Sponaugle, then the editor of the *Bulletin of Marine Science*, who suggested that I should write up the notes I assembled for my presentation and submit the resulting account to her journal. I did that, and the result was Pauly, D. 2011. "Toward a con-servation ethic for the sea: Steps in a personal and intellectual odyssey." *Bulletin of Marine Science* 87: 165–175, which is reproduced here with per-mission. Its original acknowledgments included "J. Jacquet for insisting

that I should not, for my IMCC keynote, do a number-and-graph, PowerPoint-heavy lecture, but simply narrate my personal experience with, and my views on, marine conservation."

528 N.N. See: Malakoff, D. 2002. "Going to the edge to protect the sea." *Science* 296: 458–461.

529 See: Pauly, D. 1975. "On the ecology of a small West African lagoon." *Berichte der Deutschen Wissenschaftlichen Kommission für Meeresforschung* 24: 46–62; also: Pauly, D. 1976. "The biology, fishery and potential for aquaculture of *Tilapia melanotheron* in a small West African lagoon." *Aquaculture* 7(1): 33–49.

530 van Banning, P. 1974. "A new species of *Paeonodes* (Therodamasidae, Cyclopoida), a parasitic copepod of the fish *Tilapia melanotheron* from the Sakumo-lagoon, Ghana, Africa." *Beaufortia* 22(286): 1–7.

531 N.N. Wikipedia, s.v. "Proto-Human language." Accessed June 17, 2018, https://en.wikipedia.org/wiki/Proto-Human_language.

532 N.N. Barkow, J.H., L. Cosmides, and J. Tooby, eds. 1995. *The Adapted Mind: Evolutionary Psychology and the Generation of Culture*. New York: Oxford University Press.

533 N.N. See: Rees, W.E. 2000. "Patch disturbance, eco-footprints, and biological integrity: Revisiting the limits to growth (or why industrial society is inherently unsustainable)." *Ecological Integrity: Integrating Environment, Conservation, and Health* 1: 139–156.

534 N.N. See: Erlandson, J.M., M.H. Graham, B.J. Bourque, D. Corbett, J.A. Estes, and R.S. Steneck. 2007. "The kelp highway hypothesis: Marine ecology, the coastal migration theory, and the peopling of the Americas." *The Journal of Island and Coastal Archaeology* 2(2): 161–174.

535 N.N. Martin, P.S. 1984. "Prehistoric overkill: The global model." In: *Quaternary Extinctions: A Prehistoric Revolution*, edited by P.S. Martin and R.G. Klein, 354–403. Tucson: University of Arizona Press. See also: Alroy, J. 2001. "A multispecies overkill simulation of the end-Pleistocene megafaunal mass extinction." *Science* 292: 1893–1896.

536 Montgomery, D.R. 2007. *Dirt: The Erosion of Civilizations*. Berkeley: University of California Press.

537 N.N. This specific instance occurred at the 125th Annual Meeting of the American Fisheries Society, which took place August 26–September 1, 1995, in Tampa, Florida.

538 N.N. See the essay titled "Focusing One's Microscope."

539 N.N. Watson, R. and D. Pauly. 2001. "Systematic distortions in world fisheries catch trends." *Nature* 414: 534–536.

540 N.N. Jackson, J.B.C., M.X. Kirby, W.H. Berger, K.A. Bjorndal, L.W. Botsford, B.J. Bourque, R. Cooke, J.A. Estes, T.P. Hughes, S. Kidwell, C.B. Lange, H.S. Lenihan, J.M. Pandolfi, C.H. Peterson, R.S. Steneck, M.J. Tegner, and R.R. Warner. 2001. "Historical overfishing and the recent collapse of coastal ecosystems." *Science* 293: 629–638.

541 N.N. This applies especially to Myers, R.A. and B. Worm. 2003. "Rapid worldwide depletion of predatory fish communities." *Nature* 423: 280–283.

542 N.N. See: Cashion, T., F. Le Manach, D. Zeller, and D. Pauly. 2017. "Most fish destined for fishmeal production are food-grade fish." *Fish and Fisheries* 18. doi: 10.1111/faf.12209.

543 N.N. This is also available as a book: Brown, L.R. 2008. *Plan B 3.0: Mobilizing to Save Civilization* (substantially revised). New York: ww Norton & Company.

544 This essay is based on a contribution solicited by the editor of the ICES *Journal of Marine Science*, Howard Bowman, as part of an autobiographical series by senior fisheries scientists. The original was published as Pauly, D. 2016. "Having to science the hell out of it." ICES *Journal of Marine Science* 73(9): 2156–2166. Reprinted by permission of Oxford University Press.

545 Pauly, D. and I. Tsukayama, eds. 1987. *The Peruvian Anchoveta and Its Upwelling Ecosystem: Three Decades of Change.* ICLARM Studies and Reviews 15. Manila: International Center for Living Aquatic Resources Management.

546 Swartz, W., E. Sala, R. Watson, and D. Pauly. 2010. "The spatial expansion and ecological footprint of fisheries (1950 to present)." PLOS ONE 5: e15143.

547 Troadec, J.P., W.G. Clark, and J.A. Gulland. 1980. "A review of some pelagic fish stocks in other areas." *Rapports et Procès-Verbaux des Réunions/Conseil Permanent International pour l'Exploration de la Mer* 177: 252–277.

548 Firth, R. 1946. *Malay Fishermen: Their Peasant Economy.* London: Keagan.

549 Pauly, D. 2006. "Major trends in small-scale marine fisheries, with emphasis on developing countries, and some implications for the social sciences." *Maritime Studies* (MAST) 4: 7–22.

[550] Mannan, M. A. 1997. "Foreword." In: *Status and Management of Tropical Coastal Fisheries in Asia*, edited by G. Silvestre and D. Pauly. ICLARM Conference Proceedings 53. Manila: International Center for Living Aquatic Resources Management.

[551] Pauly, D. and P. Martosubroto. 1980. "The population dynamics of *Nemipterus marginatus* (Cuv. & Val.) off Western Kalimantan, South China Sea." *Journal of Fish Biology* 17: 263–273. Incidentally, the species in question was found later to have been *Nemipterus thosaporni* (see: http://www.fishbase.org), but this doesn't change the point made here.

[552] Weir, A. 2014. *The Martian*. New York: Crown Publishers.

[553] Pauly, D. 1978. "A discussion of the potential use in fish population dynamics of the interrelationships between mortality, growth parameters and mean environmental temperature in 122 fish stocks." Council Meeting 1978/G: 21, Demersal Fish Committee, International Council for the Exploration of the Sea.

[554] Pauly, D. 1980. "On the interrelationships between natural mortality, growth parameters and mean environmental temperature in 175 fish stocks." *Journal du Conseil International pour l'Exploration de la Mer* 39: 175–192.

[555] Pauly, D. 1984. *Fish Population Dynamics in Tropical Waters: A Manual for Use with Programmable Calculators*. ICLARM Studies and Reviews 8. Manila: International Center for Living Aquatic Resources Management.

[556] Pope, J. G. 1987. "Two methods for simultaneously estimating growth, mortality and cohort size parameters from time series of catch-at-length data from research vessel surveys." In: *Length-Based Methods in Fisheries Research*, edited by D. Pauly and G.R. Morgan, 103–111. ICLARM Conference Proceedings 13. Manila: International Center for Living Aquatic Resources Management.

[557] Sparre, P. 1987. "A method for the estimation of growth, mortality and gear selection/recruitment parameters from length-frequency samples weighted by catch per effort." In: *Length-Based Methods in Fisheries Research*, edited by D. Pauly and G.R. Morgan, 75–102. ICLARM Conference Proceedings 13. Manila: International Center for Living Aquatic Resources Management.

[558] Fournier, D.A., J.R. Sibert, J. Majkowski, and J. Hampton. 1990. "MULTIFAN: A likelihood-based method for estimating growth parameters and age composition from multiple length frequency data sets illustrated using data for southern bluefin tuna (*Thunnus maccoyii*)." *Canadian Journal of Fisheries and Aquatic Sciences* 47: 301–317.

[559] Fournier, D.A., J. Hampton, and J.R. Sibert. 1998. "MULTIFAN-CL: A length-based, age-structured model for fisheries stock assessment, with application to South Pacific albacore, *Thunnus alalunga*." *Canadian Journal of Fisheries and Aquatic Sciences* 55: 2015–2016.

[560] Munro, J.L. 2011. "Assessment of exploited stocks of tropical fishes." In: *Ecosystem Approaches to Fisheries: A Global Perspective*, edited by V. Christensen and J. Maclean, 145–170. Cambridge: Cambridge University Press.

[561] Pauly, D. and N. David. 1981. "ELEFAN I, a BASIC program for the objective extraction of growth parameters from length-frequency data." *Berichte der Deutschen Wissenschaftlichen Kommission für Meeresforschung* 28: 205–211.

[562] Gayanilo, F.C., P. Sparre, and D. Pauly. 1996. *The FAO-ICLARM Stock Assessment Tools (FiSAT) User's Guide*. FAO Computerized Information Series (Fisheries) No. 8. (Originally distributed with three diskettes.) Rome: Food and Agriculture Organization of the United Nations.

[563] Gayanilo, F.C., P. Sparre, and D. Pauly. 2005. *FAO-ICLARM Stock Assessment Tools II (FiSAT II). Revised Version User's Guide*. FAO Computerized Information Series (Fisheries) No. 8. (Distributed with one CD-ROM; http://www.fao.org/docrep/009/y5997e/y5997e00.htm. Rome: Food and Agriculture Organization of the United Nations. Also in French; Arabic (Yemen) translation, 2009, by A. Bakhraisa, with the support of EU Project EuropAid/126327/C/SER/YE.

[564] N.N. Pauly, D. and A. Greenberg, eds. 2013. ELEFAN *in R: A New Tool for Length-Frequency Analysis. Fisheries Centre Research Reports* 21(3). Vancouver, BC: University of British Columbia. The ELEFAN in R software can be downloaded from: https://github.com/AaronGreenberg/ELEFAN. The software requires a C++ compiler to build; Windows users may use Rtools.

[565] Pauly, D. 1981. "The relationships between gill surface area and growth performance in fish: A generalization of von Bertalanffy's theory of growth." *Berichte der Deutschen Wissenschaftlichen Kommission für Meeresforschung* 28: 251–282.

[566] Pauly, D. 2010. *Gasping Fish and Panting Squids: Oxygen, Temperature and the Growth of Water-Breathing Animals*. Excellence in Ecology. Book 22. Oldendorf/Luhe, Germany: International Ecology Institute.

[567] Cheung, W.W.L., J.L. Sarmiento, J. Dunne, T.L. Frölicher, V. Lam, M.L.D. Palomares, R. Watson, and D. Pauly. 2013. "Shrinking of fishes exacerbates impacts of global ocean changes on marine ecosystems." *Nature Climate Change* 3: 254–258.

568 Pauly, D. 1997. "Geometrical constraints on body size." *Trends in Ecology and Evolution* 12: 442–443.

569 Muir, B.S. and G.M. Hughes. 1969. "Gill dimensions for three species of tunny." *Journal of Experimental Biology* 51: 271–285.

570 Hughes, G.M. 1970. "Morphological measurements on the gills of fishes in relation to their respiratory function." *Folia Morphologica (Praha)* 18: 78–95.

571 Hughes, G.M. 1984. "Scaling of respiratory area in relation to oxygen consumption in vertebrates." *Experientia* 40: 519–524.

572 De Jager, S. and W.J. Dekkers. 1975. "Relations between gill structure and activity in fish." *Netherlands Journal of Zoology* 25: 276–308.

573 Palzenberger, M. and H. Pohla. 1992. "Gill surface area of water breather freshwater fishes." *Reviews in Fish Biology and Fisheries* 2: 187–192.

574 Pauly, D. and W.W.L. Cheung. 2017. "Sound physiological knowledge and principles in modelling shrinking of fishes under climate change." *Global Change Biology* 24. doi: 10.1111/gcb.13831.

575 All of these phenomena are explained in detail in Pauly, D. 2010. *Gasping Fish and Panting Squids: Oxygen, Temperature and the Growth of Water-Breathing Animals.* Excellence in Ecology. Book 22. Oldendorf/Luhe, Germany: International Ecology Institute.

576 N.N. Calcareous concretions in the ear capsules of bony fishes used for perception of acceleration including gravity. Also called "ear bones" or "ear stones." These bones frequently show daily, seasonal, or annual checks, rings, or layers, which can be used to determine ages. Statoliths are similar to otoliths and fulfill the same functions in invertebrates, e.g., squids.

577 See: Wikipedia, s.v. "Occam's razor." Accessed June 17, 2018, https://en.wikipedia.org/wiki/Occam%27s_razor.

578 Cury, P. and D. Pauly. 2000. "Patterns and propensities in reproduction and growth of fishes." *Ecological Research* 15: 101–106.

579 Bakun, A. 2011. "The oxygen constraint." In: *Ecosystem Approaches to Fisheries: A Global Perspective*, edited by V. Christensen and J. Maclean, 11–23. Cambridge: Cambridge University Press.

580 Rhein, M., S.R. Rintoul, S. Aoki, E. Campos, D. Chambers, R.A. Feely, S. Gulev, G.C. Johnson, S.A. Josey, A. Kostianoy, C. Mauritzen, D. Roemmich, L.D. Talley, and F. Wang. 2013. "Observations: Ocean." In: *Climate Change 2013: The Physical Science Basis*, edited by T.F. Stocker, D. Qin, G.-K. Plattner, M. Tignor, S.K. Allen, J. Boschung, A. Nauels, Y.

Xia, V. Bex, and P.M. Midgley. Contribution of Working Group I to the Fifth Assessment Report of the Intergovernmental Panel on Climate Change. Cambridge and New York: Cambridge University Press.

[581] Keskin, C. and D. Pauly. 2014. "Changes in the 'Mean Temperature of the Catch': Application of a new concept to the North-eastern Aegean Sea." *Acta Adriatica* 55: 213–218.

[582] Tsikliras, A.C. and K.I. Stergiou. 2014. "Mean temperature of the catch increases quickly in the Mediterranean Sea." *Marine Ecology Progress Series* 515: 281–284.

[583] Cheung, W.W.L., R. Watson, and D. Pauly. 2013. "Signature of ocean warming in global fisheries catch." *Nature* 497: 365–368.

[584] Perry, A.L., P.J. Low, J.R. Ellis, and J.D. Reynolds. 2005. "Climate change and distribution shifts in marine fishes." *Science* 308: 1912–1915.

[585] Pauly, D. 2010. *Gasping Fish and Panting Squids: Oxygen, Temperature and the Growth of Water-Breathing Animals.* Excellence in Ecology. Book 22. Oldendorf/Luhe, Germany: International Ecology Institute.

[586] Cheung, W.W.L., J.L. Sarmiento, J. Dunne, T.L. Frolicher, V.W.Y. Lam, M.D. Palomares, and R. Watson. 2013. "Shrinking of fishes exacerbates impacts of global ocean changes on marine ecosystems." *Nature Climate Change* 3: 254–258.

[587] Cheung, W.W.L., V.W.Y. Lam, J.L. Sarmiento, K. Kearney, R. Watson, D. Zeller, and D. Pauly. 2010. "Large-scale redistribution of maximum fisheries catch potential in the global ocean under climate change." *Global Change Biology* 16: 24–35.

[588] Marr, J.C., ed. 1970. *The Kuroshio: A Symposium on the Japan Current.* Honolulu: East-West Center Press.

[589] Marr, J.C., D.K. Ohoeh, J. Pontecorvo, B.J. Rothschild, and A.R. Tuesing. 1971. *A Plan for Fishery Development in the Indian Ocean.* IOFC/DEV/71/1 Indian Ocean Fishery Commission. Rome: Food and Agriculture Organization of the United Nations and United Nations Development Programme.

[590] Pauly, D. 1979. *Theory and Management of Tropical Multispecies Stocks: A Review, with Emphasis on the Southeast Asian Demersal Fisheries.* ICLARM Studies and Reviews 1. Manila: International Center for Living Aquatic Resources Management.

[591] Cushing, D.H. 1982. "Review of 'Theory and Management of Tropical Multispecies Stocks.'" *Fisheries Research* 1: 182–184.

[592] Pullin, R.S.V. 2011. "Aquaculture up and down the food web." In: *Ecosystem Approaches to Fisheries: A Global Perspective*, edited by V. Christensen and J. Maclean, 89–119. Cambridge: Cambridge University Press.

[593] Christensen, V. and J. Maclean, eds. 2011. *Ecosystem Approaches to Fisheries: A Global Perspective*. Cambridge: Cambridge University Press.

[594] Pauly, D. 1976. "The biology, fishery and potential for aquaculture of *Tilapia melanotheron* in a small West African lagoon." *Aquaculture* 7: 33–49.

[595] Pauly, D. and A.N. Mines, eds. 1982. *Small-Scale Fisheries of San Miguel Bay, Philippines: Biology and Stock Assessment*. ICLARM Technical Report 7. Manila: International Center for Living Aquatic Resources Management.

[596] Smith, I.R. and A.N. Mines. 1982. *Small-Scale Fisheries of San Miguel Bay, Philippines: Economics of Production and Marketing*. ICLARM Technical Report 8. Manila: International Center for Living Aquatic Resources Management.

[597] Bailey, C. 1982. *Small-Scale Fisheries of San Miguel Bay, Philippines: Social Aspects of Production and Marketing*. ICLARM Technical Report 9. Manila: International Center for Living Aquatic Resources Management.

[598] Bailey, C. 1982. *Small-Scale Fisheries of San Miguel Bay, Philippines: Occupational and Geographic Mobility*. ICLARM Technical Report 10. Manila: International Center for Living Aquatic Resources Management.

[599] Smith, I.R., D. Pauly, and A.N. Mines. 1983. *Small-Scale Fisheries of San Miguel Bay, Philippines: Options for Management and Research*. ICLARM Technical Report 11. Manila: International Center for Living Aquatic Resources Management.

[600] Smith, I.R., and D. Pauly. 1983. *Small-Scale Fisheries of San Miguel Bay, Philippines: Resolving Multigear Competition in Nearshore Fisheries*. ICLARM Newsletter 6: 11–18. (Tagalog version ICLARM Translations 6, 1985; also available in the Bikol language.)

[601] Piketty, T. 2014. *Capital in the 21st Century*. Cambridge, MA: Harvard University Press.

[602] Cushing, D.H. 1988. "Review of the Peruvian anchoveta and its upwelling ecosystem: Three decades of change." *Journal du Conseil International Pour l'Exploration de la Mer* 44: 297–299.

[603] Pauly, D. and I. Tsukayama, eds. 1987. *The Peruvian anchoveta and Its Upwelling Ecosystem: Three Decades of Change*. ICLARM Studies and

Reviews 15. Manila: International Center for Living Aquatic Resources Management.

[604] Lindeman, R.L. 1942. "The trophic-dynamic aspect of ecology." *Ecology* 23: 399–418.

[605] Pauly, D. and V. Christensen. 2002. "Ecosystem models." In: *Handbook of Fish and Fisheries, Volume 2*, edited by P. Hart and J. Reynolds, 211–227. Oxford: Blackwell Publishing.

[606] Odum, E.P. 1969. "The strategy of ecosystem development." *Science* 104: 262–270.

[607] Pauly, D. 1975. "On the ecology of a small West African lagoon." *Berichte der Deutschen Wissenschaftlichen Kommission für Meeresforschung* 24: 46–62.

[608] Andersen, K.P. and E. Ursin. 1977. "A multispecies extension to the Beverton and Holt theory of fishing, with accounts of phosphorus circulation and primary production." *Meddelander fra Danmarks Fiskeri - og Havundersøgelser* 7: 319–435.

[609] Laevastu, T. and H.A. Larkins. 1981. *Marine Fisheries Ecosystem: Its Quantitative Evaluation and Management*. Farnham, Surrey, UK: Fishing News Books.

[610] Polovina, J.J. 1984. "Model of a coral reef ecosystem I. The ECOPATH model and its application to French Frigate Shoals." *Coral Reefs* 3(1): 1–11.

[611] Ulanowicz, R.E. 1986. *Growth and Development: Ecosystem Phenomenology*. New York: Springer Verlag.

[612] Pauly, D., M.L. Soriano-Bartz, and M.L.D. Palomares. 1993. "Improved construction, parametrization and interpretation of steady-state ecosystem models." In: *Trophic Models of Aquatic Ecosystems*, edited by V. Christensen and D. Pauly, 1–13. ICLARM Conference Proceedings 26. Manila: International Center for Living Aquatic Resources Management.

[613] Christensen, V. and D. Pauly. 1992. "The ECOPATH II: A software for balancing steady-state ecosystem models and calculating network characteristics." *Ecological Modelling* 61: 169–185.

[614] Christensen, V. and D. Pauly. 1992. *A Guide to the ECOPATH II Software System* (Version 2.1). ICLARM Software 6. Manila: International Center for Living Aquatic Resources Management. (Also available in French and Spanish.)

[615] Christensen, V. and D. Pauly, eds. 1993. *Trophic Models of Aquatic Ecosystems*. ICLARM Conference Proceedings 26. Manila: International Center for Living Aquatic Resources Management.

[616] Palomares, M.L.D., L. Morissette, A. Cisnero-Montemayor, D. Varkey, M. Coll, and C. Piroddi, eds. 2009. *Ecopath 25 Years Conference Proceedings: Extended Abstracts. Fisheries Centre Research Reports* 17(3). Vancouver, BC: University of British Columbia.

[617] Colléter, M., A. Valls, J. Guitton, D. Gascuel, D. Pauly, and V. Christensen. 2015. "Global overview of the applications of the Ecopath with Ecosim modeling approach using the EcoBase model repository." *Ecological Modelling* 302: 42–53.

[618] Palomares, M.L.D. and D. Pauly. 1998. "Predicting food consumption of fish populations as functions of mortality, food type, morphometrics, temperature and salinity." *Marine and Fisheries Research* 49: 447–453.

[619] Walters, C.J., V. Christensen, and D. Pauly. 1997. "Structuring dynamic models of exploited ecosystems from trophic mass-balance assessments." *Reviews in Fish Biology and Fisheries* 7: 139–172.

[620] Ibid.

[621] Walters, C.J., D. Pauly, and V. Christensen. 1998. "Ecospace: Prediction of mesoscale spatial patterns in trophic relationships of exploited ecosystems, with emphasis on the impacts of marine protected areas." *Ecosystems* 2: 539–554.

[622] Pauly, D., V. Christensen, and C. Walters. 2000. "Ecopath, Ecosim and Ecospace as tools for evaluating ecosystem impact of fisheries." ICES *Journal of Marine Science* 57: 697–706.

[623] Pauly, D. 2002. "Spatial modelling of trophic interactions and fisheries impacts in coastal ecosystems: A case study of Sakumo Lagoon, Ghana." In: *The Gulf of Guinea Large Marine Ecosystem: Environmental Forcing and Sustainable Development of Marine Resources*, edited by J. McGlade, P. Cury, K.A. Koranteng, and N.J. Hardman-Mountford, 289–296. Amsterdam: Elsevier Science.

[624] Colléter, M., A. Valls, J. Guitton, D. Gascuel, D. Pauly, and V. Christensen. 2015. "Global overview of the applications of the Ecopath with Ecosim modeling approach using the EcoBase model repository." *Ecological Modelling* 302: 42–53.

[625] See: National Oceanic and Atmospheric Administration (NOAA). "Top tens." (Available from: https://celebrating200years.noaa.gov/toptens.html.)

[626] Pauly, D. 1978. *A Preliminary Compilation of Fish Length Growth Parameters.* Berichte des Institut für Meereskunde an der Universität Kiel, No. 55.

[627] ICLARM. 1988. ICLARM *Five-Year Plan (1988–1992).* Manila: International Center for Living Aquatic Resource Management.

[628] Froese, R. and D. Pauly, eds. 2000. *FishBase 2000: Concepts, Design and Data Sources*. Los Baños, Philippines: International Center for Living Aquatic Resource Management. (Available with four CD-ROMs; previous annual editions: 1996–1999.) Also available in Portuguese (1997, transl. of the 1996 edition), French (1998, updated transl. of the 1997 edition by N. Bailly and M.L.D. Palomares), and Chinese (2003, transl. of the 2000 edition by Kwang-Tsao Shao, Taiwan); updates in http://www.fishbase.org.

[629] McCall, R.A. and R. May. 1995. "More than a seafood platter." *Nature* 376: 735.

[630] Palomares, M.L.D. and D. Pauly, eds. 2015. *SeaLifeBase*. World Wide Web Electronic Publication. http://www.sealifebase.org.

[631] Palomares, M.L.D., D. Chaitanya, S. Harper, D. Zeller, and D. Pauly, eds. 2011. *The Marine Biodiversity and Fisheries Catches of the Pitcairn Group*. A report prepared for the Global Ocean Legacy Project of the Pew Environment Group by the Sea Around Us. Fisheries Centre, University of British Columbia, Vancouver, BC.

[632] Palomares, M.L.D., S. Harper, D. Zeller, and D. Pauly, eds. 2012. *The Marine Biodiversity and Fisheries Catches of the Kermadec Island Group*. A report prepared for the Global Ocean Legacy Project of the Pew Environment Group by the Sea Around Us. Fisheries Centre, University of British Columbia, Vancouver.

[633] N.N. See: Wikipedia, s.v. "Habilitation," https://en.wikipedia.org/wiki/Habilitation.

[634] Froese, R. and D. Pauly, eds. 2000. *FishBase 2000: Concepts, Design and Data Sources*. Los Baños, Philippines: International Center for Living Aquatic Resource Management. (Available with four CD-ROMs; previous annual editions: 1996–1999.) Also available in Portuguese (1997, transl. of the 1996 edition), French (1998, updated transl. of the 1997 edition by N. Bailly and M.L.D. Palomares), and Chinese (2003, transl. of the 2000 edition by Kwang-Tsao Shao, Taiwan); updates in http://www.fishbase.org.

[635] Pauly, D. and V. Christensen. 1995. "Primary production required to sustain global fisheries." *Nature* 374: 255–257. (Erratum in *Nature* 376: 279.)

[636] Pauly, D., V. Christensen, J. Dalsgaard, R. Froese, and F.C. Torres. 1998. "Fishing down marine food webs." *Science* 279: 860–863.

[637] Watson, R. and D. Pauly. 2001. "Systematic distortions in world fisheries catch trends." *Nature* 414: 534–536.

[638] Pauly, D., V. Christensen, S. Guénette, T.J. Pitcher, U.R. Sumaila, C.J. Walters, and R. Watson. 2002. "Towards sustainability in world fisheries." *Nature* 418: 689–695.

[639] Pauly, D., J. Alder, E. Bennett, V. Christensen, P. Tyedmers, and R. Watson. 2003. "The future for fisheries." *Science* 302: 1359–1361.

[640] Pauly, D. 2010. *5 Easy Pieces: How Fishing Impacts Marine Ecosystems.* Washington, DC: Island Press.

[641] Jackson, J.B.C., M.X. Kirby, W.H. Berger, K.A. Bjorndal, L.W. Botsford, B.J. Bourque, R. Cooke, J.A. Estes, T.P. Hughes, S. Kidwell, C.B. Lange, H.S. Lenihan, J.M. Pandolfi, C.H. Peterson, R.S. Steneck, M.J. Tegner, and R.R. Warner. 2001. "Historical overfishing and the recent collapse of coastal ecosystems." *Science* 293: 629–638.

[642] Myers, R.A. and B. Worm. 2003. "Rapid worldwide depletion of predatory fish communities." *Nature* 423: 280–283.

[643] Pauly, D. 1998. "Beyond our original horizons: The tropicalization of Beverton and Holt." *Reviews in Fish Biology and Fisheries* 8: 307–334.

[644] Pauly, D. 1998. "Why squid, though not fish, may be better understood by pretending they are." In: *Cephalopod Biodiversity, Ecology and Evolution*, edited by A.I.L. Payne, M.R. Lipinski, M.R. Clarke, and M.A.C. Roeleveld. *South African Journal of Marine Science* 20: 47–58.

[645] Pauly, D., A. Trites, E. Capuli, and V. Christensen. 1998. "Diet composition and trophic levels of marine mammals." *ICES Journal of Marine Science* 55: 467–481 (Erratum in *ICES Journal of Marine Science* 55: 1153, 1998); and Trites, A. and D. Pauly. 1998. "Estimating mean body mass of marine mammals from measurements of maximum body length." *Canadian Journal of Zoology* 76: 886–896.

[646] Pauly, D. 2004. *Darwin's Fishes: An Encyclopedia of Ichthyology, Ecology and Evolution.* Cambridge: Cambridge University Press.

[647] Many of these essays were reprinted in: Pauly, D. 1994. *On the Sex of Fish and the Gender of Scientists: Essays in Fisheries Science.* London: Chapman & Hall.

[648] Pauly, D. 1995. "Anecdotes and the shifting baseline syndrome of fisheries." *Trends in Ecology and Evolution* 10: 430.

[649] Engelhard, G.H., R.H. Thurstan, B.R. MacKenzie, H.K. Alleway, R. Colin, A. Bannister, M. Cardinale, M.W. Clarke, J.C. Currie, T. Fortibuoni, P. Holm, S.J. Holt, C. Mazzoldi, J.K. Pinnegar, S. Raicevich, F.A.M. Volckaert, E.S. Klein, and A.K. Lescrauwaet. 2015. "ICES meets marine historical ecology: Placing the history of fish and fisheries in current policy context." *ICES Journal of Marine Science* 73. doi:10.1093/icesjms/fsv219.

[650] Jackson, J.B.C., K.E. Alexander, and E. Sala, eds. 2011. *Shifting Baselines: The Past and the Future of Ocean Fisheries.* Washington, DC: Island Press.

[651] Kittinger, J.N., L. McClenachan, K.B. Gedan, and L.K. Blight, eds. 2014. *Marine Historical Ecology in Conservation: Applying the Past to Manage for the Future.* Berkeley: University of California Press.

[652] Rost, D. 2014. *Wandel (v)erkennen: Shifting Baselines und die Wahrnehmung umweltrelevanter Veränderung aus wissensoziologischer Sicht.* Wiesbaden: Springer vs.

[653] Bonfil, R., G. Munro, U.R. Sumaila, H. Valtysson, M. Wright, T. Pitcher, D. Preikshot, N. Haggan, and D. Pauly. 1998. "Impacts of distant water fleets: An ecological, economic and social assessment." In: *The Footprint of Distant Water Fleets on World Fisheries,* ii-iii. Endangered Seas Campaign, wwf International. Godalming, Surrey: World Wide Fund for Nature.

[654] Pauly, D. 1996. "A positive step: The Marine Stewardship Council initiative." *FishBytes, the Newsletter of the Fisheries Centre* 2: 1. Vancouver, bc: University of British Columbia.

[655] Jacquet, J., and D. Pauly. 2007. "The rise of seafood awareness campaigns in an era of collapsing fisheries." *Marine Policy* 31: 308-313.

[656] Jacquet, J., D. Pauly, D. Ainley, S. Holt, P. Dayton, and J. Jackson. 2010. "Seafood stewardship in crisis." *Nature* 467: 28-29.

[657] Pauly, D., V. Christensen, J. Dalsgaard, R. Froese, and F.C. Torres. 1998. "Fishing down marine food webs." *Science* 279: 860-863.

[658] Pauly, D. 2007. "The Sea Around Us Project: Documenting and communicating global fisheries impacts on marine ecosystems." ambio: A *Journal of Human Environment* 36: 290-295.

[659] Quinn, T.J. 2003. "Ruminations on the development and future of population dynamics models in fisheries." *Natural Resource Modeling* 16: 341-392.

[660] Sea Around Us. 2005. *Sea Around Us: A Five-Year Retrospective 1999 to 2004.* Sea Around Us Project, Fisheries Centre. Vancouver, bc: University of British Columbia.

[661] Pauly, D., V. Christensen, S. Guénette, T.J. Pitcher, U.R. Sumaila, C.J. Walters, and R. Watson. 2002. "Towards sustainability in world fisheries." *Nature* 418: 689-695.

[662] Pauly, D., J. Alder, E. Bennett, V. Christensen, P. Tyedmers, and R. Watson. 2003. "The future for fisheries." *Science* 302: 1359-1361.

[663] fao. 2000. fishstat Plus. *Universal Software for Fishery Statistical Time Series.* Version 2.3. Rome: Food and Agriculture Organization of the United Nations.

[664] Watson, R. and D. Pauly. 2001. "Systematic distortions in world fisheries catch trends." *Nature* 414: 534-536.

[665] Pauly, D. and J. Maclean. 2003. *In a Perfect Ocean: The State of Fisheries and Ecosystems in the North Atlantic Ocean.* The State of the World's Oceans Series. Washington, DC: Island Press.

[666] Christensen, V., S. Guénette, J.J. Heymans, C.J. Walters, R. Watson, D. Zeller, and D. Pauly. 2003. "Hundred-year decline of North Atlantic predatory fishes." *Fish and Fisheries* 4: 1–24.

[667] Watson, R., A. Kitchingman, A. Gelchu, and D. Pauly. 2004. "Mapping global fisheries: Sharpening our focus." *Fish and Fisheries* 5: 168–177.

[668] Belhabib, D., V. Koutob, A. Sall, V.W.Y. Lam, and D. Pauly. 2014. "Fisheries catch misreporting and its implications: The case of Senegal." *Fisheries Research* 151: 1–11.

[669] Garibaldi, L. 2012. "The FAO global capture production database: A six-decade effort to catch the trend." *Marine Policy* 36: 760–768.

[670] Zeller, D., S. Harper, K. Zylich, and D. Pauly. 2014. "Synthesis of under-reported small-scale fisheries catch in Pacific-island waters." *Coral Reefs* 34: 25–39.

[671] Zeller, D. and D. Pauly. 2005. "Good news, bad news: Global fisheries discards are declining, but so are total catches." *Fish and Fisheries* 6: 156–159.

[672] Garibaldi, L. 2012. "The FAO global capture production database: A six-decade effort to catch the trend." *Marine Policy* 36: 760–768.

[673] Pitcher, T.J., R. Watson, R. Forrest, H.P. Valtysson, and S. Guénette. 2002. "Estimating illegal and unreported catches from marine ecosystems: A basis for change." *Fish and Fisheries* 3: 310–339.

[674] Zeller, D., R. Watson, and D. Pauly, eds. 2001. *Fisheries Impacts on North Atlantic Ecosystems: Catch, Effort and National/Regional Data Sets. Fisheries Centre Research Reports* 9(3). Vancouver, BC: University of British Columbia.

[675] Zeller, D., S. Booth, E. Mohammed, and D. Pauly, eds. 2003. *From Mexico to Brazil: Central Atlantic Fisheries Catch Trends and Ecosystem Models. Fisheries Centre Research Reports* 11(6). Vancouver, BC: University of British Columbia.

[676] Sea Around Us. 2010. *Sea Around Us: A Ten-Year Retrospective, 1999 to 2009.* Sea Around Us Project, Fisheries Centre. Vancouver, BC: University of British Columbia.

[677] Pauly, D. and J. Maclean. 2003. *In a Perfect Ocean: The State of Fisheries and Ecosystems in the North Atlantic Ocean.* The State of the World's Oceans Series. Washington, DC: Island Press.

[678] Sea Around Us. 2005. *Sea Around Us: A Five-Year Retrospective 1999 to 2004.* Sea Around Us Project, Fisheries Centre. Vancouver, BC: University of British Columbia.

[679] Pauly, D. and D. Zeller. 2003. "The global fisheries crisis as a rationale for improving the FAO's database of fisheries statistics." In: *From Mexico to Brazil: Central Atlantic Fisheries Catch Trends and Ecosystem Models*, edited by D. Zeller, S. Booth, E. Mohammed, and D. Pauly, 1–9. *Fisheries Centre Research Reports* 11(6). Vancouver, BC: University of British Columbia.

[680] Zeller, D., S. Booth, and D. Pauly. 2005. *Reconstruction of Coral Reef and Bottom Fisheries Catches for U.S. Flag Islands in the Western Pacific, 1950–2002.* Report to the Western Pacific Regional Fishery Management Council, Honolulu.

[681] Zeller, D., S. Booth, G. Davis, and D. Pauly. 2007. "Re-estimation of small-scale fishery catches for U.S. flag-associated islands in the western Pacific: The last 50 years." *Fishery Bulletin US* 105: 266–277.

[682] Ibid.

[683] N.N. See, e.g.: Ruhlen, M. 1994. *On the Origin of Languages: Studies in Linguistic Taxonomy.* Stanford, CA: Stanford University Press.

[684] N.N. See also: Pauly, D. and D. Zeller, eds. 2016. *Global Atlas of Marine Fisheries: A Critical Appraisal of Catches and Ecosystem Impacts.* Washington, DC: Island Press.

[685] Pauly, D. and D. Zeller. 2016. "Catch reconstructions reveal that global marine fisheries catches are higher than reported and declining." *Nature Communications* 7. doi:10.1038/ncomms10244.

[686] Anticamara, J.A., R. Watson, A. Gelchu, and D. Pauly. 2011. "Global fishing effort (1950–2010): Trends, gaps, and implications." *Fisheries Research* 107: 131–136.

[687] Sumaila, U.R., V.W.Y. Lam, F. Le Manach, W. Schwartz, and D. Pauly. 2016. "Global fisheries subsidies: An updated estimate." *Marine Policy* 69. doi: 1016/j.marpol.2015.12.026.

[688] Pauly, D., W.W.L. Cheung, and U.R. Sumaila. 2015. "What are global studies?" Global Fisheries Cluster, Institute for the Oceans and Fisheries. Vancouver, BC: University of British Columbia. (Available from: http://www.global-fc.ubc.ca/what-are-global-studies/.)

[689] Froese, R., K. Kleisner, D. Zeller, and D. Pauly. 2012. "What catch data can tell us about the status of global fisheries." *Marine Biology* 159: 1283–1292.

[690] Kleisner, K., R. Froese, D. Zeller, and D. Pauly. 2013. "Using global catch data for inferences on the world's marine fisheries." *Fish and Fisheries* 14: 293–311.

[691] Pauly, D., V. Christensen, J. Dalsgaard, R. Froese, and F.C. Torres. 1998. "Fishing down marine food webs." *Science* 279: 860–863.

[692] Kleisner, K., H. Mansour, and D. Pauly. 2014. "Region-based MTI: Resolving geographic expansion in the Marine Trophic Index." *Marine Ecology Progress Series* 512: 185–199.

[693] Pauly, D. and A. Grüss. 2015. "Q&A: The present and the future of World and U.S. Fisheries—Interview with Daniel Pauly." *Fisheries* 40: 37–41.

[694] Pauly, D. and D. Zeller, eds. 2016. *Global Atlas of Marine Fisheries: A Critical Appraisal of Catches and Ecosystem Impacts.* Washington, DC: Island Press.

[695] Pauly, D., W.W.L. Cheung, and U.R. Sumaila. 2015. "What are global studies?" Global Fisheries Cluster, Institute for the Oceans and Fisheries. Vancouver, BC: University of British Columbia. (Available from: http://www.global-fc.ubc.ca/what-are-global-studies/.)

[696] Jack Marr and Ziad Shehadeh are now deceased.

[697] Acknowledging and adequately thanking the hundreds of people who positively influenced my career, including about seventy master's and PhD students who kept me on my toes, is impossible to do comprehensively. Here, I gratefully acknowledge A. Bakun, W. Cheung, V. Christensen, P. Cury, K.M. Freire, R. Froese, D. Gascuel, J. Jacquet, A.R. Longhurst, J. Maclean, C. Matthews, J. Mendo, J. Munro, C. Nauen, M. Palomares, M. Prein, R. Pullin, J. Reichert, I. Smith, K. Stergiou, U.R. Sumaila, M. Vakily, and D. Zeller. (J. Munro and I. Smith are now deceased.) The many more who should also have been listed here will no doubt mention it, and I hope to have the opportunity to make amends in the coming years.

[698] Diamond, J. 2005. *Collapse: How Societies Choose to Fail or Succeed.* New York: Viking.

[699] Given that in the United States, where most of Diamond's readers are, fish is consumed mainly in restaurants or as take-away food (e.g., fish burgers), the impact of the MSC on the choice of fish consumed in that country will remain minimal.

[700] Sumaila, U.R., W.W.L. Cheung, A. Dyck, K.M. Gueye, L. Huang, V. Lam, D. Pauly, U.T. Srinivasan, W. Swartz, R. Watson, and D. Zeller. 2012. "Benefits of rebuilding global marine fisheries outweigh costs." PLOS ONE 7(7): e40542.

Stern, N.H. 2007. *The Economics of Climate Change: The Stern Review.* Cambridge and New York: Cambridge University Press.

Adapted from the "Acronym and Glossary" section in: *Global Atlas of Marine Fisheries: A Critical Appraisal of Catches and Ecosystem Impacts,* edited by D. Pauly and D. Zeller, 459–477. Washington, DC: Island Press. Copyright © 2016. Used by permission of Island Press, Washington, DC.

*　　　　*　　　　*

Daniel Pauly. 2004. Darwin's Fishes: An Encyclopedia of Ichthyology, Ecology, and Evolution. Cambridge University Press.
ダニエル・ポーリー. 2012. ダーウィンフィッシュ-ダーウィンの魚た ち A-Z. 西田睦・武藤文人訳. 東海大学出版部, 神奈川：444 pp.

原著者紹介

ダニエル・ポーリー（Daniel Pauly）

1946年，パリ生まれ．スイスで育ち，苦労をしてドイツのキール大学を卒業．同大学院で水産学を専攻し，博士号を取得．フィリピンにあった国際水産資源管理センター（現 WorldFish Center，在マレーシア）を経て，現在，カナダのブリティッシュ・コロンビア大学水産資源研究所教授（2003〜08年には所長）．

専門は，漁業生物学，生物海洋学．学界屈指の不撓不屈の人．発表論文等の数は主要なものだけで500を超え，この分野において世界でもっとも生産的な研究者の1人．その活動は水産資源学，海洋生物の生理学・形態学・生態学，海洋生態学，漁業の持続的発展のための政策などの研究，自然の理解におけるその重要性がますます注目されている shifting baseline という概念の提唱，世界の全魚類のデータベースとして著名な FishBase の考案・構築，海洋生態系研究に広く活用されているコンピュータ解析ソフト Ecopath の提唱・共同開発，さらにはダーウィンフリーク本のと呼ばれる様な著作など，極めて広範囲におよぶため，それらの著者・主導者のダニエル・ポーリーが同一人物だと気付いていない人も多い．最近では，フィッシングダウン，漁業と地球温暖化の海洋生態系と水産資源へのインパクトなど，地球規模の大問題の研究と啓発に取り組んでいる．ポーリー氏とその研究グループは，いわゆるフェルミ推定に基づき，しばしば大胆な仮説を提唱する．その大胆さゆえに，世界中で賛否の大議論がまき起ることもあるが，それが結果として水産学，生物海洋学などの進歩を促すという極めて重要な役割を果たしている．

著書は本書以外にも，Reinventing Fisheries Management（1999），In a Perfect Ocean: The State of Fisheries and Ecosystems in the North Atlantic Ocean（2003），5 Easy Pieces: How Fishing Impacts Marine Ecosystems（2010），邦訳『ダーウィンフィッシュ：ダーウィンの魚たちA〜Z』，西田睦・武藤文人訳，東海大学出版部（2012）など多数．米国水産学会賞，コスモス国際賞などを受賞．カナダ王立協会会員．

訳者紹介

武藤文人（むとう ふみひと）

1965年，神奈川県生まれ．秋田，宮城，千葉県育ち．静岡県在住．北海道大学大学院水産学研究科博士課程単位取得退学．博士（水産学）．TRAFFIC East Asia，独立行政法人水産総合研究センター遠洋水産研究所などを経て，現在，東海大学海洋学部水産学科教授．専門は水産学，分類学．

　共著に『世界産チョウザメ類』（水産資源保護協会，2003），『うなぎ ヨーロッパおよびアジアにおける漁獲と取引』（TRAFFIC East Asia Japan，2003），分担執筆に『ナチュラルヒストリーの時間』（大学出版部協会，2007），『水族館の仕事』（東海大学出版会，2007），『地域と対話するサイエンス エリアケイパビリティー論』（勉誠出版，2017），『駿河湾学』（東海大学出版部，2017）『魚類の百科事典』（丸善出版，2018），監訳に『生物系統地理学：種の進化を探る』（東京大学出版会，2008），解説に『カール・フォン・リンネ』（東海大学出版会，2011），共訳に『ダーウィンフィッシュ：ダーウィンの魚たちA〜Z』（東海大学出版部，2012），『サスティニングライフ：人類の健康はいかに生物多様性に頼っているか』（東海大学出版部，2017）などがある．

消えゆくさかな　世界の漁業への科学者からの警鐘

2021年2月28日　第1版第1刷発行

著　者　ダニエル・ポーリー
訳　者　武藤文人
発行者　山下豪紀
発行所　東海大学出版部
　　　　〒259-1292　神奈川県平塚市北金目4-1-1
　　　　TEL 0463-58-7811　FAX 0463-58-7833
　　　　URL http://www.press.tokai.ac.jp/
　　　　振替　00100-5-46614

印刷所　港北出版印刷株式会社
製本所　誠製本株式会社